高等院校"十一五"规划教材

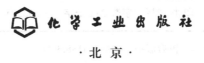

景观生态学

李团胜　石玉琼　编

U0376905

化学工业出版社

·北京·

本书共分七章，第一章绪论，主要介绍景观与景观生态学的概念、景观生态学研究的内容与任务及景观生态学的发展；第二章景观要素，是本教材最基本也是最主要的内容之一，详细介绍了斑块、廊道和基质的概念，尤其是斑块和廊道的类型、度量指标以及生态学意义；第三章景观要素的镶嵌，主要介绍景观异质性、景观多样性、景观边界等；第四章景观生态过程，主要介绍景观中的干扰、生态流、人文过程以及景观破碎化过程以及“源”“汇”景观理论；第五章景观动态变化，介绍景观稳定性、景观变化的空间过程和模式、景观变化的定量表述与动态模拟；第六章景观生态分类与评价，主要介绍景观生态分类的原则、主要景观分类系统以及分类案例、景观生态系统价值评价；第七章景观生态学的一般原理与景观生态规划，主要介绍关于斑块、廊道、景观镶嵌体、整体格局的基本原理，以及景观格局规划与景观要素设计。

本书可作为景观生态学及相关专业的研究生和本科生教材，也可供从事景观生态研究的读者参考。

图书在版编目（CIP）数据

景观生态学/李团胜，石玉琼编．—北京：化学工业出版社，2009.7（2022.4重印）
高等院校“十一五”规划教材
ISBN 978-7-122-05387-9

Ⅰ．景…　Ⅱ．①李…②石…　Ⅲ．景观学：生态学-高等学校-教材　Ⅳ．Q149

中国版本图书馆 CIP 数据核字（2009）第 064634 号

责任编辑：赵玉清　　文字编辑：周　倜
责任校对：蒋　宇　　装帧设计：周　遥

出版发行：化学工业出版社（北京市东城区青年湖南街 13 号　邮政编码 100011）
印　　装：天津盛通数码科技有限公司
720mm×1000mm　1/16　印张 12¼　字数 241 千字　2022 年 4 月北京第 1 版第 10 次印刷

购书咨询：010-64518888　　售后服务：010-64518899
网　　址：http://www.cip.com.cn
凡购买本书，如有缺损质量问题，本社销售中心负责调换。

定　　价：38.00 元

序

景观生态学在中国的传播和发展已逾二十年，忆及1989年第一届全国景观生态学研讨会在沈阳召开，往事历历如昨，不禁心潮起伏。20世纪90年代初我们翻译了美国Forman教授所著的《景观生态学》，成为我国高校和研究部门开设景观生态学课程的主讲用书。其后国内陆续出版了5～6本繁简不一、各具特色的景观生态学教材或参考用书，对于培养人才和推动我国景观生态学的应用与发展起到了重要作用。回顾中国景观生态学发展之路，从西天取经到东土开花，从学到创、由点及面，从体认国情到路在脚下，20年磨一剑，而今气象万千。

2007年在荷兰召开的第七届国际景观生态学大会，强调格局—过程—设计的研究思路，这是需要引起我们重视的一种新动向。我认为以生态空间理论为基础的景观格局分析，以生态服务理论为基础的景观价值评价，以及以生态可持续理论为基础的景观规划设计，将成为景观生态学的三个核心。在当前全国贯彻落实科学发展观的大好形势下，中国的景观生态学必将面临一个理论和应用全面发展的新时期，以更好地服务社会，造福人类。

本书是作者多年来从事景观生态学及相关领域教学和科研的喜人成果，以介绍基础理论、基本概念和基本原理为主，语言规范贴近本科教学要求，是一本内容丰富和有特色的基础教材，相信它的出版有助于适应和满足不同类型学校的教学需要。我和作者认识多年，对于他的勤奋和执著印象深刻。他早在攻读博士研究生阶段就翻译过Naveh所著的《景观生态学：理论和应用》一书，于2001年由西安地图出版社出版；以后又参与了我主编的中国科学院研究生教材《景观生态学》的编写工作，对本学科领域有比较成熟的认识。而今本书的出版标志着作者新的跨越，可喜可贺。在祝愿作者取得以上成果的同时，也希望本书在今后的教学实践中不断完善。

肖笃宁

2009年3月

前　言

景观生态学是地理学、生态学、环境学等多学科交叉、渗透的一门新兴的综合学科，它的产生是基于地理学和生态学的结合，把地理学研究自然现象空间关系的“横向”方法，同生态学研究生态系统内部功能关系的“纵向”方法相结合，研究景观的空间结构、功能及各部分之间的相互关系，研究景观的动态变化及景观的优化与保护，目前广泛应用于土地利用、资源开发、城乡规划、自然保护、旅游资源开发等多个领域。

本教材是作者在从事研究生和本科生景观生态教学基础上编写的，以介绍基础理论、基本概念以及基本原理为主，并力求用教学化的语言来表达。本教材贯穿的一条主线是景观要素—景观结构—景观过程—景观变化—景观规划，尤其是景观要素、景观结构、景观过程是基本的，也是重点介绍的内容。本教材共分七章，第一章绪论，主要介绍景观与景观生态学的概念、景观生态学研究的内容与任务及景观生态学的发展；第二章景观要素，是本教材最基本也是最主要的内容之一，详细介绍了斑块、廊道和基质的概念，尤其是斑块和廊道的类型、度量指标以及生态学意义；第三章景观要素的镶嵌，主要介绍景观异质性、景观多样性、景观边界等；第四章景观生态过程，主要介绍景观中的干扰、生态流、人文过程以及景观破碎化过程以及“源”“汇”景观理论；第五章景观动态变化，介绍景观稳定性、景观变化的空间过程和模式、景观变化的定量表述与动态模拟；第六章景观生态分类与评价，主要介绍景观生态分类的原则、主要景观分类系统以及分类案例、景观生态系统价值评价；第七章景观生态学的一般原理与景观生态规划，主要介绍关于斑块、廊道、景观镶嵌体、整体格局的基本原理，以及景观格局规划与景观要素设计。

教材中引用和参考了大量的景观生态学和其他相关领域内的研究成果，绝大部分在教材中做了标注或在后面的参考文献中列出，但也是挂一漏万，还有很多的研究成果虽然被引用，但未能标注或在参考文献中列出，在这里向相关的研究工作者表示衷心感谢。本书在编写过程中得到了长安大学教务处、长安大学地球科学与资源学院的各位领导和老师的热心帮助，书中插图由王莹和石玉琼绘制。在此，对热心帮助的所有同志表示诚挚的谢意。

景观生态学是一门年轻而富有活力的学科，理论与方法尚在不断完善和发展中，研究内容十分广泛，加之作者水平有限，本教材难免出现疏漏，恳请不吝赐教。

编者

2009 年 3 月

目　录

第一章　绪　　论

第一节　景观与景观生态学

一、景观

“景观”是人们日常生活中经常遇到的概念之一，景观一词最早出自于希伯来语《圣经》旧约全书，指的是具有国王所罗门教堂、城堡和宫殿的耶路撒冷城美丽的全景。这时，景观的含义等同于“风景”、“景致”、“景象”等。在英语、德语、俄语中“景观”一词拼写相似，其原意都是表示自然风光、地面形态和风景画面。在汉语中“景观”一词含义丰富，既有“风景”、“景色”、“景致”之意，又用“观”字表达了观察者的感受，这里景观没有明确的空间界限，主要突出一种综合直观的视觉感受，然而此景观的含义不具有科学的意义。

19 世纪初，现代地植物学和自然地理学的伟大先驱洪堡（A. von Humboldt）把景观作为科学的地理术语提了出来，并从此形成作为“自然地域综合体”代名词的景观含义。这里的景观在强调景观地域整体性的同时，更强调景观的综合性，认为景观是由气候、水文、土壤、植被等自然要素以及文化现象组成的地理综合体。地理学家认为景观与地圈是不可分的，它是地表物质世界的具体表现形式，景观的综合形成地圈，地圈的具体体现就是景观。前苏联地理学家把有机和无机现象包括在景观概念中，得出了景观较为广义的解释，称为景观地理的总体研究。随着景观概念在地理学中不断深化，地理学界（主要是前苏联地理学界）主要形成了类型方向和区域方向两种对景观的理解。类型方向把景观抽象为类似地貌、气候、土壤、植被等的一般概念，可用于任何等级的分类单位，如荒漠景观、草原景观、森林景观等，并基于此将整个地球表面称作景观壳。区域方向把景观理解为一个区划单位，它无论在地带性和非地带性方面都具有一致性，并且是由地方性地理系统的复杂综合体在其范围内形成有规律、相互联系的区域组合。目前，地理学中对景观比较一致的理解为：景观是由各个在生态上和发生上共轭的、有规律地结合在一起的最简单的地域单元所组成的复杂地域系统，并且是各要素相互作用的自然地理过程总体，这种相互作用决定了景观动态。

C. Troll 把景观的概念引入到生态学中，并形成了景观生态学。C. Troll 不仅把景观看作是人类生活环境中视觉所触及的空间总体，更强调景观作为地域综合体的整体性，并将地圈、生物圈和智慧圈看作是这个整体的有机组成部分。德国学者 Buchwald 认为景观是一个多层次的生活空间，是一个由地圈和生物圈组成的相互作用系统。在景观生态学中有以下几种最具代表性的景观定义：景观是自然、生态和地理的综合体（Naveh，1984）；景观是为生物或人类所综合感知的土地（Haber，1990）；景观是由相互作用的生态系统空间镶嵌组成的异质区域（Forman和Godron，1986）。

我国景观生态学家肖笃宁综合诸家之长及景观生态学的发展，对景观概念进行了综合性表述，他认为，景观是一个由不同土地单元镶嵌组成，具有明显视觉特征的地理实体；它处于生态系统之上、大地理区域之下的中间尺度；兼具经济、生态和文化的多重价值。这一定义清楚地表述了景观具有空间异质性、地域性、可辨识性、可重复性和功能一致性等特征，又特别强调了景观的尺度性和多功能性。在此概念的基础上，对景观可作如下理解：①景观由不同空间单元镶嵌而成，具有异质性；②景观是具有明显形态特征与功能联系的地理实体，其结构与功能具有相关性和地域性；③景观是具有一定自然和文化特征的地域空间实体，景观具有明确的空间范围和边界，这个地域空间范围是由特定的自然地理条件（主要是地理过程和生态学过程）、地域文化特征（包括土地及相关资源利用方式、生态伦理观念、生活方式等方面）以及它们之间的相互关系共同决定的；④景观既是生物的栖息地，更是人类的生存环境；⑤景观是处于生态系统之上、区域之下的中间尺度，具有尺度性；⑥景观具有经济、生态和文化的多重价值，表现为综合性。

二、景观生态学

景观生态学（landscape ecology）一词是1939年由德国地植物学家C. Troll在利用航空相片研究东非土地利用问题时首先提出来的，用来表示对支配一个区域单位的自然-生物综合体的相互关系的分析。他当时并不认为景观生态学是一门新的学科，或是科学的新分支，而认为景观生态学是综合的研究方法。

德国汉诺威工业大学景观管理和自然保护研究所把景观生态学作为一种科学工具而引进景观管理和景观规划中，该所的Buchwald认为景观生态学的主要任务是帮助克服由于对工业社会和自然土地潜力日益剧增的需要而引起的当代社会与其景观之间的紧张状态。该所的Langer首次对景观生态学作了系统理论的解释，认为景观生态学是“研究相关景观系统的相互作用、空间组织和相互关系的一门科学”。

Zonneveld认为景观生态学是景观科学的决定性的细分，他认为景观生态学把景观作为由相互影响的不同要素组成的有机整体来研究，并认为土地是景观生态学的核心内容。按照Zonneveld的观点，景观生态学不像生态学那样属于生物科学，而是地理学的一个分支。他认为凡是对独立的土地要素所进行的任何综合自然地理的或综合的调查研究，事实上都应用了景观生态学方法。

Vink在讨论景观生态学在农业土地利用中的作用时，认为景观作为生态学系统的载体，是控制系统，因为人类通过土地利用及土地管理可以完全或部分地控制那些关键成分，因此他把景观生态学定义为：“把土地属性作为客体和变量进行研究，包括对人类要控制的关键变量的特殊研究”。

F. B. Golley 认为景观生态学发展了两个中心问题：一是连接自然地理和生物地球化学，描述和解释尺度为几公里的陆地表面格局；二是连接生物生态学，研究生物与环境间的相互作用，景观生态学要研究的是景观格局对过程的控制与影响机制。

J. Wiens 认为景观生态学是这样一门学科，它将景观格局及其随时间的变化与景观功能和过程相连接，并研究这种空间关系怎样作用于生态和环境系统的功能，及其怎样受人类活动的影响。同时，它还研究怎样运用景观的知识来预测景观价值的变化。

S. T. A. Pickett 的定义是：景观生态学是一门研究空间格局对生态过程影响的科学。

1998 年，国际景观生态学会将景观生态学定义为“对于不同尺度上景观空间变化的研究，它包括景观异质性的生物、地理和社会的因素，它是一门连接自然科学和相关人类科学的交叉学科”。

笔者认为，景观生态学是研究景观结构、功能与变化的科学。

三、景观生态学研究的内容与任务

景观生态学的研究内容有以下三方面（图 1-1）。

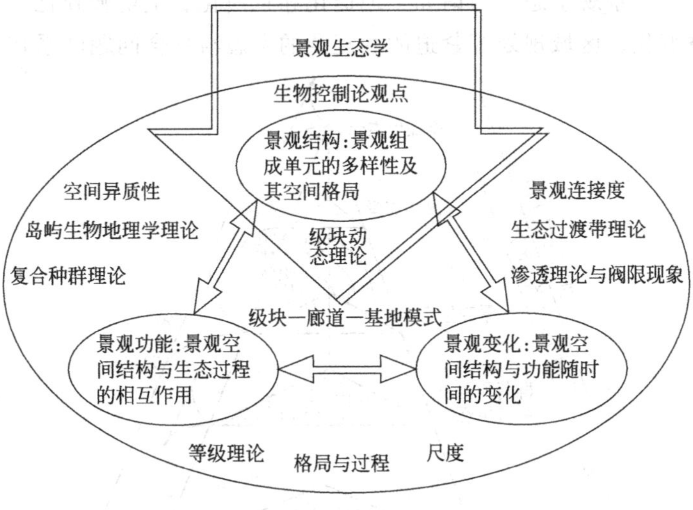

图 1-1 景观生态学研究的内容（引自邬建国，2000）

（1）景观结构 指景观要素的组成、类型、大小、形状、分布、数量、格局及相关的能量与物质的分布，即景观要素间的空间相互关系。

（2）景观功能 指景观内生态系统间存在的能流、物流与物种流。

（3）景观变化 指景观结构与功能随时间的变化。

景观生态学的基本任务可概括为以下四方面。

（1）景观生态系统结构与功能研究　通过研究景观生态系统中的物理过程、化学过程、生物过程以及社会经济过程来探讨景观生态系统的结构、功能、稳定性及演替。研究景观生态系统中的物质流、能量流、信息流和价值流，模拟景观的动态变化，建立各类景观的优化模式。

（2）景观生态的监测和预警研究　对人类活动影响和干预下自然环境变化的监测，以及对景观结构和功能的可能改变及环境变化的预报。

（3）景观生态设计与规划研究　根据区域生态良性循环以及可持续性要求，规划和设计与区域相协调的生态结构。

（4）景观生态保护与管理研究　景观生态学不仅要研究景观生态系统自身发生、发展和演化的规律，而且要探求合理利用、保护和管理景观的途径与措施。

四、景观生态学的科学地位

由于景观生态学的多向性和综合性，不同学科背景的研究者对其学科的定位有所不同。有的强调景观生态是一种空间生态学；有的强调它是生物生态学与人类生态学之间的一座桥梁；有的强调景观的文化性与视觉景观研究。

景观生态学的产生是基于地理学和生态学的结合。它是把地理学研究自然现象空间关系的“横向”方法，同生态学研究生态系统内部功能关系的“纵向”方法相结合，是以地理学与生态学之间的交叉为主体的一门交叉学科。同时，从研究空间问题方面来看，景观生态学与诸如土地退化和荒漠化、生境破碎化、生物多样性的丧失、全球变化、区域规划等紧迫的和复杂的生态与社会问题联系在一起，所以从

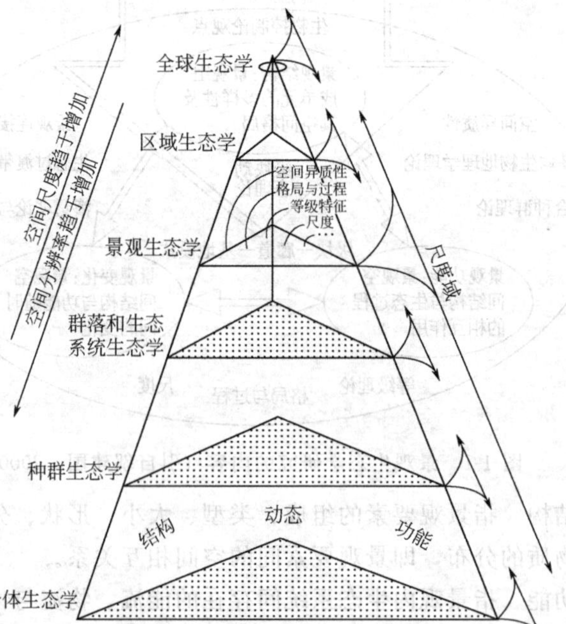

图 1-2　景观生态学与其他生态学学科的关系（引自邬建国，2000；赵羿等，2001）

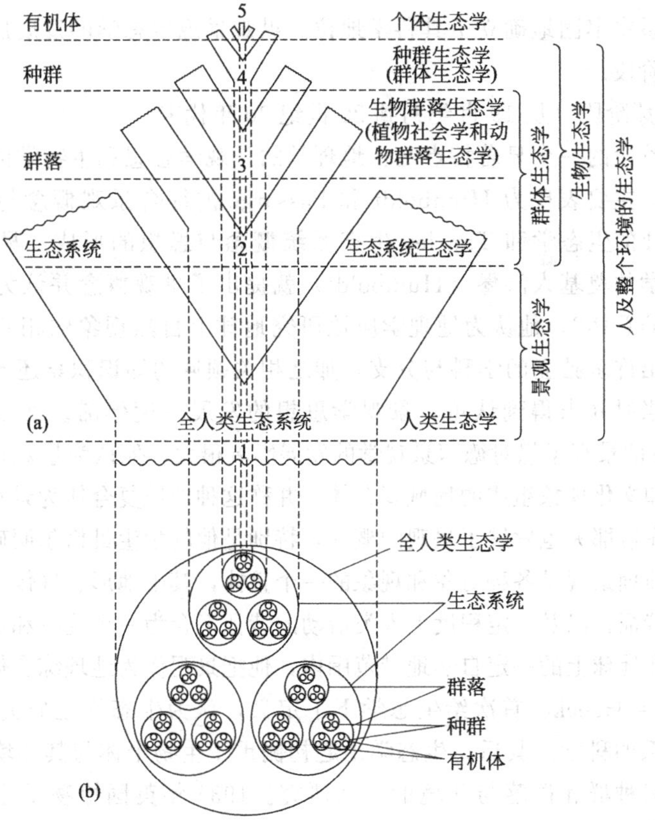

图 1-3　生态等级及其科学学科（引自 Naveh 等，1991）

研究对象所涉及的层次、领域、问题和关系的多学科特点及超越单独学科范畴的特点来看，景观生态学不仅是交叉，而是在更高的水平上各相关分支学科的发展与整合，因而是一门“横断学科”。它是新一代的生态学，从组织水平上讲，处于个体生态学—种群生态学—群落生态学—生态系统生态学—景观生态学—区域生态学—全球生态学系列中的较高层次（图 1-2），具有很强的实用性。景观生态学本身兼有生态学、地理学、环境科学、资源科学、规划科学、管理科学等许多现代大学科群系的多功能优点，适宜于组织协调跨学科多专业的区域生态综合研究，所以它在现代生态学分类体系中处于应用基础生态学的地位。生态等级及其科学学科见图 1-3。

第二节　景观生态学的由来与发展

一、景观生态学的发展历史

作为一门学科，景观生态学是 20 世纪 60 年代在欧洲形成的。到 20 世纪 80 年代初，景观生态学在北美才受到重视，并迅速发展成为一门很有朝气的学科，引起了全世界越来越多学者的重视与参与，并作为一门新的迅速发展的学科在现代生态学分类体系中牢固地确立了其科学地位。纵观景观生态学的发展历史，大致可以划分为三个阶段。

1. 萌芽阶段（从19世纪初到20世纪30年代末）

这一阶段的一个显著特点是：地理学的景观学思想和生物学的生态学思想各自独立发展，主要表现为Humboldt和Passarge的综合景观概念与思想的形成，以及Haeckel的生态学和Tansley生态系统概念与思想的形成。早在19世纪中期，近代地理学的奠基人洪堡（Humboldt）就提出了景观概念并认为景观是“地球上一个区域的总体”，他认为地理学应该研究地球上自然现象的相互关系。以后，地理学分化出许多独立的学科与分支，加之相关领域的知识积累还不够，他的这种综合思想在当时并未得到认可，景观学思想的发展一度停滞。20世纪20～30年代S. Passarge的景观思想对德国景观学的发展影响很大，他认为景观是由气候、水、土壤、植被和文化现象组成的地域复合体，并称这种地域复合体为景观空间。俄罗斯地理学家道库恰耶夫也发展了景观的概念，特别是他的学生贝格尔明确提出了景观的概念，认为地理景观是各种对象和现象的一个整体，其中地形、气候、水、土壤、植被和动物的特征，以及一定程度上人类活动的特征汇合为一个统一和谐的整体，典型地重复出现在地球上的一定自然地带范围内，他把景观作为地理综合体的同义语。

1866年Haeckel首次给生态学下了定义，认为生态学是研究生物与其环境之间相互关系的科学。其后，生态学由起初侧重于生物个体与其环境关系的研究，逐渐发展到对种群和群落与环境的关系研究。1935年英国植物学家Tansley提出了生态系统术语，用来表示任何等级的生物单位中的生物和其环境的综合体，反映了自然界生物和非生物之间密切联系的思想。在20世纪30年代，地理学与生物学从各自不同的角度和独立发展的道路都得到一个共识——自然现象是综合的，这为景观生态学的诞生奠定了基础。

2. 形成阶段（从20世纪40年代到80年代初）

自从1939年Troll提出“景观生态学”名词之后，大多数类似的研究就在“景观生态学”旗下进行。第二次世界大战结束，中欧成为景观生态学研究的主要地区，其中德国、荷兰和捷克斯洛伐克成为研究的中心地区。德国在这时建立了多个以研究景观生态学为任务或采用景观生态学观点和方法进行研究的机构，如汉诺威工业大学的景观护理和自然保护研究所、联邦自然保护和景观生态学研究所等。同时，在德国一些主要大学设立景观生态学及有关领域的专门讲座。1968年召开了德国第一次景观生态学国际学术讨论会。荷兰的国际空间调查和地球科学研究所(ITC)、自然管理研究所等从事景观生态研究，荷兰1972年成立了荷兰景观生态协会组织，并在1981年4月在Vendhoven召开了第一届国际景观生态学大会。捷克斯洛伐克也较早地成立了景观生态学协会，并于1967年举办了捷克斯洛伐克“第一次景观生态学学术讨论会”，并以后每三年举行一次，讨论的主题也十分广泛，有景观生态学理论与方法、景观平衡、农业景观、景观生态规划等。欧洲国家尤其是中欧以土地生产力评价、保护和土地合理利用为目标，把景观生态学作为土地和景观规划、管理、保护、开发及分类的基础研究，许多学者为建立景观生态学概念和理论构架付出了很大努力，如德国的 W. Haber、荷兰的 I. S. Zonneveld、捷克斯洛伐克的 M. Ruzicka 等。这个阶段主要表现为 Troll 景观生态学概念的正式提出，以及中西欧国家结合自然和环境保护、土地利用及规划等应用实践开展景观生态学的理论与应用研究。

3. 发展阶段（1982 年以后）

这个时期不仅在中欧，而且在北美以及世界许多国家，景观生态学都有了新的发展。1982 年 10 月在捷克斯洛伐克召开的“第六届景观生态学国际学术讨论会”上正式成立了国际景观生态学协会（International Association for Landscape Ecology，IALE），标志着景观生态学进入到一个新的发展阶段。国际景观生态学协会成立后，景观生态学的发展有明显的三个特点：一是研究和教学活动普遍化，二是国际学术交流频繁，三是出版物大量涌现。国际景观生态学协会的成立推动了学术活动的开展，越来越多的国家接受景观生态学思想，开展的研究项目也逐渐增多，内容日益广泛。景观生态学的教学也从中欧扩展到世界许多国家。美国在景观生态学教学与研究工作中后来居上，对景观生态学理论与方法论的发展做出了重要贡献，美国的景观生态学较多地继承了生态学传统，强调景观生态研究的生物学基础，形成了独具特色的美国景观生态学派。不仅如此，在加拿大、澳大利亚、法国、英国、日本、瑞典、中国，也都结合本国实际开展了研究工作，并且取得了突出成绩。我国也是在这个时期接受和介绍景观生态学思想与方法，并在较短的时间内使景观生态学在国内迅速发展，成立了国际景观生态学协会中国分会，并开展了大量的研究工作。1987 年，具有国际影响和水平的景观生态学的专业学术刊物“Landscape Ecology”正式出版，极大地促进了景观生态学的学术交流，也促进了景观生态学的发展。目前景观生态学作为一个面向实际，立足于解决实际问题的独立的新兴应用生态学科的学科体系正在形成。

景观生态学在发展过程中，由于形成和接受景观生态学概念，开展景观生态学研究的环境背景差异较大，初期从事景观生态研究的学者的专业背景各异，使各国形成了各自的特色，如捷克的景观生态规划、荷兰和德国的土地生态设计、美国的景观生态系统研究、加拿大的土地生态分类以及中国的生态工程和生态建设等。总的来说，景观生态学分为两个学派：美国的系统学派和欧洲的应用学派。

美国的系统学派从生态学中发展而来，主要进行景观生态学的系统研究，把景观生态研究建立在现代科学和系统生态学基础上，侧重于景观的多样性、异质性、稳定性的研究，形成了从景观空间格局分析、景观功能研究、景观动态预测直到景观控制和管理的一系列方法，形成了以自然景观为主，侧重研究景观生态学过程、功能及变化的研究特色，将系统生态学和景观综合整体思想作为景观生态研究的基础，致力于建立和完善景观生态学的基本理论和概念框架，从而奠定了景观生态系统学的基础。这是当今景观生态学研究的重心和主流。

欧洲的应用学派是从地理学中发展而来，代表着景观生态学的传统观点和应用研究，以捷克、荷兰、德国为代表。主要是应用景观生态学的思想与方法进行土地评价、利用、规划、设计以及自然保护区和国家公园的景观设计与规划等，发展了以人为中心的景观生态规划设计思想，并形成了一整套景观生态规划设计方法。他们强调人是景观的重要组分并在景观中起主导作用，注重宏观生态工程设计和多学科综合研究，从而开拓了景观生态学的应用领域。

美国的系统学派和欧洲的应用学派虽然有一定的差异，但他们之间也存在着一种渊源关系，并呈现出相互补充、相互完善、共同发展的态势。欧美景观生态学研究特点对比见表 1-1。

表 1-1 欧美景观生态学研究特点对比（引自李秀珍等，2007）

欧洲(地理学传统)	北美(生态学传统)
多学科交叉研究	单一学科研究
景观管理研究较多	理论研究和自然保护居多
定量研究较少	定量研究较多
以人类为核心	以物种为核心
以人类占主导地位的景观为对象	以自然景观类型或要素为对象
乡村景观较多	森林/湿地景观较多
不以“格局-过程关系”为核心	以“格局-过程关系”研究为核心

20 世纪 90 年代中期以来，国际景观生态学发展迅速。景观生态学研究最为活跃的地区集中在北美、欧洲、大洋洲（澳大利亚）、东亚（中国）。欧洲和北美的景观生态学研究基本上引领了国际景观生态学的发展方向。从研究内容上看，景观生态评价、规划和模拟一直占据主导地位，其次是景观生态保护与生态恢复、景观生态学的理论探讨。在“景观生态评价、规划和模拟”方面表现为：①在景观生态评价中越来越多地考虑人类活动和社会经济因素的作用；②景观规划和设计的科学基础日益得到重视，开始倡导有效地构建基础研究与规划设计之间的桥梁，使科学研究的成果能够更多地应用于实践，发挥其社会价值，同时，使景观规划和设计中能够更多地考虑景观格局与生态过程和景观生态功能的关系，增强规划和设计成果的科学性；③景观模拟的研究越来越注重格局与过程的综合。在“景观格局、生态过程和尺度”方面表现为：①从景观格局的简单量化描述逐渐过渡到以景观格局变化的定量识别为基础并进一步追溯格局变化的复杂驱动机制和综合评价格局发生变化后的生态效应；②对格局分析的主要手段“景观指数”的研究进入新的阶段，其尺度变异行为、生态学意义等已经引起高度关注，对已有指数的选择和新指数的构建更加理性和谨慎；③景观格局与生态过程相互作用关系及其尺度效应的研究得到普遍重视，并在不断发展和深化之中（傅伯杰等，2008）。

随着景观生态学研究的深入，以科学和实践问题为导向的学科交叉与融合不断加强，目前形成了几个新的学科生长点，主要包括水域景观生态学、景观遗传学、多功能景观研究、景观综合模拟、景观生态与可持续性科学五个方面（傅伯杰等，2008）。

作为生态学、地理学、水文学的结合点，水域景观生态学成功地将斑块格局、等级理论与水域生态系统联系起来，定量地描述水域景观中结构与功能的关系，比如异质性、等级性、方向性或不同空间尺度上的过程反馈（傅伯杰等，2008）。景观生态学在海洋中的应用为海洋生态学的研究提供了一个新的视角，同时也丰富了景观生态学的内容（张庆忠等，2004）。景观遗传学是景观生态学和种群遗传学相结合而成的一个研究领域，其核心问题是景观空间异质性与种群空间遗传结构及种群进化之间的关系。它定量化研究景观结构、配置、基质对基因流、空间遗传变异的影响。多功能景观就是为了多种目的对景观中的土地采用多种利用方式同时加以使用的景观，它研究的议题主要包括多功能景观的监测与评价、生物多样性和景观多样性的保护与恢复、多功能景观的规划与管理。景观格局/土地利用变化模型和生态过程模型的发展推动了景观综合模拟研究，景观综合模拟研究的一个典型案例是美国 Patuxent 流域景观综合模拟的构建。按照一定的等级组织和模块化的方式将多种模型进行综合集成是景观综合模拟的一个重要发展方向，这一方向的研究刚刚起步，但是已经表现出了良好势头。可持续性科学的基本科学问题包括 7 个方面：①自然与社会的动态相互作用（包括其时滞和惯性）如何更好地纳入到能够对地球系统、人类发展和可持续性进行综合的模型与概念性框架中？②包括消费和人口的环境与发展的长期趋势如何影响自然与社会的相互作用？③特定地区和特定生态系统类型及人类的生存模式下，决定自然-社会系统脆弱性和恢复力的是什么？④可以确定能够指示自然-社会系统严重退化风险显著增加的具有科学意义的“极限”或“边界”吗？⑤什么样的激励结构系统（包括市场、规则、标准和科学信息）能最有效地增进将自然、社会间交互作用引向更可持续发展轨迹的社会能力？⑥当前关于环境和社会状况的监测与报告系统怎样进行集成和拓展，从而能够为实现向可持续性转变的努力提供有用的指导？⑦现今的研究计划、监测、评价和决策支持等相对独立的活动如何更好地集成到适应性管理和社会认知系统当中？

景观生态学可以从以下方面对可持续性科学做出重要贡献：①人类景观或区域作为研究和维系可持续性的基本空间单元，是有效研究自然-社会相互关系的最小尺度；②景观生态学为解决多尺度上的生物多样性和生态系统功能问题提供了等级性和集成性的生态学基础；③景观生态学已经发展了一系列整体性的和人文社会学的方法来研究自然-社会相互关系；④景观生态学能够为研究空间异质性或自然和社会经济格局对可持续性的影响提供理论和方法支持；⑤可持续性科学要发展成为一门严谨的学科，必须要定量说明什么是可持续性，景观生态学能够为此提供一套方法和指标；⑥景观生态学为自然-社会相互关系研究中所面临的尺度和不确定性问题的探讨提供理论和方法依据。

总之，景观生态学研究在深度和广度上不断得到加强，促进了新的学科生长点的产生和发展。广度上，开始注重自然与社会经济、人文因子的综合，以解析景观的复杂性；深度上，注重宏观格局与微观过程的耦合，深入的微观观测和实验为宏观格局表征和管理策略的制定提供可靠依据，而宏观格局的规划和管理反过来强化了微观研究的实践意义。从一定意义上讲，景观生态学也是一门“桥梁”性学科，其重要优势在于跨学科的综合交叉和集成能力（傅伯杰等，2008）。

二、景观生态学在中国的发展

景观生态学研究在中国起步较晚，中国学者在国内积极介绍景观生态学仅始于20世纪80年代初，1981年黄锡畴和刘安国在地理科学上分别发表的“德意志联邦共和国生态环境现状及保护”和“捷克斯洛伐克的景观生态研究”是我国国内正式刊物上首次介绍景观生态学的文献。1984年黄锡畴等在地理学报上发表“长白山高山苔原的景观生态分析”成为国内景观生态学方面的第一篇研究报告。此外，林超、董稚文、张雪峰、傅伯杰（1983）、陈昌笃（1985，1986）、景贵和（1986）、李哈滨、金维根、肖笃宁（1988）等人都为景观生态学在中国的建立起到了开拓奠基的作用，其中黄锡畴、陈昌笃、景贵和等并开始做了一些理论探讨和研究工作。1989年10月，中国首届景观生态学术讨论会在沈阳召开标志着我国景观生态学研究掀开了新的篇章，具有划时代的意义（曹宇等，2001）。进入20世纪90年代以来，我国景观生态学研究蓬勃开展，发展迅速，先后举办国际或全国景观生态学会议，翻译和出版的景观生态学著作有十余部之多，研究论文上千篇。

景观生态学在中国的发展基本上与北美同步，在研究内容和方法上兼容并蓄。经过20多年的学习和实践，中国的景观生态学研究已取得长足发展。在景观格局与生态过程、土地利用与动态、景观规划与设计、环境影响评价与自然保护等方面的研究与应用中取得重要进展，并初步形成了既与国际研究主流接轨又符合中国国情特色的理论体系。主要包括3个方面：以格局-过程关系为中心的生态空间理论；以有序人类活动为中心的景观生态建设理论；以发挥景观多重价值为中心的景观规划理论（肖笃宁等，2003）。

三、景观生态学中的十大研究论题

尽快景观生态学取得了长足的进展，但作为一个迅速发展中的学科，景观生态学还面临着许多新的问题和挑战。邬建国（2004）基于两次相关论题的国际研讨会，提出了当今景观生态学十大研究论题。

1. 异质景观中的能量、物质和生物流过程

景观生态学研究的主要目的之一就是理解空间格局与生态过程之间的相互作用关系，而这一目的尚远未实现。景观研究中涉及格局分析方面的内容较多，而对过程本身以及过程和格局的关系关注较少。至今，人们对景观异质性和生态系统过程的相互作用关系知之甚少。理解物流（包括有机体的迁移）、能流和信息流在景观

镶嵌体中的动态机制是景观生态学最本质、最具有特色的内容之一。

2. 土地利用和覆盖变化的起因、过程和效应

土地利用和土地覆盖变化是影响景观结构、功能及动态的最普遍的主导因素之一，同时也是景观生态学和全球生态学中极重要和颇具挑战性的研究领域之一。对于土地利用和覆盖变化的过程及生态学效应（如对种群动态、生物多样性和生态系统过程的影响）还需要进行更深入的研究。此外，有关区域及全球气候变化和土地利用/覆盖历史对景观结构和功能影响的研究甚少，亟待加强。

3. 非线性科学和复杂性科学在景观生态学中的应用

景观是空间上广阔而又异质的复杂系统，有必要发展和检验能够阐释这些复杂系统特征的复杂性科学（science of complexity）和非线性科学，使其在研究景观复杂性问题上发挥重要作用。

4. 尺度推绎

尺度推绎（scaling）通常是指把信息从一个尺度转译到另一个尺度上。尺度推绎是景观生态学理论研究与实践中最为重要的一个内容。景观生态学对尺度的概念已有了比较广泛的认识，但一些重要研究问题仍有待解决。例如，研究格局与过程相互作用时如何确定合适尺度？如何在异质景观中进行尺度上推（scaling up）或下推（scaling down）？小尺度实验结果如何外推到真实景观世界？

5. 景观生态学方法论的创新

很多景观生态学问题都需要以空间显式（spatially explicit）的方式在大尺度和多尺度上进行分析，而许多传统的生态学和统计学方法不宜用于研究空间异质性和景观复杂性。因此，景观生态学在方法论方面必须要有所创新。空间自相关在景观中普遍存在，它不符合传统统计分析和取样方法所要求的基本假设，因此景观生态学家在应用传统统计学方法进行实验设计和数据分析时应谨慎和具有创造性。同时，应更多关注景观生态学研究中空间统计学（包括地统计学）方法应用的合理性、有效性及其生态学含义。

6. 将景观指数与生态过程相结合，并发展能反映生态和社会经济过程的综合景观指数

格局指数已在景观生态学中广泛应用，但它们本身对不同景观特征和分析尺度的反映及其生态学意义尚不是很清楚。如何把景观指数与生态学过程联系在一起这一基本问题在很大程度上尚未解决。尺度（幅度和粒度）变化对景观指数的影响往往是很显著的。最近的一些研究表明，某些景观指数表现出不随景观类型变化的普遍性尺度推绎规律，而大多数则变化多端。要使景观指数成为真正反映景观格局与过程相互关系的指数，必须透过指数的数字外表而理解其生态学内涵。这就需要对格局与过程间的内在关系及机理做更多更深入的研究。

7. 把人类和人类活动整合到景观生态学中

许多景观生态学研究是在大尺度上进行的，而大尺度生态学系统往往不可避免

地受到人类活动的影响。社会、经济过程驱动土地利用/覆盖变化，而土地利用/覆盖变化反过来也会影响景观结构、功能与动态。因此，人类自身及其活动在许多景观生态学研究中是不可忽略的。近年来，“整体论景观生态学（holistic landscape ecology）”再度得以提倡。这一观点强调用系统学的观点把人文系统与自然系统联系起来。要把人类感知、价值观、文化传统及社会经济活动结合到景观生态学研究中，需要多学科交叉，需要基础研究与应用实践的结合。

8. 景观格局的优化

景观生态学的一个最基本假设是空间格局对过程（物流、能流和信息流）具有重要影响，而过程也会创造、改变和维持空间格局。因此，景观格局的优化问题在理论和实践上都有重要意义。这里所说的格局优化可以指土地利用格局的优化、景观管理、景观规划与设计的优化。与此相关的科学问题有：如何优化景观中斑块组成、空间配置以及基质特征，从而最有利于生物多样性保护、生态系统管理和景观的可持续发展？是否存在可以把自然与文化最合理地交织为一体的最佳景观格局等。基于生态学过程来研究景观格局的优化问题可能是一个新的、颇有前景的研究方向。

9. 景观水平的生物多样性保护和可持续性发展

景观系统的生物多样性保护和可持续性是景观生态学的终极目标之一。景观生态学原理对生物多样性保护和景观可持续性发展非常重要。但是，能够用来指导生物多样性保护实践的景观生态学具体原则尚有待于进一步发展。与此相关，需要发展一个全面的、可操作性强的景观可持续性概念。这个概念应该涵盖景观的物理、生态、社会经济和文化成分，并且明确考虑时空尺度。生态学家在考虑可持续性问题时主要是基于物种和生态系统的，但人类如何看待和衡量景观的价值对景观可持续性发展实践亦有极重要的影响。

10. 景观数据的获得和准确度评价

景观生态学家常常采用多种遥感技术以获取大尺度和多尺度上的地理、生态、人文等一系列资料。地理信息系统和全球定位系统的使用在景观生态学中已是司空见惯。这些技术大大地促进了空间数据的存储、整理及分析。但是，技术终究不能取代科学。景观数据的获得和准确度评价方面尚有许多问题。要深入理解景观结构与功能的关系，就必须要有详尽而准确的生物个体、种群、群落和生态系统方面的数据。这些生物学数据往往需要通过野外实地考察才能获得。没有准确的数据就不会有可信的结论，但迄今为止，对景观数据的误差和不确定性分析或准确性评价方面的研究甚少。数据质量及元数据直接决定着景观生态学家能否正确地识别格局并将其与生态学过程相联系的能力及有效性。误差和不确定性分析及数据质量评价是景观生态学中一个极其重要并富于挑战性的研究方向。

景观生态学要健康发展，必须在以下六个方面做出努力：①突出交叉学科性和跨学科性；②基础研究和实际应用的整合；③发展和完善概念及理论体系；④加强教育和培训；⑤加强国际学术交流与合作；⑥加强与公众和决策者的交流及协作（Wu 和 Hobbs，2002）。

第二章　景观要素

景观是由景观要素（landscape element）构成的异质性区域，景观要素是景观尺度上相对均质的单元或空间要素。景观要素有三种类型：斑块（patch）、廊道（corridor）和基质（matrix）。景观中任何一点都属于斑块、廊道或基质，它们构成了景观的基本空间单元。

景观各要素或景观空间单元的数量、大小、类型、形状及在空间上的组合形式构成了景观的空间结构，简称景观结构。或简言之，景观结构就是不同生态系统或景观单元的数量关系及其空间组合特征。景观结构强调的是景观的空间特征（如景观要素的大小、形状及空间组合等）和非空间特征（如景观要素的类型、面积比率等）。

景观格局是一个与景观结构有关的概念，往往与景观结构相提并论。景观格局（landscape pattern）一般指大小和形状不一的景观斑块在空间上的配置。景观格局是景观异质性的具体表现，同时又是包括干扰在内的各种生态过程在不同尺度上作用的结果。

景观结构决定了景观功能。斑块—廊道—基质的组合是最常见、最简单的景观空间构局构型，是景观功能、格局和过程随时间发生变化的主要决定因素，是景观生态学研究的基础。研究景观结构及其对生态过程的影响，研究格局与过程之间相互作用、相互影响的机理是景观生态学研究的热点问题之一。

第一节　斑　　块

一、斑块的概念

斑块（patch）在以往的文献中，又称为“拼块”、“拼块体”、“嵌块体”等，其实都是英文 patch，只是翻译的不同而已。

斑块（图 2-1）是外观上不同于周围环境的相对均质的非线性地表区域。它既可以是无生命的，如裸岩、土壤或建筑物等，又可以是有生命的，如动植物群落。

斑块是组成景观的最基本要素，景观的各种性质要由斑块得以反映出来，对景观异质性、动态、功能等的研究，实质上就是对斑块的性质、分布、组合及动态、功能的研究。

二、斑块的成因

斑块主要是由于环境的异质性、干扰以及人为活动等原因而产生的。根据斑块的成因可把斑块分为下列四类。

图 2-1　斑块（李团胜摄）

（一）干扰斑块

干扰斑块是由基质内的局部干扰引起的，采伐、森林火烧、泥石流、草原过牧、局部病虫害爆发都可能产生干扰斑块。

如一场森林大火之后，局部火烧的区域留下了树木残骸，生物物种和生态系统发生了变化，明显地与未受到火烧的区域不同，受到火烧的区域就是森林景观中形成的干扰斑块。

一般来说，干扰会使斑块内的物种组成、物种相对丰度和变化速率与基质内的明显不同。有的物种会因干扰而个体大量伤亡，甚至会局地灭绝；而有的物种会因干扰更加繁盛，有时还伴随着新种的迁移和原有物种（特别是动物物种）的迁出。干扰发生的频率和影响范围往往不固定，持续时间长短不一，因此，造成的后果也会不同。

干扰斑块通常是一种消失最快的斑块，其平均年龄最短，或者说具有最高的周转率，持续时间短，一般随干扰的消失而消失。但如果干扰持续的时间长，或呈周期性反复发生，则斑块往往能持续很长的时间。

（二）残存斑块

残存斑块是由于基质受到大范围干扰后残留下来的部分未受干扰的小面积区域。如一场洪水淹没了大片土地，冲毁村庄和农田，唯独一两处高地上的农田没有被毁，完整如初，形成残存斑块。再如景观遭火烧时残存的植被斑块也是残存斑块。

残存斑块和干扰斑块相似，都是由于人为干扰或自然干扰产生的；二者都具有较高的物种周转率；种群大小、迁入和灭绝的速度都在干扰发生之初变化较大，随后进入演替阶段；当基质和斑块融为一体时，两者都将消失。

尽管残存斑块与干扰斑块有相似之处，但残存斑块也有其自身特点。如洪水包围的小岛，一旦岛屿形成，某些种群灭绝速率升高，这些种群往往是数量较小或者需要较大领地的物种。然后残存斑块与基质融合之后形成新的生态系统，而新的生态系统与原来的生态系统不同。所以，残存斑块很难保持未受干扰前的基质状况。如沙漠化发展过程中，最初会在水源较好的地方残存一些绿洲，但随着风沙的推进，水分补给减少，最终绿洲消失，完全变成沙漠。

（三）环境资源斑块

由于环境资源的空间异质性或镶嵌分布而形成的斑块是环境资源斑块，如沙漠中的绿洲、海洋中的岛屿等。由于环境资源分布的相对持久性，所以环境资源斑块的寿命也较长，周转速率相当低，其中的种群波动、迁入迁出和灭绝速率都较低。

（四）引进斑块

由人为活动把某些物种引进某一地区时所形成的斑块称为引进斑块。人类出现后，能动改造自然的能力日益加强，在自然基质内引入了人工斑块，如水库、农田、城镇等。从本质上来说，引进斑块也是一种干扰斑块，只不过它分布面积广，数量巨大，遍及全球，所以单独划为一类。引进斑块包括种植斑块和聚居地斑块两大类。

1. 种植斑块

种植斑块是由人类引种植物形成的，如麦田、果园、人工林、稻田等。种植斑块的物种动态和周转率取决于人类的管理活动。如果停止人类管理活动，野生或半野生种会侵入，种植种被天然或半天然种代替，最终种植斑块消失。

把某些动物引进某一区域也会形成动物引进斑块。如沿海水产养殖业发达的地方，往往有一系列的鱼塘、虾塘、蟹塘，都可以认为是动物引进斑块。

2. 聚居地斑块

聚居地斑块是由人类定居形成的，大到城市，小到村落、庭院。聚居地斑块往往会持续几年、几十年，甚至几个世纪，持续时间长。聚居地内几乎完全是人工生态系统，对外界物质、能量和信息的依赖性强，人是聚居地的主体。

三、斑块的数量、大小、形状与构型

斑块可从数量、大小、形状及构型等方面来描述。

（一）斑块的大小

最容易识别的斑块特征就是斑块的大小或面积。为什么要研究斑块大小问题，因为斑块大小不同，反映的物种、物质和能量不同，也就是说，斑块大小具有一定的生态学意义。

斑块面积的大小会影响物种的分布和生产力水平，也会影响能量和养分的分布。一般而言，斑块中能量、矿质养分的总量与其面积成正比，物种多样性和生产力水平也随斑块面积的增加而增加。大致的规律是面积增加 10 倍，物种增加 2 倍；面积增加 100 倍，物种增加 4 倍；面积增加 1000 倍，物种的数量增加 8 倍。即面积每增加 10 倍，所含的物种数量成 2 的幂函数增加，2 是个平均值，其通常数值在 1.4～3.0 范围内。当然，面积不是影响物种数量的唯一因素。陆地景观中、斑块中的物种多样性（S）与以下因子按顺序相关：

$S=F$(+生境多样性±干扰+面积+景观异质性−隔离度−边界不连续性)

式中，+表示与物种多样性呈正相关；−表示与物种多样性呈负相关。

斑块内部和边缘带的物质能量和养分存在差异，小斑块的边缘比例高于大斑块。所以小斑块单位面积上的能量和养分含量不同于大斑块，斑块内的能量或养分总量与斑块面积成正比。

关于斑块边缘和内部单位面积上物种能量和养分不同，可以以农田基质中残余的森林斑块为例来说明。通常可看到森林边缘的林木生长旺盛，下层的灌木草本层也发达，甚至各层中花果产量也明显比内部高。又如许多野生动物如野兔、鹌鹑、野鸡在边缘地带的密度高于内部，草食与食肉动物也经常出现在边缘地带，所以，边缘动物的生物量也高于内部。

大斑块内的物种，尤其是高营养级上的动物种类，一般比小斑块内高。多数研究表明，物种多样性与景观斑块面积大小密切相关，可以认为，斑块面积是景观内物种多样性的重要决定因素，但不同种群对斑块面积的大小反映会不同。如对美国新泽西州谷物-豆类农业景观中老橡树林地鸟类和树种多样性研究表明，在 $1.5hm^2$ 面积范围内，树种的多样性随面积的增加而增加；$1.5hm^2$ 以上面积，增长趋势减缓，因为没有任何一个树种是被限制在特定的林地范围内。而鸟类的多样性要到 $4.0hm^2$ 时才显著增长，这是因为有一半鸟类依赖于林地大小；$1.5hm^2$ 以上的斑块，内部与边缘面积近乎相等。随着斑块面积增加，边缘的鸟很少增加，而内部的鸟却不断增加，这说明大植被斑块有重要价值，因为大的植被斑块拥有敏感的内部种和更多的珍稀物种。

那么，从生态上来说，一个大斑块好还是一个小斑块好？或者一个大斑块好还是面积相同的几个小斑块好？这些问题不是简单的问题。应该说各有千秋，关于斑块大小对生态系统过程的生态效应还了解得不多。物种-面积曲线和岛屿生物地理学理论的核心见图 2-2。

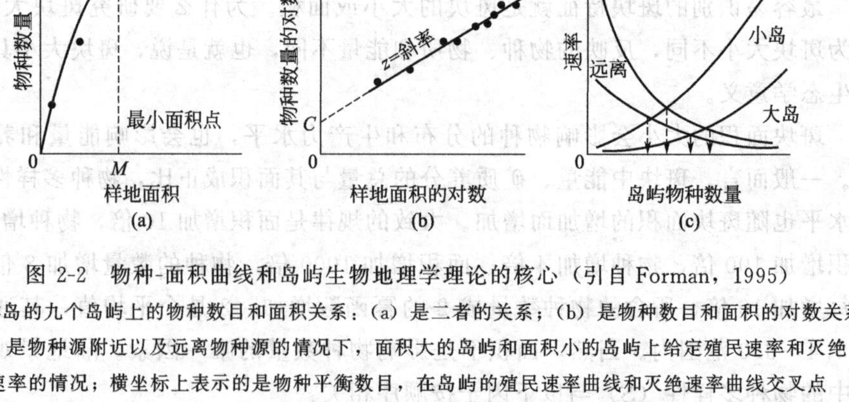

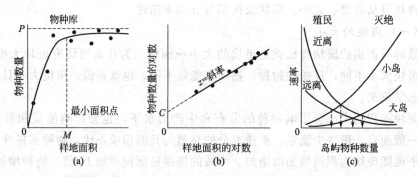

图 2-2　物种-面积曲线和岛屿生物地理学理论的核心（引自 Forman，1995）

一个群岛的九个岛屿上的物种数目和面积关系：(a) 是二者的关系；(b) 是物种数目和面积的对数关系；(c) 是物种源附近以及远离物种源的情况下，面积大的岛屿和面积小的岛屿上给定殖民速率和灭绝速率的情况；横坐标上表示的是物种平衡数目，在岛屿的殖民速率曲线和灭绝速率曲线交叉点

对于孤立斑块内的亚种群来说，局地灭绝速率随生境质量的提高或斑块的增大而减小，其重新定居的可能性随着廊道、踏脚石、合适的基质生境或较短斑块距离

的存在而增大。表 2-1 是大小斑块的生态意义。

表 2-1 大小斑块的生态意义（引自 Forman，1995）

斑 块	生 态 意 义
大斑块	保护水体或湖泊的水质 连接溪流网络 为内部种提供生境 是范围大的脊椎动物核心生境和避难所 是通过基质扩散的物种的源 为多生境物种提供近似的微生境 具有近自然的干扰方式，许多物种的形成与进化伴随着这种干扰并且需要这种干扰 在环境变化时，减缓物种灭绝
小斑块	为物种扩散及内部种灭绝之后的重新殖民提供生境和踏脚石 边缘种的物种密度高，种群多 基质异质性，这种异质性能降低侵蚀，并为捕食者提供隐蔽场所 是小生境物种的栖息地 能保护分散的小生境和稀有物种

（二）斑块的形状

斑块形状是斑块的另一个重要属性指标。

1. 几种典型的斑块形状

斑块形状各式各样，常见的归纳为以下几种形式。

（1）圆形或正方形斑块和扁长形斑块

圆形或正方形斑块与相同面积的巨型斑块相比，内部面积大，边缘面积小，相同面积的扁长形斑块可能全是边缘。由于斑块内部和边缘之间的动植物群落和种群特征往往不同，所以，不同形状的斑块其动植物群落和种群特征也会不同。较高的内缘比率（内缘比率是斑块内部面积与边缘面积之比）可促进某些生态过程，而较低的内缘比率可增强另一些生态过程（图 2-3）。

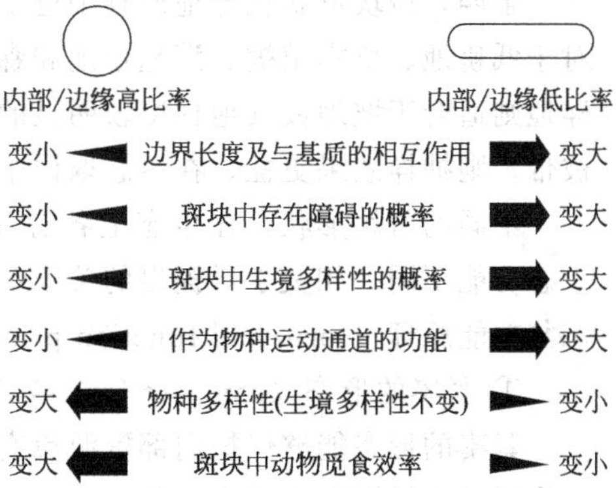

图 2-3 内部与边缘比率对几种生态特征的影响（引自 Forman 和 Godron，1986）

（2）环状斑块

环状生态系统的总边界较长，边缘带宽，边缘比率较低，与扁长形斑块相似，而和圆形斑块不同，所以斑块内部种相对稀少。

这几种形状只是较典型的几种规则的几何形状，自然界的斑块形状千姿百态。

2. 斑块形状的生态意义

斑块形状同斑块面积一样，也具有一定的生态意义。

首先，斑块的形状对生物的扩散和觅食有重要意义。如通过林地迁移的昆虫或脊椎动物或飞越林地的鸟类，更容易发现垂直于它们迁移方向的狭长采伐迹地，也能错过平行迁移方向的狭长迹地。所以，斑块体的形状和走向对穿越景观扩散的动植物至关重要。

其次，斑块的形状不同，其物种组成及生物多样性会不同。因不同形状的斑块其内部与边缘部分的面积比会不同，因而不同形状的斑块，即使面积相同，因斑块内部与边缘在生境条件上（如光照、湿度、食物、天敌等）有所不同，进而造成物种组成或物种数量的差异，那么最终会导致物种的多样性可能会不同。这是因为各自的内部面积不同，边缘面积不同，所以会导致内部种和边缘种的多少会不同，从而可能会导致物种多样性的不同。如环状斑块、半岛状斑块，其内部与边缘的比率比相同面积的圆形斑块要低得多，所以其内部种也少得多。

当然如何区分斑块的内部和边缘，以及它们对物种保护的影响，是景观生态学研究的又一重要课题。

第三，斑块形状能够指示物种的动态及生存条件的空间变化。在生物地理学中，往往要研究物种的分布范围，而这个分布范围的形状变化相当大，从狭长形到圆形，边界可能是平滑的，也可能是弯弯曲曲的，生物地理学家可以对这些分布形状进行分析来了解物种的动态，包括物种分布的稳定性以及扩展、收缩、迁移的趋势等。除此以外，分布区的形状可说明生存条件的空间变化，如高纬度地区许多植物种的分布区呈东西向展布的长条形，这与分布区生态条件的空间变化东西差别小、南北差别较大有关。

第四，斑块形状在样地调查中也很重要。不同形状的样方适于不同的目的。如对于低耕地、草本植被、灌丛草地和森林进行调查，样地可选正方形或圆形。长形样地则适合于坡地或其他梯度较明显的地方，如果样地长轴垂直于地形等高线或植被带，则抽样效果更佳。在生态取样中，通常采用长宽比为4∶1的矩形样地。

不同的斑块形状，在生态上各有其优缺点（表2-2）。可见斑块的形状不同其生态功能不同。相关学科提出的关于动植物的形态与功能原理也证明了这一点。形态与功能原理（form and function principles）有如下三条。

① 紧凑的形态（compact forms）对保护资源很有效。

紧凑的形态能够保护内部资源免遭环境的不利影响，如北极野兔的耳朵短，就是为了减少暴露在寒风之中的面积。

② 回旋的形态（convoluted forms）能加强与环境的交流。

两个物体之间的边界越长，单位面积穿过边界的单向或双向物质运动的可能性就越大。如具有回旋边界的林地其野生动物的出进运动就多，具有回旋形状的建筑物与周围环境交换的能量就多。

③ 网状或错综复杂的形态，除了能与环境主动交流外，具有输送物质能量和信息的通道。

如道路网络、河流系统、电视系统把物质或信息从网络的一个部分传送到另一部分。

这三条形态与功能原理对斑块来说同样也适用。

表 2-2　不同斑块形状在生态上的优缺点（引自 Forman，1995；肖笃宁等，2003）

形　状	优　点	缺　点	点评及出处
(a) 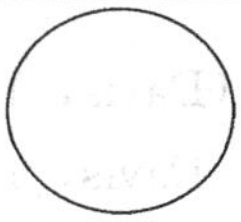	内部面积最大，物种丰富，种群也大	与相邻和远距离基质间的交流最少	（Diamond，1975；Wilcove 等，1986；Temple，1986）
(b) 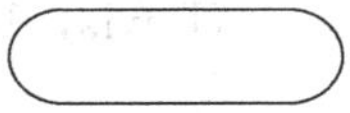	—	核心区小，与相邻和远距离基质间的交流少	较(a)的内部面积稍小，略有扩散漏斗和滤篱效应（Game，1980）
(c) 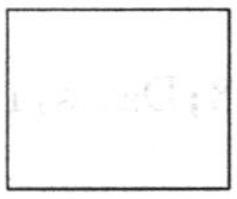	—	与相邻和远距离基质间的交流少。直线形边界增加了侵蚀的可能性	较(a)的内部面积稍小，与基质的交流比(a)大，但比(f)小
(d) 	对边缘种最好。最便于为基质内的动物所利用	—	较(a)的内部面积稍小，与相邻基质交流好（Forman 和 Moore，1992）
(e) 	基因变异最大。最有利于干扰风险的分散	核心区面积最小，内部面积也最小	—
(f) 	伸向远距离基质的扩散漏斗可促进其他斑块的重新定居。滤篱效应可使该斑块发生局部物种灭绝后重新获得定居	—	较(a)的内部面积稍小，滤篱和扩散漏斗效应较(g)稍小。滤篱可以俘获过多的害虫或外来种。可以缩减成树枝状溪流系统（Ambuel 和 Temple，1983；Peterken 等，1992）
(g) 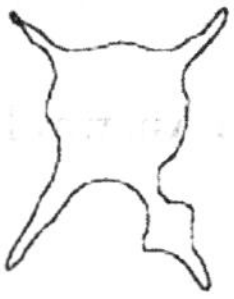	有伸向远处基质的扩散漏斗；有滤篱效应；有部分基因变异和部分风险分散	核心区和内部面积小	滤篱可以俘获过多的害虫或外来种
(h) 	有伸向远处基质的扩散漏斗；有滤篱效应；与相邻基质有一定的交流；自然的不规则形状类似于许多物种发生进化的斑块	—	较(a)的内部面积稍小，比(g)的滤篱效应稍小。滤篱可以俘获过多的害虫或外来种

3. 斑块形状的度量

度量斑块形状的指标较多，归纳起来有：基于斑块轴的长度的度量、基于斑块面积和周长的度量、基于斑块面积的度量、基于斑块半径的度量、基于斑块面积和长度的度量、基于斑块周长的度量、基于斑块周长和长度的度量。在介绍这几种度量方法之前先设置几个变量。用 A 表示斑块面积；A_c 表示包围斑块的最小圆的面积，即斑块外接圆的面积；L 表示斑块长轴的长度；n 表示斑块的边数，这里把斑块看作是一个多边形；P 表示斑块的周长；P_c 表示和斑块具有相同面积的圆的周长；R_j 表示斑块的第 j 个半径，它是指从斑块中心到边缘的距离；W 表示与斑块长轴相垂直方向斑块的宽度。

（1）基于斑块轴的长度的度量

形态 $$F=L/W$$ （Davis，1986）

拉伸度 $$E=W/L$$ （Davis，1986）

圆度 $$C_1=\sqrt{\frac{LW}{L^2}}$$ （Davis，1986）

（2）基于斑块面积和周长的度量

紧密度 $$K_1=\frac{2\sqrt{\pi A}}{P}$$ （Bosch，1978；Davis，1986）

岸线展开度（或 Patton 多样性） $$D=\frac{P}{2\sqrt{\pi A}}$$ （Patton，1975；Taylor，1977；Cole，1983）

圆度 $$C_2=\frac{4A}{P^2}$$ （Griffith，1982；Davis，1986）

（3）基于斑块面积的度量

圆度 $$C_3=\sqrt{\frac{A}{A_c}}$$ （Unwin，1981；Davis，1986）

圆度比 $$C_4=\frac{A}{A_c}$$ （Stoddart，1965；Unwin，1981）

（4）基于斑块半径的度量

平均半径 $$R=\frac{\sum R_j}{n}$$ （Boyct 和 Clark，1964；Lo，1980；Stoddart，1965；Austin，1984）

（5）基于斑块面积和长度的度量

形态比 $$FR=\frac{A}{L^2}$$ （Horton，1945；Stoddart，1965；Austin，1984）

椭圆度指数 $$E_1=\frac{\pi L(0.5L)}{A}$$ （Stoddart，1965；Davis，1965）

（6）基于斑块周长的度量

形状因子 $$SF=\frac{P_c}{P}$$ （Bosch，1978；Davis，1986）

（7）基于斑块周长和长度的度量

粒度形状指数 $$GSI=\frac{P}{L}$$ （Davis，1986）

由此可见，对斑块形状的度量方式很多。虽然可从不同的角度来度量斑块形状，但在选择具体度量方法时应该注意两点：一是参数容易获得，二是其指数含义明确。对上述各指数进行认真分析后不难看出以下几点。第一，基于斑块面积的度量和基于斑块半径的度量中外接圆的面积以及斑块半径难以获得，虽然从理论上来说它们存在，但实际应用中无从获得，因此这两种方法给度量斑块形状带来困难。第二，基于斑块轴的长度的度量中，形态指数、拉伸度指数及圆度指数尽管形式不同，但应该说是相同的，拉伸度指数不过是形态指数的倒数，是圆度的平方，所以无本质差异；紧密度和岸线展开度同样互为倒数，无本质差异；基于斑块周长的度量的形状因子其实与基于斑块面积和周长的度量中的紧密度是相同的。第三，通常用得最多的是把斑块的周长与相同面积的圆的周长进行比较，即用岸线展开度指数，通常称为斑块形状指数。

$$S=\frac{P}{2\sqrt{\pi A}}$$

当 S 接近于 1，表明斑块形状接近于圆。还可以用周长面积比来表示斑块形状，如两个斑块，面积相同，但周长不同，则其周长面积比不同，周长面积比大的斑块，其周长长，意味着其形状复杂。所以周长面积比的含义也比较明确，而且计算简单，易于比较不同斑块的形状。

（三）斑块的数量与构型

前面讲述了单个斑块的形状及生态意义。但景观往往不是由一个单个斑块构成，而是由许多斑块镶嵌而成。可以研究的方面有 4 个：①斑块数目；②斑块的起源与成因；③斑块的大小；④斑块的形状。

斑块的数量，尤其是同类斑块的数量和面积往往决定着景观中的物种动态和分布。研究表明，单一的大斑块所含的物种数量往往比总面积相同的几个小斑块要多得多，但如果斑块数分布范围较广，则几块小斑块的物种较多，这是因为所有的小斑块都含有类似的边缘种，而大斑块通常含有敏感的内部种，广泛分布的斑块可分布于不同的动植物区系内。Forman 等人（1976）认为，在景观附近局部地区至少需要 3 个以上的大斑块才能使景观中的物种多样性达到最大。

对美国新泽西州林地中的鸟类研究证明了斑块数量的作用，对最大的林地斑块（$24hm^2$）来说，鸟类物种数量曲线在 3 个斑块处仍处在上升趋势［图 2-4(a)］，尽管增长速度在减小。从图 2-4(a) 可看出，对所有斑块无论大小，曲线都在 3 个斑块处仍然处于上升趋势。因此，在景观尺度上，需要 3 个以上大于 $24hm^2$ 的林地才能使鸟的丰度最大。林地中植物的物种丰度也随着林地斑块增加而增加［图 2-4 (b)］。

景观中斑块的总数或单位面积上斑块的数目即斑块密度，反映景观的完善性和破碎化程度。景观单位面积上斑块数目越多，景观越破碎。景观破碎化是指一个大面积连续的生境在干扰作用下被分割成很多面积较小的斑块，同类斑块之间相互隔离。景观破碎化对物种的灭绝有重要影响。景观破碎化会缩小某一类型生境的总面

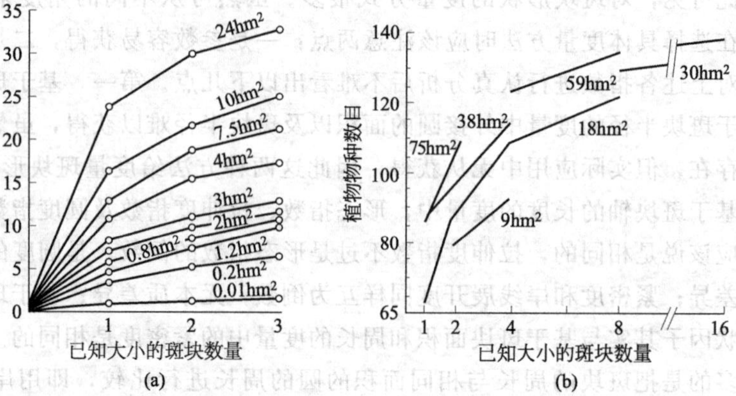

图 2-4 斑块数量对物种丰度的影响 (引自 Forman，1995)

积和每一斑块的面积，会影响种群的大小和灭绝速率；同时在不连续的片段中，残留面积的分配会影响物种散布和迁移速率。

要全面认识景观，除了研究斑块上述四个方面的内容外，还要研究景观斑块的空间构型，即斑块群在景观空间中的分布情况。斑块一般不是单独存在于景观中，而是许多斑块在景观中重复出现，不同类型的斑块在景观中镶嵌分布。景观中斑块的空间分布对物质、能量、物种及信息流动有重要的影响，如聚居地斑块，集中分布的城市或近郊与居民点分散分布的区域（偏远山区）在人口流、物流、信息流等方面有着显著差异。斑块的空间构成对干扰的扩散也有重要影响，无论特定斑块是干扰源还是干扰障碍。如一个森林斑块突遭火灾，如果其他森林斑块相距较远，且斑块之间又是抗火性强的覆盖类型，火灾就不会在森林斑块之间扩散；反之，若森林斑块呈密集分布，或者由易燃的其他覆盖类型所连通，那么，火灾就会很容易扩散。

干扰与斑块的空间构型之间存在负反馈机制。相邻的类似斑块越多，干扰就越容易扩散；干扰越扩散，斑块就越少，干扰就越不容易扩散；干扰越不容易扩散，斑块就更加发育。

四、斑块的生态学意义

前面就斑块大小的生态意义做了讨论。一般来讲，无论大小斑块，在景观中主要有五种功能，即五个方面的生态学意义。

1. 栖息地

斑块是景观的基本单元，一个斑块作为最基本的生态系统为某种生物种群提供适宜的生境，成为该种群的栖息地。如在辽河三角洲自然保护区的研究表明，不同的鸟类选择不同类型的生境栖息，环颈鸻主要栖息在无干扰潮间带无脊椎动物翅碱蓬滩涂，黑翅长脚鹬在轻干扰深积水鱼类蒲芦苇田，红脚鹬在无干扰潮间带无脊椎动物翅碱蓬钢草滩涂。

2. 源

在某一斑块上栖息、繁殖的物种，种群数量增大，呈现出“源”的特征，生物流向外扩散。如林地内一处蛙塘，青蛙会向毗邻的林地扩散觅食。

3. 汇

如某一斑块具有适宜的生境，景观中的生物流就能向该处汇聚。如茂密的灌丛为动物提供了蔽荫场所，同时会吸引捕食者前往。

4. 屏障

斑块也可作为屏障，阻碍动物在景观中的运动或阻碍干扰在景观中的扩散。如湖泊就会阻止陆地动物穿过它而达到湖的对岸。同样湖泊也会阻止火灾的蔓延。屏障作用往往发生在性质差异较大的斑块间。

5. 通道

斑块的边缘具有廊道的特征，因而也具有通道的作用。物种可沿斑块的边缘运动。

五、斑块动态

斑块结构是景观格局的基本特征。干扰、环境资源的异质性以及人为引进都可能产生生物斑块。斑块化普遍存在于各种生态系统的每一个时空尺度上。森林、农田、草地、湖泊等生态系统通常镶嵌在一起，形成景观，而每一景观内部又由大小、内容和持续时间不同的各种类型的斑块组成。许多空间格局和生态过程都由斑块和斑块动态来决定，斑块动态是将空间格局与生态过程紧密相结合的一个核心概念。

（一）斑块化机制

斑块化是指斑块空间格局及其变异，通常表现在斑块大小、内容、密度、多样性、排列状况、结构和边界特征等方面。资源分布的斑块化与生物分布的斑块化常常交织在一起。对比度是斑块之间以及斑块与基质之间的差异程度。空间异质性则是通过斑块化、对比度以及梯度变化所表现出来的空间变异性。因此，空间异质性是较斑块化更为广义的概念。

斑块动态是指斑块内部变化和斑块间相互作用导致的空间格局及其变异随时间的变化。斑块动态是景观变化的一部分。

斑块化产生的原因和机制较为复杂，可大致分为物理的和生物的，或内源的和外源的。前述的斑块成因，是常见的斑块化产生的原因。

（二）斑块化的特点

1. 斑块的可感知特征

斑块的可感知特征包括大小、形状、内容、持续时间及结构和边界特征。一片森林、一个湖泊、一块农田都可以是某一特定景观中的斑块，而林窗和浮游植物种群聚集体则是不同群落内部的斑块。

2. 斑块内部结构的等级性

斑块的内部结构具有明显的时空等级性，大尺度上的斑块由小尺度上的斑块镶嵌而成。在全球尺度上，整个地球可以视为由海洋、陆地和岛屿组成的斑块，而它们又由更小的斑块（如生物群落）组成。斑块化存在于陆地和海洋系统的各个时空尺度上。

3. 斑块的相对均质性

斑块的异质性是绝对的，均质性是相对的。当在某一尺度研究斑块时，往往把它看成是均质的。

4. 斑块的动态特征

虽然可以通过描述和分析斑块化的静态空间特征来说明某些生态现象，但斑块随时间的变化是绝对的，是斑块化的最基本特征。

5. 斑块化的尺度和生物依赖性

斑块化的特征依赖于观察尺度以及所研究的生物。大尺度观察会忽视小尺度上的斑块化，而小尺度观察则不易测得大尺度斑块化。不同的生物对斑块环境会有不同的反应和感知。生物只在其特定的斑块等级系统内才可能表现出对斑块敏感的行为特征，而对其斑块等级系统以外的时空尺度上的斑块化表现出不相关性。

6. 斑块中的核心等级水平

核心等级水平是指最能集中体现研究对象或过程特征的等级水平，相应的时空尺度成为核心尺度（focal scale）。如研究能量流动和物质循环的核心等级水平往往是生态系统，而研究 meta 种群动态的核心等级水平是景观。

（三）斑块化的生态与进化效应

自然界各种等级系统都普遍存在时间和空间的斑块化。它反映了系统内部或系统间的空间异质性，影响着生态学过程。不同斑块的大小、形状、边界性质以及斑块间的距离等空间分布特征构成斑块化的差异，并控制生态过程的速率。

1. 种群动态与斑块化

斑块化具有重要的生态学意义，其显著效应之一就是 meta 种群的形成。随着生境的破碎化，种群在空间分布趋于“岛屿化”。meta 种群是同种的局域种群（local population）在不同斑块上分布的总和，即种群之“群”（a population of populations）。meta 种群对生境的斑块化有两种相反的反应：一是由于生境的斑块化，每一斑块上的种群有可能因个体数目太少而丧失基因的变异性，加剧种群消亡灭绝的危险；二是由于斑块化往往产生亚种群。当一个 meta 种群面临毁灭性灾难时，这种斑块化也许能为某些亚种群提供庇护所，从而有利于最终保存该种群。斑块化对 meta 种群的影响问题还有待进一步研究。

2. 资源分布的斑块化

生物生存依赖于资源的时空分布。资源的斑块化决定了资源的可利用程度，而且控制着生物对资源的利用方式。资源斑块化的重要性表现在如下三个方面。

第一，资源的有效程度和分布格局对生物个体能量平衡的影响。当资源有效程度高时，其空间分布格局并不重要；当资源有效程度低于某一限度时，其空间分布格局的重要性依资源的有效性程度降低而明显提高。这种空间斑块化的重要性又体现在生物个体对摄取资源所消耗的能量大小上。不同空间斑块化对生物个体能量的收支平衡产生重要影响。

第二，资源斑块化为物种提供了生境。由于不同斑块，其资源的种类和数量不同，不同种群对资源的需求及利用方式不同，因而，不同斑块化就分化为特有种群的生境，这种生境特化程度的高低也取决于斑块化程度，表现出斑块化与生物的协同进化作用。

第三，斑块程度在不同时空尺度上的阈值作用。研究表明，在一个景观上，较大面积斑块的解体将影响动物对该景观资源的利用。斑块化超过某一阈值时，资源的有效程度将大幅度变化，生物需要付出比收入大得多的能量来获取资源，那么会导致某些个体无法对该资源再进行利用，进而大量个体死亡或种群迁移。但这方面还有很多问题有待研究，如什么样的时空斑块化具有阈值效应？在什么时空尺度上阈值效应对某种群具有意义？

3. 干扰与斑块化

干扰是很重要的生态过程。干扰是斑块化形成的重要因素之一，它影响资源的空间分布。另一方面，斑块化又会对干扰的扩散产生影响。斑块化和干扰过程的相互作用是复杂的。一般认为，斑块的大小、形状、边界结构和斑块间的距离影响干扰过程，但这种影响也因干扰因素的差异而不同。如一般情况下，不同年龄的林分斑块对火的扩散有阻碍作用，幼龄林和成熟林的镶嵌结构、斑块大小、形状、边界及斑块间距离都直接影响火的行为。但 1988 年美国黄石公园的大火，由于气候极端干燥，这种异龄林斑块化的作用极不明显，大火几乎烧毁各年龄林木。

4. 人类影响的斑块化

人类活动导致自然景观趋于斑块化。人类影响的斑块化在结构和功能上都不同于自然斑块化。一般来说，人类影响的斑块化斑块大、形状单一、边界整齐、结构简单，斑块间无廊道，不利于斑块间的信息交流和物种的迁移。自然斑块化最普遍现象是物种在不同斑块之间迁移，而人类影响的斑块化最终消灭物种的迁移现象。这种人类影响的斑块化是加剧物种消失和濒危物种增加的原因之一。

5. 斑块化与物种的共同演化

斑块化不是孤立产生的，它是与各种生命形式长期共同演化的结果。各种生命形式与各种异质的环境相互作用，在适者生存的选择压力下，导致了物种的多样性，而物种多样性又增加了生物斑块化。生物种作用于环境，改变了非生物斑块化，这种相互作用是最重要的斑块化的进化效应。

斑块化与生物种共同演化的一个证明就是种群扩散所采用的有性和无性繁殖策略。一个种采用什么样的性形式延续个体，同环境的异质性有关。生物个体可以通过无性繁殖而尽快占据周围生境。有性繁殖则通过种子的不同传播方式向其他更大范围的生境扩散。种子还可以通过休眠躲避不利的时间和空间变异。斑块化与物种共同演化的另一个证明就是生物个体大小与生境的空间尺度大小的关系。Brown和Maurer（1987）认为，生物个体大小是该生物在特定的时空尺度上与环境相互作用进化的结果。生物个体小，其生境空间尺度也小；而生物个体大，对其生境空间尺度要求也大。

6. 斑块化与生物多样性

任何一个种群的适应生存都受到环境斑块化的限制。所谓适者生存，往往是某一生物种能适应于某一幅度的异质环境，从而使适应的基因得以保存。在自然界，基因的多样性有利于它适应突发性的环境变化和选择压力。同时，异质环境又常常加剧基因多样化程度。

同一斑块化，对不同生物种来说有不同的选择压力。某一生物种对于特定的斑块化的适应生存斗争中，同时存在两种可能的作用力：一是在某一较为稳定的时空斑块化条件下，共同的环境压力使种群具有内在凝聚力，这种力能抵御基因漂移和新种出现；二是在较易产生突变的斑块化条件下，生物种常因环境变异而加剧基因漂移，促使新种出现和导致原有种的死亡。种的多样性也是环境变异以及生物种适应能力不断在选择压力和基因漂移之间进化的结果。

另一种压力来自于生物的斑块化——生物种间竞争的压力。种间竞争会加剧种的空间分布的分化，即生物斑块的出现，并增加基因变异的程度。竞争种群间的分化导致物种对资源空间利用的差异，从而产生了不同的生态位。

不同生态系统具有特定的时空斑块化，而不同生态系统的功能是这种斑块化的反映。

第二节 廊 道

一、廊道的概念与起源

廊道（corridor）是指不同于两侧基质的狭长地带，可以看作是线状或带状的斑块。几乎所有的景观都会被廊道分割，同时又被廊道连接在一起。

廊道是一种特殊的斑块，因此，其起源与斑块相似，有干扰产生的干扰廊道；同时，由于干扰的产生，而未受干扰的带状残存廊道；还有因环境资源在空间分布上的差异而产生的环境资源廊道以及引进廊道。

干扰廊道如在森林中呈线状或带状采伐森林而形成的廊道。如果把一片森林伐光，只保留下一条林带，这个林带即为残存廊道。公路、铁路、防护林带则是引进廊道，其中防护林带是种植廊道。河流则是环境资源廊道。

二、廊道的结构特征

独立廊道和网络廊道在结构特征上不同，独立廊道是指景观中单独出现，不与其他廊道相接触的廊道。网络廊道是景观中廊道相互联结成网络。

独立廊道其内外结构特征有很大区别。内部特征表现为：宽度、所穿越的环境梯度、相接的生态系统（或是土地利用类型）、垂直分层、物种组成、优势度和丰富度、河流网络的存在、持续干扰路线的存在、内部环境的存在。外部特征表现为：长度、断开或窄带的存在、断开内部和与其相邻区域的适宜性、弯曲度、沿线的环境梯度、宽度、毗邻的生态系统或土地利用类型、毗邻斑块的面积和分布。

网络廊道的结构特征有：网络中环或环路的存在、每个结点上连接的数量、网眼的大小、环度、廊道所包围斑块的类型等。

下面就廊道几个重要的结构特征加以论述。

1. 弯曲度

廊道最明显的特征就是弯曲度（curvilinearity）。弯曲度与沿廊道的运动有关，一般来说，廊道愈直，距离愈短，物体或生物在廊道中移动越快；而经由蜿蜒曲折的廊道穿越景观需要的时间长。但对不同的廊道，其功能不同，不能一概而论其越直越好。如对河流廊道而言，笔直的河道有利于泄洪，而蜿蜒曲折的河道则不利于泄洪。而对旅行者而言，爬山时，有的路距离近，但坡陡路滑，爬起来很费力气；有的路蜿蜒曲折，但走起来不费劲。

可用分维数来描述廊道的弯曲度：

$$Q(L)=L^{D_q}$$

式中，Q 代表廊道的实际长度；L 是一参照长度，如从初始位置到某一特定位置的直线距离；D_q为廊道的分维数，变化范围在 1～2 之间；当 D_q 值接近于 1 时，描述对象为一直线；当 D_q值接近于 2 时，线的弯曲程度相当复杂，几乎布满整个平面。

2. 宽度

廊道宽度通常用平均宽度值和宽度变化值来表示。带状廊道与线状廊道的不同就在于宽度对生境功能的影响不同，通常带状廊道有内部种，而线状廊道没有。

廊道宽度变化对物种沿廊道或穿越廊道的迁移具有重要意义。对不同的物种来说，其适宜的廊道宽度是不同的（表 2-3）。

3. 连通性

连通性是指廊道在空间连接连续的程度，可用廊道单位长度上间断点的数量表示，也可用连通度来表示。廊道有无断开是确定通道和屏障功能效率的重要因素。廊道的断开与否会影响廊道的功能，如河流决堤会造成巨大灾害。

连通度是网络复杂度的一个指标，网络是由一系列线状地物相互交错连接而成的。结点是两条或两条以上的廊道交汇之处。

γ 指数法特别适宜于计算网络连通度。γ 指数是一个网络中连接廊道数与最大可能连接廊道数之比。现有的连接廊道可直接数得。最大可能的连接廊道数可通过计算现有的结点数而获得。如果有三个结点，那么最多只有 3 个连接；但若有 4 个

表 2-3　不同学者提出的生物保护廊道的适宜宽度值（引自朱强和俞孔坚等，2005）

作者	发表时间	宽度/m	说　明
Corbett E S 等	1978	30	使河流生态系统不受伐木的影响
Stauffer 和 Best	1980	200	保护鸟类种群
Newbold J D 等	1980	30 9～20	伐木活动对无脊椎动物的影响会消失 保护无脊椎动物种群
Brinson 等	1981	30	保护哺乳、爬行和两栖类动物
Tassone J E	1981	50～80	松树硬木林带内几种内部鸟类所需的最小生境宽度
Ranney J W 等	1981	20～60	边缘效应为 10～30m
Peterjohn W T 等	1984	100 30	维持耐阴树种山毛榉种群最小宽度 维持耐阴树种糖槭种群最小宽度
Harris	1984	4～6 倍树高	边缘效应为 2～3 倍树高
Wilcove	1985	1200	森林鸟类被捕食的边缘效应大约为 600m
Cross	1985	15	保护小型哺乳动物
Forman R T T 等	1986	12～30.5 61～91.5	对于草本植物和鸟类而言，12m 是区别线状廊道和带状廊道的标准，12～30.5m 能包含多数的边缘种，但多样性较低 具有较大的多样性和内部种
Bud W W 等	1987	30	使河流生态系统不受伐木的影响
Csuti C 等	1989	1200	理想的廊道宽度依赖于边缘效应宽度，通常森林的边缘效应有 200～600m 宽，窄于 1200m 的廊道不会有真正的内部生境
Brown M T 等	1990	98 168	保护雪白鹭的河岸湿地栖息地较理想的宽度 保护 Prothonotary 较为理想的硬木和柏树林的宽度
Williamsom 等	1990	10～20	保护鱼类
Rabent	1991	7～60	保护鱼类、两栖类
Juan A 等	1995	3～12 12 60 600～1200	廊道宽度与物种多样性之间相关性接近于零 草本植物多样性平均为狭窄地带的 2 倍以上 满足生物迁移和生物保护功能的道路缓冲带宽度 能创造自然化的物种丰度的景观结构
Rohling J	1998	46～152	保护生物多样性的合适宽度

结点，则另外增加 3 个连接，其最大可能的连接数为 6。假如无新的交叉形成，则每增加一个结点，最大可能的连接数以 3 的倍数增加。所以，γ 指数为：

$$\gamma=\frac{L}{L_{\max}}=\frac{L}{3(V-2)}\quad (V\geqslant 3, V\in N)$$

式中，L 为连接廊道数；$L_{\max}$ 为最大可能连接廊道的数目；V 为结点数目。

γ 指数的变化范围为 0～1，γ 为 0 时，表示各结点之间不连接；γ 为 1 时，表示每个结点都彼此相连。

在图 2-5（a）网络中，有 10 个连接，11 个结点，其连通度为：

$$\gamma=\frac{L}{3(V-2)}=\frac{10}{3(11-2)}=0.37$$

在图 4-5（b）网络中，有 16 个连接，11 个结点，其连通度为：

$$\gamma=\frac{L}{3(V-2)}=\frac{16}{3(11-2)}=0.59$$

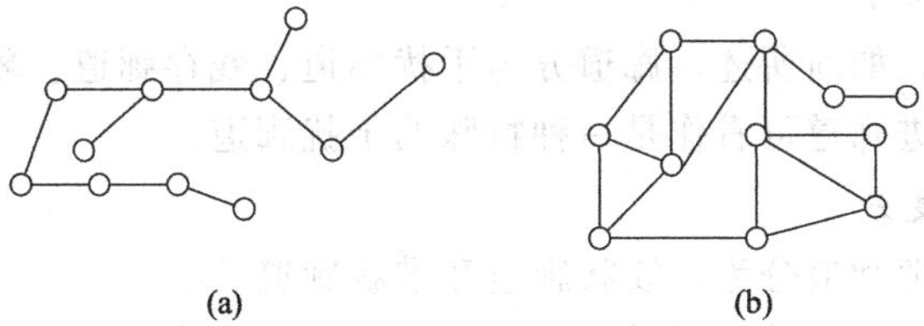

图 2-5 网络示意

对那些借廊道作迁移渠道的物种而言，在图 2-5（a）网络中所走的路程可能要比图 2-5（b）网络中长，花费的时间也要多。

连通性是景观设计中应该考虑的结构特征，如自然保护区的设计规划中，要考虑网络连通性对各种动植物的迁移、觅食、繁殖和躲避干扰等活动的影响。

4. 内环境

廊道内环境与廊道外是不同的，一个足够宽的廊道尤其如此。如夏天，林荫路上人们感到凉爽，其气温比外部低。

5. 环度

环度是指连接网络中现有结点的环路存在程度，它表明物流、能流和物种迁移路线的可选择性程度，也是度量网络复杂度的一个指标。网络环度用 α 指数来测量。环度指数 α 用网络中实际环路数与最大可能出现的环路数之比来表示。无环的网络其连接数比结点数少 1 个（$L=V-1$）。如果在这个网络上增加一个闭合连接，就形成一个环路。因此，当有环路存在时，$L>V-1$。现有的环路数与现有连接数的关系，用 $L-V+1$ 表示，即一个网络中独立环路的实际数。最大可能的环路数是最大可能的连接数即 $3(V-2)$ 减去无环路网络的连接数 $(V-1)$，即 $3(V-2)-(V-1)=V-5$，所以，α 指数为：

$$\alpha=\frac{L-V+1}{2V-5}\quad(V\geqslant 3, V\in N)$$

式中，L 为连接数；V 为结点个数。

α 取值 0～1，$\alpha=0$ 时表明无环路；$\alpha=1$ 时，表明具有最大环路数。

在图 2-5（a）网络中：

$$\alpha=\frac{L-V+1}{2V-5}=\frac{10-11+1}{2\times 11-5}=0$$

在图 2-5（b）网络中：

$$\alpha=\frac{L-V+1}{2V-5}=\frac{16-11+1}{2\times 11-5}=0.35$$

假设一个物种沿图 2-5(a) 网络通过景观时，就没有可供选择的路线；而沿图 2-5(b) 网络通过景观，就有几种可供选择的路线，从而可以躲避干扰或天敌以及减少时间和路程。

三、廊道类型

（一）按起源分

按起源来分，如前所述，廊道分为干扰廊道、残存廊道、环境资源廊道和引进廊道。当然，引进廊道可看作是一种特殊的干扰廊道。

（二）按宽度分

按照宽度可把廊道分为：线状廊道和带状廊道。

线状廊道是狭长条带状廊道，线状廊道主要由边缘种组成，如道路、铁路、堤坝、沟渠、输电线、草本或灌木丛带、树篱等。狭窄的河流也属线状廊道。显然，没有一个物种是完全局限于线状廊道的。线状廊道因其宽度所限，因而相邻基质的环境条件，如风、人类活动以及物种和土壤对其内部的环境和物种影响很大。

带状廊道较宽，每边都有边缘效应，足可包含一个内部环境。在景观中，带状廊道出现的频率一般比线状廊道少，常见的有超高速公路、宽林带等。除了中间含有一内部环境外，它与线状廊道具有相同的特征。

至于线状廊道与带状廊道的区分标准，应该因廊道的不同以及研究对象的不同而不同。据 Helliwell (1975) 和 Baundry (1984) 的研究，当树篱的宽度小于 7m 时，对其内部的植物物种没有影响；当宽度大于 12m 时，树篱内草本植物的多样性是窄树篱的 2 倍以上，多样性和丰富度较高。因此对草本植物来说，可把 12m 作为线状树篱廊道和带状树篱廊道的分界线。但对其他类型的廊道目前还没有统一的划分标准。

（三）按构成分

按构成来划分，廊道可分为绿道、蓝道、灰道、暗道和明道（赵羿等，2005）。

绿道是由绿色植物组成的廊道，主要是为生物迁徙提供快捷、方便的行进线路，有利于生物物种的迁移和保护。蓝道是由河流、水渠等水域组成的廊道，除了为水生生物提供传输的路径外，还有灌溉土地、提供水源、交通运输、调节气候、改善生态环境等多种功能。灰道是由人工建筑的公路、铁路、桥梁等组成的廊道，连接城市和乡村、城镇间不同地域，有利于人口、物质和信息的交流。暗道是由地下电缆线、地下管道等组成的廊道，主要用于信息传输、能量输送、废物排放、物质输送等。明道是由地表电缆线、高压线、电话线、地表管道等组成的廊道，主要传输能量和信息。

四、廊道的功能

廊道有五个功能：生境、通道、过滤、源和汇（图 2-6)。

（一）生境

廊道中以边缘种和一般种（generalist species）为主，也有一些要求一个以上

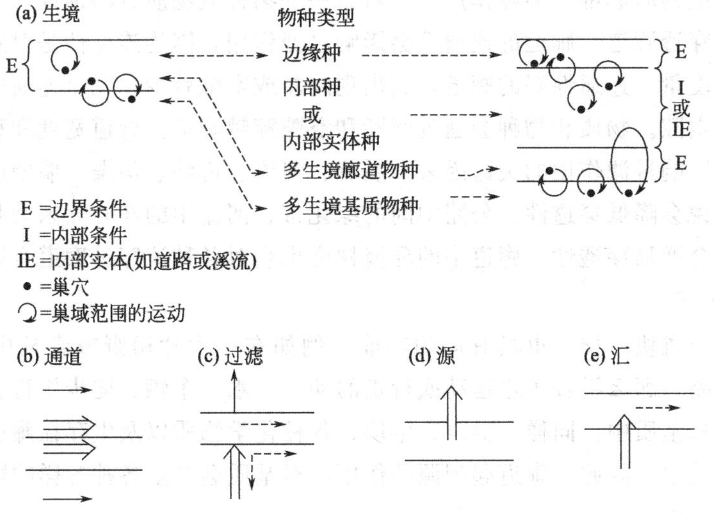

图 2-6 廊道的五种功能（引自 Forman，1995）

(a) 左边是窄廊道，右边是宽廊道，多生境物种利用两种或两种以上生境；

(b) 在廊道的内部或在廊道旁边运动的可能性增加；

(c)～(e) 基质和廊道之间的运动和流

生境的物种和一些侵入的外来种。通常缺少稀有物种和濒危物种。

线状廊道由于较窄，因而常以边缘种为主；而带状廊道较宽，在其内部以内部种为主。残存的线状廊道中的物种与斑块边缘中的类似。

边缘种的密度很高，也就是说，在廊道中边缘种呈紧密型分布。不仅如此，廊道中边缘种的总丰度通常也较高，这是因为带状廊道穿越各种不同的基质斑块之故，而且沿着廊道方向通常有环境梯度的存在。

（二）通道

廊道的另一功能就是起通道作用，是物质、能量、信息传输的通道。如道路、铁路是人、货物通行与运输的通道，溪流、河流廊道是水、沉积物、养分和有机物质迁移的通道。动物也沿廊道运动。在更广大的尺度上，整个动植物界也沿廊道而迁移。

廊道的结构特征对通道功能有影响，通常在连续、宽度宽、较直、环境梯度小、入口和出口较少、十字交叉口少、斑块化程度低的廊道中，动物的运动效率最高。廊道宽度对通道功能的影响随廊道类型以及运动物体的不同而异。

廊道的长度对通道功能也有影响。对捷克波希米亚地区的中部树篱的研究表明，廊道中 41 种植物有 3/4 在距林地 200m 的范围内，其余种沿廊道分布在 250～475m 远。

（三）过滤

廊道也有过滤作用。就像细胞膜一样，廊道对某些物种或物质起屏障作用；对一些物种或物质起部分屏障作用；而对另一些物种或物质具渗透性，也就是说物种或物质可穿透廊道。廊道的连通性会影响过滤作用，因为连通性是对廊道出现间断或空隙的度量，连通性好的廊道，其出现间断或空隙就少；完全连通的廊道，则没有间断和空隙。物质和物种会通过间断和空隙穿越廊道。廊道宽度和狭窄处的出现被认为是影响过滤作用的关键因素。溪流、河流、道路、沟渠、墙壁以及其他障碍物一般来说会降低穿透性。公路中间的绿化带、河流中的江心洲因为起踏脚石的作用，因而会增强穿透性。廊道中的环境梯度也会对各种流穿过廊道有影响。

（四）源

廊道与斑块一样，也具有源的功能。例如在一大片田野或森林中新建一条廊道，如道路，那么沿着廊道运动或行走的动物、水、车辆、徒步旅行者等则会到达田野或森林基质中；同样，噪声、尘埃、各种化学物质以及生存在廊道中的物种也会到达基质中。因此，廊道起到源的作用，对基质会产生各种各样的影响。

（五）汇

廊道不仅具有源的作用，而且具有汇的作用。周围基质中的物质、物种同样会到廊道中来。如基质中遭受侵蚀的泥沙、农药会在河流廊道中聚积。

五、道路廊道

这里的道路指的是通常意义上作为车辆通行的公路，也包括两边附属的与道路平行的植被带。道路生态学中的景观生态问题研究是该学科的崭新领域，也是当今世界关注的热点问题之一。

（一）道路廊道的功能

道路廊道与一般廊道一样，也具有栖息地、通道、源、汇、过滤等功能。

1. 道路廊道的栖息地功能

道路廊道同样以边缘种和一般种为主。道路廊道的宽度对物种的影响较大。如澳大利亚西部，宽的道路廊道比窄的道路廊道含有更多种类的蚁。而在同一景观中，小于10m的窄的路边自然林带内含有的外来种要比大于25m的宽林带中的要多。总的来说，道路廊道中的物种数量较高。

2. 道路廊道的通道功能

道路廊道的通道功能也是显而易见的。行驶在道路上的车辆运输着大量的人口、货物等，包括植物的种子、植物和动物。动物直接沿道路廊道的运动取决于道路上的车辆密度。捕食者通常晚上在车辆少的狭窄土路上行走，如狐狸、野狗、狼、猎豹、狮子等。除了植物和小的哺乳动物外，动物通常不把开阔的路边作为通道，因为在开阔的路边容易遭受天敌的袭击。但路边自然的林带是哺乳动物和鸟类的重要通道。

3. 道路廊道的过滤作用

当动物穿过道路廊道时，道路就起过滤器的作用。道路的这种过滤作用与动物本身有关，也与道路的宽度、沿道路行驶的车辆数等有关。据 H.-J. Madar 在德国的研究，甲虫和蜘蛛从来不穿过 6m 宽的柏油路，也避开路边的草地。研究表明，小型哺乳动物很少穿过 15～30m 宽的道路廊道。然而中等大小的哺乳动物，如土拨鼠、浣熊、东方灰松鼠等能够穿越 30m 宽的道路。但无论是小型哺乳动物还是中等大小的哺乳动物都不能穿过 118m 和 137m 的公路。路面的性质对动物的穿越影响不大，但通过的车辆密度很重要。大型动物可穿越大多数道路，但穿越的速率比在基质中运动的速率要低。总之，道路的过滤效应与下列因素有关：①道路廊道中不适合于动物的部分的宽度；②交通量；③物种行为。

4. 道路廊道的汇功能

道路廊道汇的功能主要表现为车辆对动物的碾压或碰撞导致动物死亡。动物因觅食、逃避天敌和干扰、迁徙等都会穿越道路，当穿越道路时，就会有被车辆碾压或碰撞的危险。每年因车辆导致动物死亡的数字令人震惊，据研究，荷兰每年有 159000 只哺乳动物和 653000 只鸟、保加利亚每年有几百万只鸟、澳大利亚每年有 5 百万只青蛙和爬行动物死于道路上。尽管尝试用各种办法来减少这种死亡，如采用反射镜、防护栏、设置野生动物穿行标志牌等，效果都不理想。让动物从道路上方（如果道路位置低于周围）或让动物从道路下的隧道通过是比较好的办法。

路边的食物也是导致动物死于道路上的一个主要原因。动物吃食撒落的粮食、草、草地上的种子、灌丛中的果实等都会死于道路上。吃道路上被压死或撞死的动物的捕食者也会被车辆压死或撞死。生活在路边的小型哺乳动物和鸟类尤其容易在繁殖季节死在道路上。

道路廊道这种汇的功能对动物种群的影响因动物的种类不同而异，也随着道路的形式而不同。研究表明，对通常的小型哺乳动物和鸟类而言，每年因道路伤亡的数量可通过繁殖来补偿。然而对大型哺乳动物和一些稀有物种而言，道路廊道的这种汇的功能影响很大，因为这些大型哺乳动物繁殖慢。两车道的公路上动物的死亡率较高，但多车道的公路生态意义明显，因为多车道的公路没有本土的生境，更重要的是许多动物不能穿越，因而多车道公路是一个有效的障碍，但这种障碍能把种群分成更小的亚种群，而且种群更容易局地灭绝。

5. 道路廊道的源功能

道路廊道也通过向邻近基质扩散颗粒物质（尘埃）、化学污染物（铅、盐）、水、噪声、路边的动植物等起到源的作用（图 2-7）。废气（CO、NO、SO_2 等）扩散范围广，主要会形成酸雨，对邻近基质的影响不明显。在道路尤其是交通量大的道路附近的土壤、植物、动物中，铅的含量高，一般路边土壤中含的铅比路边植物多，因而与土壤接触的蚯蚓和其他以碎屑为食的动物体内铅的含量就比食草的昆虫要多，因而以无脊椎动物为食的小型哺乳类动物体内铅含量要比植食动物的高。同时路边高浓度的铅对儿童的影响严重。

在冬季为了防止路面结冰或清除积雪，往往在路面上撒盐，盐分会影响路边植

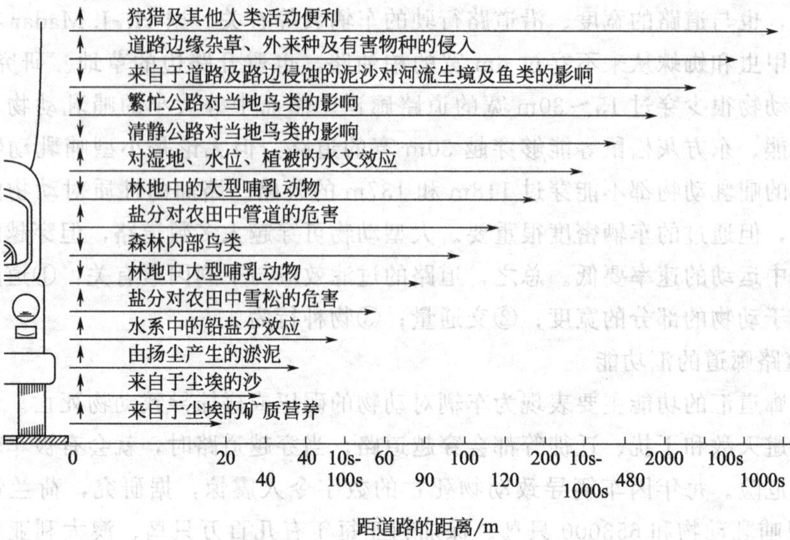

图 2-7 道路廊道对邻近基质的影响（引自 Forman，1995）

（左边的小箭头表示增加或减小；注意横坐标轴不是线性的）

被。如在安大略省南部的林地中，盐分对雪松的有害影响一直延伸到公路下风向的120m处。盐溶解后会流到附近的湿地、河流、湖泊，甚至会污染水源。路边林地或草地上喷洒农药或除草剂，同样会进入到其他水体当中而污染水体。

在干旱气候条件下，道路的尘埃对基质有影响。道路物质的化学性质与基质的不同。尘土对植被的影响可远至离路10～20m。

干旱气候条件下来自路面的地表径流对附近的动植物有益。降水还侵蚀路基，并会把路基的土壤和其他物质带到较低的基质中。

由于道路交通噪声的影响，在道路廊道附近的基质中，某些物种少量减少或缺乏。如在美国缅因州的林地中，鸟类就栖息在距离一条主要公路廊道100多米远处。

道路廊道对基质的影响，甚至改变，通常是通过人的介入和人类活动来实现的。正是因为有了道路，才使人能到达偏远地区，因而人对这些地区施加影响。

（二）道路廊道对景观生态的影响

道路作为人工廊道，是景观中廊道内部动因的主体，对生态系统有不同程度的影响。道路工程促进景观变化方式的转变主要有两种形式：一是工程本身占用生态系统类型，根本上改变土地利用的格局；二是交通条件改善了区域的社会经济环境，从而驱动了道路结点及其周边地区的土地利用方式的改变，促使景观格局发生变化。从道路建设意义上，道路对景观的影响又可分为道路建设期和运营期两个阶段。道路建设期的施工工程，直接导致了生态系统面积的减少、景观破碎化和景观格局的改变，进而导致植被的生境发生变化、土壤退化、土壤侵蚀和水土流失等。道路运营期对景观的影响更为长期、潜在和强烈，道路网的形成及人类干扰的增大，使得区域土地利用产生变化，同时对景观安全格局产生胁迫（刘世梁等，2005）。

1. 道路廊道对生物和理化环境的影响

道路对生物和理化环境的影响总结起来有以下 4 个方面（汪自书和曾辉等，2007）。①道路是两旁动物死亡的首要原因，但不足以影响物种数量，真正的影响来自道路的阻碍作用，并且这一影响可能是深远的。②道路系统通过道路密度、道路网的结构和道路影响区域（road-effect zone）形成生态影响（Forman，1998）。Mladenoff（1999）等研究发现，道路密度超过 0.45km/km^2，狼群则不能形成领地。Thiel（1985）研究发现，道路密度超过 0.6km/km^2，狼的种群不能得到发展。③道路的生态影响面积是道路本身面积的 19 倍，以美国为例其影响面积已达国土总面积的 15%～20%（Reijnen 等，1995；Forman & Alexander，1998）。④道路通过影响两侧景观格局等方式影响物种的空间分布，并导致物种分布的空间异质性（Spooner 等，2004）。

2. 道路对景观格局的影响

从目前研究成果来看，道路对景观格局的影响可归结为如下 3 个方面（汪自书和曾辉等，2007）。①道路导致区域景观破碎化，而且这一影响对周围生境的破坏作用远大于道路建设本身导致的生境破坏（Reed 等，1996）。如张镱锂等（2002）对青藏公路格尔木至唐古拉山段对沿线景观格局的影响研究表明，道路导致沿线景观破碎化程度加剧、景观多样性加剧，并得出该段公路的影响范围是 1～3km。刘世梁等（2006）通过基于景观格局指数的生态安全评价方法，研究了道路网络对黄土高原过渡区生态安全格局的影响，得出道路密度与生态安全水平的负相关关系。②道路密度与景观破碎化程度并非一定是正相关关系，道路对其周围生境的作用存在差异性（Miller 等，1996）。③道路对景观格局的影响存在尺度的差异性，从更大空间尺度上来看，对景观格局的影响可能并不显著（McGarigal 等，2001）。

3. 道路对土地利用/覆盖变化的影响

土地利用/覆盖变化（LUCC）是当前研究的热点和前沿领域，道路则是导致区域土地利用/覆盖变化的重要原因之一。张镱锂等（2002）较为系统地分析了道路对邻近区域土地利用变化的影响，结果表明，青藏公路导致沿线建设用地增加迅速，而耕地等则大幅减少。

道路建设对景观影响途径和效应见图 2-8。

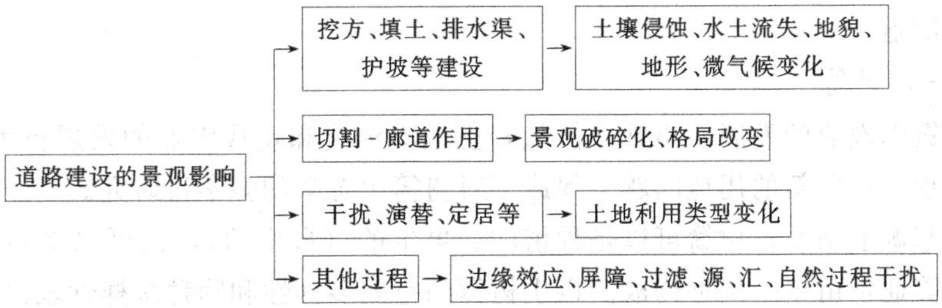

图 2-8 道路建设对景观影响途径和效应（引自刘世梁等，2005）

六、输电线路

输电线路、天然气管线、石油管线、堤堰等廊道一般长度长，相对较直、宽度一致，边界清晰。美国的输电线路廊道大于 200000hm²。输电线路廊道的物种几乎全是边缘种和一般种。据研究，输电线路廊道中几乎所有的鸟都属边缘种，所遇到的 35 种鸟当中有 1/3 显然是与廊道的宽度有关。图 2-9 是鸟类种群与输电线路廊道宽度的关系。

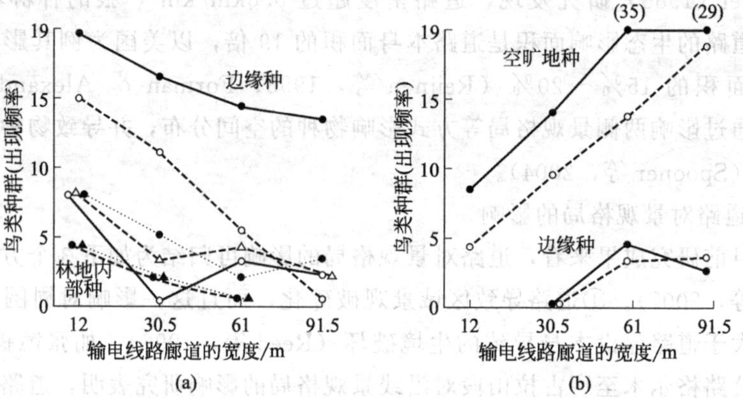

图 2-9　输电线路廊道宽度对鸟类种群的影响

开阔的输电线路廊道穿过美国田纳西州林地。图示的是 11 种鸟与廊道宽度相互关系。(a) 随廊道宽度的增加而减小的五种边缘种，另有两种林内种；(b) 随廊道宽度增加而增加的两种边缘种，另有两种开阔地上的物种（引自 Forman，1995）

研究表明小型哺乳动物（老鼠、松鼠、金花鼠）穿过灌丛廊道的次数是穿过草地廊道次数的 10～34 倍，但植被类型对中型哺乳动物（土拨鼠、臭鼬、家猫等）的穿过频率没有影响。由于昆虫和哺乳动物对一定波长的电磁波较为敏感，因而它们受电线的影响比鸟类和人类大。电磁场也会影响附近基质中边缘种。

七、树篱、防风林带和绿道

树篱（hedgerow）是一狭窄线状的由树木构成的廊道。广义的树篱是指不同起源的树木林带，包括狭义的树篱、防护林带、防风林带等。防护林带或防风林带是人为种植的，起防护作用。绿道（greenway）是能够改善环境质量、提供户外娱乐的廊道。

（一）树篱

树篱随农业的发展而出现，但随着土地集约化和现代农业的发展被大量铲除，于是出现了一些新的用地问题，促成了对树篱生态学的多学科研究。

从起源上来看，树篱可以是种植的、再生的（自生的），也可以是残存的。种植的树篱通常由单一树种构成。再生树篱的空间多样性和物种多样性较高，一般不是单一树种，因动物和风能带来不同树木或灌木的种子。残存树篱往往是林区因采伐森林所致，这种树篱一般来说物种多样性高，空间异质性大，具有不同物种的老个体。

研究表明树篱植物都可以在周围其他类型的生境中找到，没有只能生长在树篱中的植物。某些植物是开阔田地的优势种，少量植物为森林内部种，多数树篱植物为森林边缘种。

树篱内的动物多样性多于周围的田野。这是由于树篱内小生境的异质性所致，树篱的结构直接关系到动物多样性。研究表明，分层多的树篱中存在 20 多种繁殖鸟类，而缺少分层的树篱当中仅有 7～8 种鸟。除了与树篱的垂直结构有关外，物种多样性还与组成树篱的植物种有关。如在法国布列塔尼地区长 1km 的树篱中，康斯塔特等人（1976）发现，在栎树占优势的树篱中，平均有 20 种鸟 49 个个体；而在针叶林树篱中，平均有 10 种鸟 20 个个体。

树篱除了生境的功能外，也为动物提供了觅食、迁移的通道，也可作为一些动物的避难所，同时也起到源、汇的功能。树篱在水土保持方面还有重要作用，在缺少森林的景观中，树篱尤其重要。

（二）防风林带

防风林带是人为种植的，主要目的是减少风害。实践证明，防风林带具有一定的生态意义，如林带内风速小，湿度大，形成良好的小气候（图 2-10），对各种生物的生长和繁殖有利，更为主要的是林带可使风速大大降低，减少风对农作物的机械伤害，也可减少农作物的蒸腾，因而对保护农田很有意义。

防风林带减低风速的作用，在迎风面距林缘几百米处就显现出来了。一般距林缘 200m 处的风速为旷野的 85%，100m 处的风速为旷野风速的 68%，5m 处只有旷野风速的 32%。风进入林带后，风速迅速减小。在林内 30m 处，风速减少一半；90m 处只有原来风速的 20%；到 200m 处只有原来风速的 3%～5%。

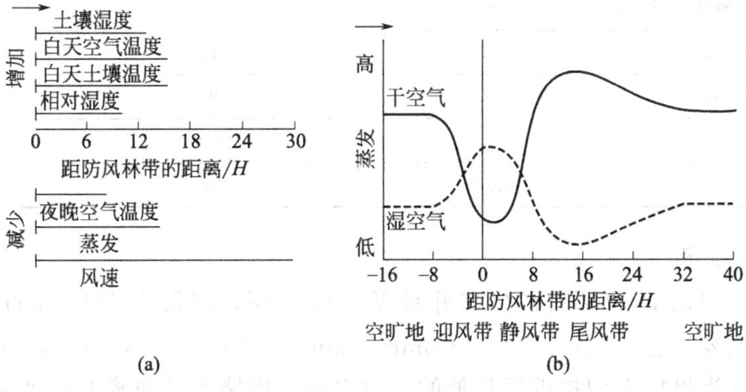

图 2-10 防风林带的小气候效应（引自 Forman，1995）

（H 代表树高）

防风林带的防风效应与构成林带的植物群落结构、紧密程度、植物个体的排列、植物体的高度、林带横断面形状以及风速、风面、近地层的热层结构和地表等因素有关。

在防护林研究中，常把疏透度作为林带防风效果的主要参数。疏透度是指林带孔隙总面积与林带高度所占的总面积之比。据研究，在疏透结构林带的各个垂直高度上，风速恢复到自然风速的距离随疏透度的增加而增加。当林带疏透度为0.5时，达到最大值；此后，若其疏透度继续增大时，距离反而减小。如在1cm高度，疏透度为0时，恢复自然风速的距离为27H（H代表树高）；疏透度为0.5时，恢复自然风速的距离为59H；疏透度为0.6时，减少到54H。有效防护距离的变化，具有同样规律。疏透度为0时，有效防护距离为19H；疏透度为0.3时，有效防护距离为22H；疏透度为0.5时，有效防护距离为30H；疏透度为0.6时，有效防护距离为27H。在林带后25H范围内，其平均风速随疏透度的增加而减少。

防风林带的防风效应也与树高成正比，林带愈高，防风的范围愈广，效果愈好。但防风效率最大限于树高的10倍处，在25倍树高的范围内，防风效率仍然显著，其后随距离的增加逐步恢复到原风速。

防风林带不仅可使沙荒变绿洲，而且可减轻台风危害、提高农作物产量，因而效益是显著的。表2-4是原河北省张北县二台背生产队从1969年起对防护林效益的观测结果。

表 2-4 农田防护林效益比较（引自蔡晓明等，1995）

项　　目	空旷地	林带背风面200m范围内6个观测点(平均值)	差值
风速/(m/s)	5.80	3.27	2.53
气温/℃	12.8	14.0	1.2
土表温度/℃	26.5	29.8	3.3
10cm处土温/℃	9.0	10.9	1.9
10～13时半地表蒸发/mm	80	65.3	14.7
1971年亩产/kg	32.3	84.2	51.9
1972年亩产/kg	24.6	88.0	63.4
1973年亩产/kg	42.8	110.8	68.0
1974年亩产/kg	46.9	161.2	114.5

（三）绿道

绿道一词在1959年首次出现并被Whyte所用，之后在1987年首次被美国户外游憩总统委员会（President’s Commission On Americans Outdoor）官方认可，将绿道定义为提供人们接近居住地的开放空间，连接乡村和城市空间并将其串联成一个巨大的循环系统。Little将其定义为沿着自然廊道（如河岸、溪谷或山脊线）或转变为游憩用途的铁路沿线、运河、风景道或其他线路的线性开放空间；任何为步行或自行车设立的自然或景观道；一个连接公园、自然保护区、文化景观或历史遗迹之间及其聚落的开放空间；一些局部的公园道或绿带。

绿道是连接开敞空间、连接自然保护区、连接景观要素的绿色廊道。它具有娱乐、生态、美学等多种意义。Little（1990）认为绿道具有五种类型：①城市河边绿道；②以道路为特征的娱乐绿道；③生态上重要的廊道绿道；④风景或历史线路绿道；⑤综合的绿道系统或网络。绿道也成为生态网络、生态廊道或环境廊道。

绿道的发展可分为三个阶段。第一阶段，1700 年前—1960 年，当时并不叫绿道，是欧洲的轴线、林荫大道和美国的大路。第二阶段是 1961 年—1985 年，属原始绿道阶段，这时的绿道是沿着河流、小溪、山脊、道路和其他廊道两旁建的，用于娱乐和人行道。这种绿道最主要的特征是无机动车辆，如美国的普拉特河绿道。第三阶段是在 1985 年后，多目标多层次的绿道，超越了纯娱乐的范围。这时绿道主要用于环境保护和提供野生环境，减少城市洪水灾害，提高水质等，如加拿大多伦多大生物地理区绿道体系、美国科罗拉多博尔德河流绿道与洛杉矶郊外的圣莫尼卡山地绿道、里斯本都市区绿道等。

欧美国家很注重绿道建设，仅北美就有 500 多项绿道工程，且目前的一些绿道工程规模较大。如位于五大湖平原上的加拿大渥太华国家首都绿道占地 200km^2，长 40km，平均宽 4km，绿道离都市区的地理中心——议会大厦仅 8km。建设此绿道的目的是阻止城市蔓延，保护城市周边农田，限制土地的无限制开发利用。多伦多大生物地理区绿道是针对多伦多大生物地理区于 1991 年提出的，该生物地理区面积 10000km^2，长 200km，其中有 15 条河流流经此区。这个绿道是基于生态系统的方法设计的，把注意力放在了各种资源与土地利用的关系上，把人作为自然的一部分，把生态系统的承载力、恢复力和可持续性结合起来一并考虑，考虑的不是行政单元，而是自然地理单元，强调的是物种的重要性及后代人的利益。

绿道具有重要的生态意义，它在保护环境方面最主要的目的是维持和保护自然环境中存在的物理环境和生物资源（包括植物、野生动物、土壤、水等），保护水资源，并在现有的生境区内建立生境链、生境网，防止生境退化和生境破碎，从而保护生物多样性。与其他廊道一样，绿道是有通道功能的景观要素，是联系斑块的重要纽带，而斑块是很重要的生境，所以，对于破碎化的生境而言，通过绿道把各生境岛连接在一起，尤其是与较大的自然植被斑块相连接，能够减少甚至抵消由于景观破碎化对生物多样性的影响；同时绿道通过促进斑块间物种的扩散，能够促进种群的增长和斑块中某一种群绝灭后外来种群的入侵，从而对保持和提高物种数量发挥积极作用，而且在更大尺度上增强了 meta 种群的生存，所以对提高野生生物多样性具有重要意义。

尽管绿道在保护生物多样性方面有重要作用，但也有其不利的方面。Simberloff 和 Corx（1987）认为绿道同样会加速疾病的蔓延，以及外来捕食者和其他一些干扰的扩散，从而对目标种的生存和散布不利。绿道的优缺点见表 2-5。

表 2-5 绿道的优缺点

优　点	缺　点
1. 提高迁移速率，可以 ·提高或保护物种的丰富度和多样性 ·增加特定的物种数量 ·降低物种灭绝的可能性 ·允许物种重新发展 ·防止近亲繁殖，保持基因多样性 2. 增加广泛分布的物种 3. 为野生物种提供避难所 4. 增加到达各种生境的便利性 5. 在大的干扰来临时提供了可供选择的避难途径 6. 提供了绿带 ·限制了城市无节制扩大 ·减轻污染 ·增加和保护风景资源 ·提供娱乐机会 ·提高土地价值	1. 提高迁移速率 ·促进疾病、害虫等的传播 ·降低种群间的遗传变异水平 2. 传播火灾及其他灾难性因素 3. 使野生物种暴露于猎人和屠夫的伤害之下 4. 与受危物种的传统保护方向相对立

绿道除了具有生态功能外，还具有休闲游憩功能、经济发展功能和社会文化与美学功能。

在大都市区中，现代休闲功能已经成为绿道的重要功能。Shaler 在实际野外调查中证实了绿道的休闲游憩功能，约 3/4 的使用者属于休闲功能，20%的使用者兼有游憩和通勤的功能，而仅有少于 7%的使用者属于通勤。绿道在改善生活质量方面主要体现在健康与舒适、接近自然区域、可进入的休闲机会以及社区自豪感（周年兴和俞孔坚等，2006）。

绿道的建立有力地促进了区域经济的发展。绿道的建立有利于增加旅游收入，带动整个地区的商业繁荣，例如，俄亥俄州沃伦县（Warren County）的麦阿密风景小道（Little Miami Scenic Trail）每年 15 万～17.5 万的使用者为当地社区带来了超过 200 万美元以上的旅游收入，还间接为当地带来了年均 277 万美元的商业收入；绿道作为一种公共环境资源，大大提升了周边房地产的价值；绿道的使用可以降低癌症、糖尿病、心脏病的发病率，减少了医疗费用的支出（周年兴和俞孔坚等，2006）。

绿道的社会文化功能越来越受到学者们的关注。Lewis 较早注意到了绿道的教育功能。同其他任何形式的开放空间相比，绿道更具有社会和个人的交流功能。90%的历史文化遗迹集中在自然廊道的两侧，因此绿道更能激发人们的爱国主义热情，更具有纪念价值。景观的破碎化严重威胁到了景观的美学价值。绿道将破碎化的景观通过线性自然要素连接起来，维系和增强了景观的美学价值。其典型例子就是风景道（scenic routes），它是指道路两旁拥有自然和历史文化价值，使旅行者能够欣赏到自然、历史、地质、景观和文化活动（它是绿道中的一种），它具有十分重要的美学价值（周年兴和俞孔坚等，2006）。

八、河流廊道

河流廊道是指沿河流分布而不同于周围基质的植被带，它包括河道本身，以及河道两侧的河漫滩、堤坝和部分高地，宽度随河流大小而变化。河流廊道强调的不是河流本身，而是沿河的植被廊道，包括其组成、功能和动态。

（一）河流镶嵌与河流连续体概念

河流从源头到河口，河流中的生境是有变化的，植物群落和组成植物群落的个体植物种也发生变化。在河流顺流方向上，河道大小一类的参数（宽度、深度和河流等级）一般不断增大，水流速度不断降低，鱼类种群与主要泥沙类型有所改变，系统养分状况由贫瘠逐渐变为富养分状况；同时，由于水的深度和混浊度增大，达到河床的光照量减少。也就是从河流到河口，生态条件逐渐变化，存在生态梯度，这就是河流连续体概念。

在河流廊道的横剖面方向上，从高地到河床也有生态梯度的存在。因此，大多数区域，基质、河漫滩、河流本身呈高度斑块状，具有明显的边界。同样，从河流到河口，水深、底栖动物、鱼类种群、水生植被等也构成明显的斑块状，这就是河流镶嵌。

根据河流连续体及河流镶嵌的概念，在河流源头或近岸边，生物多样性较高；在河中间或中游因生境异质性高，生物多样性最高；在下游因生境缺少变化而生物多样性最低。

（二）基本过程

河流廊道有 4 个基本过程：水流、物质流、动物活动及人类活动。

河流廊道的过程之一就是水流，正是由于水流才形成了河槽，形成了河流。水流有其本身的特点，就河流纵断面而言，上游水流流速大，河床纵比降大；下游河床纵比降小，河床宽，河水流速小。

水流具有侵蚀、搬运和堆积三种作用。河流的搬运形成了物质流，当然水流也是重要的物质流。水对河床河岸产生侵蚀，侵蚀下来的物质被水搬运到下游，在下游或河口段堆积。另外还有各种营养元素、化学物质随水流一起被搬运，构成河流廊道的物质流。

河流流水中有各种淡水生物，如鱼类、藻类等，它们在河流中生活，一般都具有流线型的身体，以使在流水中产生最小的摩擦力，或者具有非常扁平的身体以便能在石下或缝隙中栖息。另外，能持久地附着在固定的物体上，如附着的绿藻，具有钩和吸盘等附着器，这样就能紧紧附在物体表面等。

人类活动在河流廊道中也非常活跃，对河流廊道的生态过程起关键作用的人类活动主要有 4 个方面：修堤建坝、开辟和改造水道、农林业生产活动以及其他建设活动。人类活动对河流廊道有三个方面的直接影响：①使河流本身变窄变直，导致水流速度提高，造成河床冲刷加剧；②河流廊道整体变窄，导致泥沙增多，洪水水流速度加大，洪水位以上的廊道生境连接性降低；③水位下降，河漫滩生境异质性减小，洪水周期缩短，从而会对动植物产生广泛影响。

（三）水质与溶解物质

一提到水的质量，人们通常关注的是水的三种变量，即：物理变量，如温度、速度、水流形式等；化学变量，如溶解于水中的矿物质和有毒物质、pH值等；生物变量，如生物多样性、丰度、生产力、病原体等。这里所说的水质主要考虑的是溶解物质，尤其是指氮和磷，其次是盐、杀虫剂、其他有机质和重金属。

氮和磷是土壤肥料中的两种主要营养物质，对农业生产很重要。但对河流这样的水生生态系统来说是主要的限制性因素，因为水中氮、磷含量增加，会导致水的质量降低。因而水中氮、磷含量增加被认为是一种污染或富营养化，河流廊道能减少或消除这种污染。

从河流廊道纵断面来看，从河源到河口，水流速度由大变小，河床的物质由粗变细，由侵蚀性的溪流变为淤积性河流，水温也在逐渐增高。尤其是当中上游植被减少、地表组成物质疏松时，会导致下游的严重淤积。如黄河，中上游的黄土高原植被稀少，黄土呈粉砂状，疏松多孔，极易遭受侵蚀，致使下游泥沙淤积，黄河济南段成为有名的地上河。

从河流廊道的横剖面来看，矿物质以地表径流或地下径流的形式进入到河流廊道中［如图2-11（a）］。矿质营养一旦进入河流廊道，可能会有四种去向：①可能进入河流，被带到下游；②可能被植物根系吸收，成为植物体的一部分；③可能被带入深层地下水而污染水质；④可能被细菌分解以气态形式释放到大气中。磷不能以气态形式释放，因此，它只能进入河流、被植物吸收或进入地下水。

河流廊道不仅决定着营养物质的去向，而且决定着它们的流动速率。河流廊道对营养物质流动速率的影响主要是通过三个方面的机制来实现：一是阻力，植被和土壤起到屏障或过滤器的作用，从而减小了携带营养物质的水流速度；二是植被根系的吸收，尤其是在营养匮乏的地方；三是土壤的吸收，黏土和有机质不但具有大的表面积，而且能与营养物质结合在一起。

实质上，具有茂密植被的廊道能起到屏障营养物质的作用。宽的植被带和具有丰富有机质的土壤能够吸收营养物质，这些都能减少从基质到达河流中的营养物质。大量研究结果表明，河岸缓冲带能够通过吸附、滞留、分解等方式有效过滤地表营养元素流入河流对水体造成污染。

从基质进入河流廊道中的大部分溶解氮和几乎所有的磷很明显地与遭受侵蚀的土壤颗粒结合在一起。因此，磷和某些氮基本上进入地表水流和土壤中，所以，减少土壤侵蚀就会减少矿质营养进入河流。

在美国东部的研究发现，河流廊道过滤了基质中75%～99%的磷，只有一小部分磷流失到河流中。对氮的过滤变化较大，从10%～60%［图2-11（b）］。河流

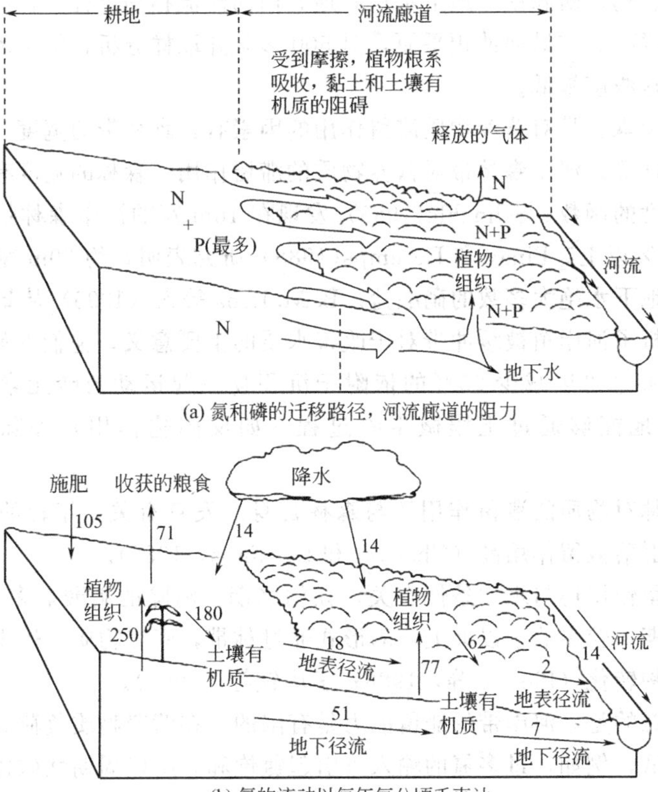

(a) 氮和磷的迁移路径，河流廊道的阻力

(b) 氮的流动以每年每公顷千克计

图 2-11 农田、河流廊道与河流中的矿质营养的流动（引自 Forman，1995）

廊道也可防止铅进入河流中。至于植被廊道对杀虫剂和其他有机物质的效应目前还了解不多。河岸缓冲带过滤污染物的能力主要由植被结构、土壤状况、地形等因素决定。一般来说，底层土壤疏松、有大量凋落物及草本地被、微地形复杂的缓冲带具有更强的污染物过滤功能（朱强和俞孔坚等，2005）。但有一点很清楚，就是污染物质会对植被造成伤害，从而会使河流廊道的过滤作用降低。为了说明河流廊道对水质和溶解物质的影响，这里以河岸森林带为例加以进一步说明。

河岸植被带起着缓冲作用，影响能量、有机体、水、营养物质的流动。它可以吸收洪峰，滞留来自上游的营养物质及悬浮物质（王庆锁等，1997）。

河岸森林可以截留来自高地向河流运动的物质，其截流可分为三个层次。第一，树冠可截留空气中悬浮的土壤颗粒，特别是对粗砂最为明显，经过截留到达河流的颗粒主要是小颗粒。第二，河岸森林地被物可大大减少地表径流，使来自高地的侵蚀物不能到达河流中，从而阻止了磷到达河流中，因为磷被吸附在这些侵蚀物上。但地表径流很大时，这种截留作用不显著。第三，河岸森林是来自高地的地下水物质的过滤器，从而对提高河流水质意义明显，尤其对来自农田并携带了大量营养物质和农药的地下水最为明显。Lowrance 等（1984）研究表明，河岸森林可截获大量的氮、钙、磷和镁。地下水从高地农田向河流移动过程中，硝酸盐的浓度在河岸森林处锐减。在沿河冲积平原，对500多眼井取样分析，结果表明：接近河流地段的硝酸盐浓度最低。

影响河岸森林带对营养物质滞留作用的因素有：森林带的宽度、群落的发育程度和水文条件等。河岸森林带对营养物质的滞留作用与森林的宽度有关，通常被认为是森林宽度的函数。Schnable(1986) 发现在16m宽的河岸森林带，硝酸盐的浓度会降低50%以上。Pinay 和 Decamps(1988) 研究表明，约30m宽的河岸森林带可去除来自地下水绝大多数的硝酸盐。B. M. Lena 等人（1995）从景观结构与功能流的角度分析了河岸植被缓冲带对于改善水质的重要意义，他们的研究表明，10m宽的草地缓冲带可以减少95%的依附于沉积物一起运动的磷元素，而且，滨河林地以及湿地能够通过土壤微生物过程（如反硝化作用）去除约100%的氮元素。

河岸森林对物质的滞留作用还与森林自身的发育有关，年轻的群落滞留作用低，成熟的群落截留作用高（Chauvet 和 Decamps，1989）。

另外滞留作用还与水文条件有关，在枯水期，清除的硝酸盐多，洪水期相反。因为在洪水期，较多的水以地上流的形式通过林带，营养物质有较少的时间被植物吸收和微生物转化（Pionke 等，1986；王庆锁等，1997）。

应该注意的是，河岸带的滞留能力是有限的。在营养物质负荷高的情况下，其滞留能力降低，例如，过多氮的输入可引起氮饱和，所以周期性砍伐一些树木，保持河岸林的旺盛生长，对营养物质的净吸收是必要的。河流廊道滞留的机制可能与微生物反硝化作用和植物的吸收有关。

目前对不同植被宽度的效应以及不同植被类型的过滤效应都知之甚少。

河岸缓冲带同样具有强大的水土保持功能。Lowrance 等人在对马里兰一个海岸平原流域的研究中发现，从周围耕地侵蚀的大多数沉积物最后都被滞留在森林缓冲带中，但很大一部分向林内沉积的范围都达到了80m，只有少量的沉积物滞留在河流的附近。因此，在这个案例中，80m应该是最小的缓冲区距离。在对北卡罗来纳海岸平原的一个相似案例中，Copper 等人发现，50%以上的沉积物滞留在森林内100m范围内，另外有25%的沉积物沉积在河道边的河漫滩湿地内（朱强和俞孔坚等，2005）。

（四）鱼类及水生生境

狭窄廊道中的鱼类像其他物种一样，对基质及景观的状况很敏感。输入河流中的物质会影响鱼类及其他水生生物，水中的微生物对pH和重金属非常敏感。河流中泥沙含量大会使河水混浊，从而影响鱼类。河水混浊还会使河中的浮游植物和浮游动物减少。氮和磷的增多会使水藻大量繁殖，使河水的透光性减弱。许多有机物质还会使细菌大量繁殖，这会使河水酸度增加，氧含量减少，从而使几乎所有的有机体（除厌氧微生物外）死亡。因此，河流廊道必须在河流和污染源之间起到缓冲作用，降低污染。

河流廊道的高地部分控制着溶解物质（如化肥中的氮和磷、盐类、杀虫剂、其他有机质和重金属等）从基质进入河流。河流廊道的坡地部分也能阻止营养物质从基质进入河流，只是作用较小，但坡地上的植被对防止坡地侵蚀、控制坡地上的营养物质和泥沙起到主要的作用。河漫滩部分是进入河流中的土壤有机质的来源。河岸植被阻止了营养物质的流动，阻止了侵蚀，但它是土壤有机质的来源。总之，河流及河岸植被对鱼类非常重要。

为防止污染物到达河流中，就要求廊道宽度尽可能的宽，而高地部分是决定廊道宽度的重要因素。

（五）河流廊道宽度和连接性

1. 宽度

河流廊道应该多宽，这是一个很重要的问题。要回答这样的问题，首先，必须清楚河流廊道的生态功能；其次，必须根据廊道内的空间结构，分清河流的类型；再次，必须把最敏感的生态过程与空间结构结合起来确定河流廊道的宽度。

河流廊道的宽度会随气候条件及地形的不同而不同。应当对不同的区域依据经验数据或模型进行计算求得。一般来说，在下列四种情况下要增加廊道宽度：①周围坡度较陡，因为坡度越陡，地表径流的速度越大；②降雨量大；③输入到河流中的溶解物质的速率大；④间歇性的河床以及间歇性的溶解物质来源。在下列三种情况下可减小廊道宽度：①如果当地植被茂密，完全覆盖地表，其廊道宽度可窄些，这是因为植被对水流的海绵作用，以及植物根系对矿质营养的吸收效应；②类似的，土壤有机质对水和溶解物质来说也具有海绵作用，因此，土壤矿物质含量多时，廊道宽度可窄些；③土壤质地的影响较复杂，但壤质土或粉沙质土对水和溶解物质来说最好，因此，廊道可窄些。黏质土持水性较好，保持溶解性物质的能力也好，但渗滤慢，当降雨强度大时，径流主要从土壤表面流到河流中。相反，沙质土多空隙，当降雨强度大时，径流会很容易通过土壤到达河流。

除了以上因素以外，为了满足动物运动和防止溶解性物质流失，也要求河流廊道宽些。甚至为了防止基质中的土壤颗粒和溶解性物质到达河流，需要廊道的宽度要比满足动物运动需要的廊道宽。

对河流廊道而言，其位置不同，对应的环境状况不同，因而应该有不同的宽度。到目前为止，人们还没有得到一个比较统一的河岸防护林带的有效宽度，不同学者提出了保护河流生态系统的适宜廊道宽度（表 2-6）。

2. 连接性

河漫滩植被有 4 个生态功能：①通过摩擦阻力、海绵效应、高的蒸腾减小洪水；②控制泥沙；③是鱼类和其他河流生物很重要的土壤有机质的来源；④是许多稀有物种的生境。因此本土植被连续覆盖河漫滩在生态功能上是最优的，无论对河漫滩还是对下游而言都是如此。

表 2-6　不同学者提出的保护河流生态系统的适宜廊道宽度（引自朱强和俞孔坚，2005）

功能	作者	发表时间	廊道宽度/m	说明
水土保持	Gillianm J W 等	1986	18.28	截获 88%的从农田流失的土壤
	Cooper J R 等	1986	30	防止水土流失
	Cooper J R 等	1987	80～100	减少 50%～70%的沉积物
	Lowrance 等	1988	80	减少 50%～70%的沉积物
	Rabent	1991	23～183.5	美国国家立法，控制沉积物
防治污染	Erman 等	1977	30	控制养分流失
	Peterjohn W T 等	1984	16	有效过滤硝酸盐
	Cooper J R 等	1986	30	过滤污染物
	Correllt 等	1989	30	控制磷的流失
	Keskitalo	1990	30	控制氮素
其他	Brazier J R 等	1973	11～24.3	有效降低环境温度 5～10℃
	Erman 等	1977	30	增强低级河流河岸稳定性
	Steinblums I J 等	1984	23～38	降低环境温度 5～10℃
	Cooper J R 等	1986	31	产生较多树木碎屑，为鱼类繁殖创造多样化生境
	Budd W W 等	1987	11～200	为鱼类提供碎屑物质
	Budd 等	1987	15	控制河流混浊

往往河漫滩上人类活动强烈，自然植被斑块与其他土地利用斑块交替出现，这样，对水的海绵效应就会降低，河流向下游携带的泥沙就会增加。因此，从理论上来说，连接性越强越好，廊道宽度越宽越好。

第三节　基　质

一、基质的概念与标准

基质（matrix）是景观中面积最大、连通性最好的景观要素类型，如广阔的草原、沙漠等。通常根据三个标准来确定基质：相对面积、连接度和动态控制。

1. 相对面积

当景观中的某一要素所占的面积超过其他要素类型的总面积时，就应该认为这种要素类型是基质；或者说如果某种景观要素占景观面积的 50%以上，它就是基质。这是确定基质的第一条标准。因为面积最大的景观要素类型往往也控制着景观中主要的流。基质中的优势种也是景观中的主要种。

如内蒙古自治区西部的科左后旗 1995 年土地利用现状是：牧草地占全旗总面积的 67.49%，包围着居民点、园地、林地等其他景观要素。牧草地连片分布，控制着能量、物质流和物种流的流动，牧草地对保持当地生态环境的良性循环与生产的持续发展起着举足轻重的作用。如果牧草地退化与沙化，则该旗的生态环境将发生不可逆性的转变。因此，其基质是牧草地。

但有时用面积就很难判断出基质来，如在大多数景观中，并没有一种要素其面积占绝对优势，这时就需要用其他标准来判定。

2. 连接度

连接度是对廊道、网络或基质空间连接程度或连续程度的度量。当很难从面积判断基质时，可用第二个标准，即连接度最高的景观要素类型是基质。某一要素类型其面积或连接度都较高时，它就是基质。连接度高的景观要素在景观中有如下三个作用。

① 该景观要素可起一种分隔其他景观要素的隔离屏障作用。这种景观要素往往把另一要素包围，使后者形成“孤岛”，与其他景观要素分离。如农田中的防护林带，对农田中某些害虫的传播起重要的隔离作用，有助于抑制害虫的大面积扩散，又可防范风沙危害，起到物理与生物两种屏障作用。

② 该景观要素为条带状长距离延伸或互相穿插形成网络时，具有廊道作用，便于物种迁移和基因交换。

③ 该要素可环绕其他景观要素而使其形成孤立的“生物岛屿”。如在农业景观中残存的荒地、小片林地、草场以及人类活动建造的墓地等，称为残存生物栖息地，这些栖息地或是由于难于抵达，或是不适宜耕作，或是留做它用等原因而形成的。但是，这些“孤岛”是农业景观中重要的要素，为农业区内的残余生物提供了良好的栖息场所和生境，形成微型自然保护区。面积大于 $10m^2$，小于 $2hm^2$ 的“孤岛”，可为农业景观中 90%以上的野生动物提供庇护所（Fry 和 Main，1993）。在发展农业生产的同时，保护这些“孤岛”不仅对保护生物多样性，保持当地生态平衡意义巨大，而且对农业生产本身的持续发展也有重要的价值。

3. 动态控制

当用以上两个标准难以对景观基质进行判别时，就要从景观要素对景观的动态控制来判别。如果景观中的某一要素对景观动态控制程度较其他要素类型大，它就是基质。需要指出的是，对景观动态控制是判别基质最重要的标准，然而，某一要素对景观动态控制很难测量，因此，才用面积和连接度作为判别依据，面积和连接度是对动态控制的间接度量。确定某种景观对当地生态环境的控制作用很重要。如科尔沁沙地一百年前生态环境是由森林草原景观要素所控制，当时的科尔沁沙地是土质肥沃，水草丰盛，“天苍苍，野茫茫，风吹草低见牛羊”，生态环境良好，经过一百多年的战乱、旱灾、过度放牧等，原来的景观发生了巨变，表现为天然草场物种丰富度趋于减少，牲畜喜食的羊草、三叶草等显著减少，甚至在某些地方消失，一些植株矮小、匍匐生长的、耐牧耐践踏或在青草期适口性差的一些种类相对增多，草群的生产力从多年平均值 $204g/m^2$ 下降到 $85.9g/m^2$，降低了 57.8%；其次，草原土壤微结构趋于紧实，有效水分含量降低，地面干燥程度加剧，某些泡沼干涸后出现碱斑，原有的森林草原基质逐渐让位于荒漠景观基质（赵羿等，2001）。由于基质对整个景观动态有控制作用，且在基质转化之初或前期哪一种景观要素对景观动态起控制作用难以辨识，且很少引起人们的注意，但一旦基质很明确时，往往错过了最佳防治时机，因此，正确判断基质，对维持景观健康有重要意义。

判定基质时，可以把三个标准结合起来。一般的判定程序是：先按照相对面积来确定，如果某种景观要素类型的面积较其他景观要素大得多，就可确定其为基质；如果各景观要素面积大体相似，很难从面积上判别，就从连接度来判别，连接度最大的类型可视为基质；如果从面积和连接度都不能判定哪种景观要素是基质，则从景观要素对景观动态的控制作用来判定，基质对景观或区域动态控制作用最大。

布仁仓等（1999）采用景观类型面积、分维数和与其他景观类型之间的相邻关系等进行黄河三角洲景观基质的判别，认为以上 3 种指标均为最大（或至少两种为最大）的景观类型是基质。据此判定黄河三角洲景观的基质为柽柳、芦苇潮盐土斜平地景观，其面积为 845km，分维数为 1.29，相邻景观达到 24 个类型，均为最大。其面积说明了它在整个景观中的优势度；分维数表明了形状的复杂；相邻景观类型的数量体现了它控制着整个景观中的物质、能量流动方向。其他景观类型只能满足以上 3 种条件之一，如旱作盐化潮土河成高地景观的面积较大，形状较复杂（最大），但与它相邻景观只有 4 个类型，因而不能认为是基质。

二、基质的特征

1. 连接度

基质的连接度高时，物体穿越基质时受到的屏障阻力小。如热量、尘埃和风播种子以相对均匀的层流形式在基质上空运动，某些动物、害虫和火几乎毫无阻拦地在特定景观要素内蔓延。在基质连接度较高的地方，遗传变异和种群差异相对较小。很难说连接度高就好，或连接度低就好。如在林区建防火隔离带就是为了降低基质的连接度；而要保护生境内部种，又需要提高基质的连接度。

2. 狭窄地带

基质的有些部位可能狭窄，会影响物体沿基质的运动速度，这就是所谓的“狭管效应”。风和水流及其携带的物体在狭窄地带速度会加快，而有些动物在通过狭窄地带时会减速以小心通过。如高速公路收费口处常出现车辆聚集现象。狭窄地带对于运动的物体来说很重要，在景观规划和管理种时，狭窄地带意义特殊，应予以特别关注。

3. 孔隙度

景观基质的内部总是分布着大小不一的斑块，在研究的区域内，这些斑块一般具有闭合的边界，斑块的类型与基质的类型不同，这些斑块被认为是景观基质的孔隙。孔隙度是对景观基质中所含斑块密度的量度，也就是包括在基质内的单位面积的闭合边界的斑块数目。孔隙度与尺度有关，但与形成孔隙的斑块大小无关。斑块大小及其生态意义差异较大，因此，在研究某种基质的孔隙度时，应分别计算大斑块与小斑块的孔隙度。

具有闭合边界的斑块数量越多，基质的孔隙度越高。有些情况下，如图 2-12 中的（b)、（c)、（d）和（e)，孔隙度是一个与连接度无关的概念。但当研究区为开阔边界和闭合边界所贯穿时，边界区分就很困难了，这就需分别估算连接度和孔隙度。这一问题理论上可以通过扩大研究范围来解决，即观察所研究的边界是否在制图区之外闭合。

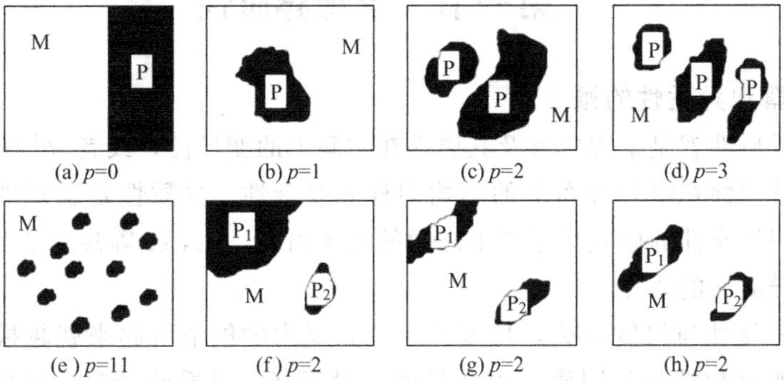

图 2-12　基质的孔隙度和连接度（引自肖笃宁，2003）

(a) M＝基质，P＝斑块，p 为孔隙度；其中（b)～(e）基质完全连接；
(f）基质完全连接，但 M 和 P 何者为基质不能确定；(g）基质连接不完全，
需扩大到（h）之后才能确定，P_1 的边界是闭合的

基质的孔隙度对动植物种群的隔离和潜在基因变异，以及能量流、物质流及物种流有重要影响，它可指示现有景观中物种的隔离程度和潜在基因变异的可能性，是反映边缘效应总量的一个指标，因此，对野生动物管理有重要意义。对许多物种而言，孔隙度低，则隔离作用强，斑块间的联系较少，可抑制不同斑块内物种的相互交换，但对面积小的林地斑块内物种的隔离作用不明显。基质孔隙度对流的影响归根结底还是取决于斑块和基质流的性质。如果斑块不适宜动物生存，或者有捕食者集中在斑块内等待动物通过基质，那么动物在基质内的迁移就会缓慢下来，甚至会遇到危险。相反，由特别适宜的斑块构成的多孔景观，则能促进动物以跳跃形式通过景观。

在现实中，孔隙度的研究也有重要意义。如在森林采伐中，间伐斑块就是森林景观中的孔隙，其伐区大小和数量以及位置对于森林采伐成本、森林更新和森林稳定性都有重要影响。再如在城市建成区中，绿地斑块是孔隙，绿地斑块的大小、距离直接影响居民的生活质量、城市美化、生态环境的改善等。

第三章　景观要素的镶嵌

斑块、廊道和基质等景观要素在景观中不是独立存在的，而是呈镶嵌式分布在景观中，不同类型的斑块相互镶嵌，不同类型的廊道相互镶嵌，以及斑块、廊道和基质在景观中镶嵌分布，构成了异质性的景观。

第一节　景观异质性

一、景观异质性的概念

景观异质性就是景观要素及其属性在空间上的变异性，或者说景观异质性是景观要素及其属性在空间分布上的不均匀性和复杂性。异质性是景观的一个根本属性。对空间异质性的研究是景观生态学的重要内容，Risser 等甚至认为景观生态学研究就是异质性的研究。

景观异质性与尺度有关，尺度越大，景观内的细节看起来就越模糊，分辨率越低，景观就越接近于同质。也就是说，对于某一异质的景观，如果在更大一级尺度上去观察，它就可能成为同质的（其中的异质性可以忽略）；相反，对某一尺度下同质的景观，如果在更小一级尺度上去观察，则成为异质的。因此，异质性与尺度有关，异质性是绝对的，同质性是相对的。Nikora 通过对新西兰岛屿景观异质性的研究结果表明：随观测斑块尺度的增大，斑块性质趋向于等同，这种现象的出现并非研究对象的客观属性变化，而是观察效果随尺度的变化而发生了变化的缘故。所以异质性对尺度具依赖性，离开尺度去谈异质性没有意义。

景观异质性由景观斑块的类型数、其所占的比例、形状、空间布局以及斑块的邻接状态所决定。伍业钢等（1992）认为景观异质性有三个内容：空间组成（斑块类型、数量与面积比例）；空间构型（即各斑块的空间分布、斑块大小、斑块形状、景观对比度和景观连接度）；空间相关（各斑块的空间关联程度、整体或参数的关联程度、空间梯度和趋势度等）。

在一定的观察尺度下，如果景观是由一种要素组成的，可以认为景观是均质或同质的，不存在异质性；如果景观是由两种以上的要素组成，则景观是异质的，组成的要素类型越多，其异质性越强。如果组成景观的要素所占的面积比例相同，则景观的异质性较低；相反，组成景观的要素所占的面积比例差异性越大，其异质性越高。斑块的形状对景观的异质性也有影响，长条形、不规则的斑块多，则景观的异质性增强；圆形、规则形斑块多，景观的异质性降低。

需要指出的是，一般文献中景观异质性指空间异质性、时间异质性和功能异质性。空间异质性即这里所说的异质性；时间异质性是指景观随时间的变化，即景观的动态；功能异质性指物质、能流和物种流空间分布的差异性。研究者认为，景观异质性还是不包括景观动态和功能异质性的好。景观动态显然表明的是景观的变化，景观当中的物质、能流和物种流之所以差异是景观要素及其属性空间分异的结果。

二、景观异质性的形成

景观异质性的形成主要来自两个方面：环境资源的异质性和干扰。

环境资源在地球表面分布不均，如热量、水分、地表组成物质等，以及由于地形的不同导致水热条件的再分配，从而形成了各种尺度的地域分异。环境资源或自然地理环境的地域分异是导致景观异质性的主要原因。

干扰是使生态系统、群落或种群结构遭到破坏和使资源、基质的有效性或使物理环境发生变化的任何相对离散的事件。是干扰引起资源和基质有效性的改变以及物理环境的变化，并直接或间接地影响景观组织的各个等级层次。由此，干扰与异质性的关系密切，是异质性产生、维持和消亡最关键的外部因子。如中国北方内陆干旱-半干旱区沙漠化景观中的风蚀作用和植被演替等自然干扰，以及放牧和植树造林等人为干扰，是流沙斑块和固定沙丘斑块消长的主要成因。

异质性与干扰频率呈负相关，中等干扰假说理论认为：在没有干扰存在时，景观水平趋向于均质性，强烈干扰则既可能增加异质性，又可能减少异质性。适度干扰常可带来更多的镶嵌体或走廊，使物种能对生境充分利用并引起生态位的分化，从而迅速增加景观异质性。对适度干扰的研究也有与此不同的结论，有学者认为二者之间的关系是与景观初始状态有关的，若景观初始状态是异质的，干扰可以降低其异质性；若景观初始状态是同质的，随干扰的继续，景观异质性的变化则为一先增后降的曲线。由于干扰是无处不在的，所以干扰的不断介入以及每一景观单元变化速率的不同，使得一个同质性的景观是永远达不到的。即景观异质性是绝对的，而同质性是相对的（赵玉涛等，2002）。

一般认为低强度的干扰可以增加景观的异质性，而中高强度的干扰会降低景观异质性。如小规模的森林火灾，可以形成一些新的小斑块，从而增加了景观异质性；但大的森林火灾会将森林、灌丛、草地烧掉而使景观成为均质的，从而降低了景观异质性。

景观异质性是随某一景观要素出现的相对频率变化而变化的，当景观中仅存在某一景观要素或该景观要素完全不存在，对此景观要素来说景观是均质的；当某一景观要素出现在景观中，并占有一定的比例时，景观开始出现异质性，而且异质性会随该景观要素出现相对频率的增加做相应的提高，直至增加到某一临界阈值（critical threshold）时，该景观要素在景观中占主导地位；当其相对频率再继续增加时，景观的异质化程度又开始下降，景观重又趋向均质化（赵玉涛等，2002）。

三、景观异质性的生态意义

景观异质性具有如下的生态意义。

① 景观异质性是控制群落物种动态与物种多样性的基本因子。

景观异质性的存在决定了景观空间格局的多样性和斑块多样性。异质性创造了边界和边缘，因此可以增加边缘种，但却相对减少了内部种，而且还直接影响动物的迁移、植物种子的传播等过程，进而影响生物多样性。一般来说，景观异质化程度愈高，愈有利于保持景观中的生物多样性。维持良好的景观异质性，能够提高景观的多样性与复杂性，有利于景观的持续发展。反过来讲，景观多样性的保存也有利于景观异质性的维持。由于多样性造成的不同斑块间的差别创造了新的生态过程，影响物质、能量和信息的流动，物质、能量和信息流动进而又会对异质性产生促进或抑制（赵玉涛等，2002）。

Roth（1976）研究发现，景观异质性与鸟类多样性之间存在明显的相关性。景观异质性增大，鸟类的物种多样性增加（图 3-1）。

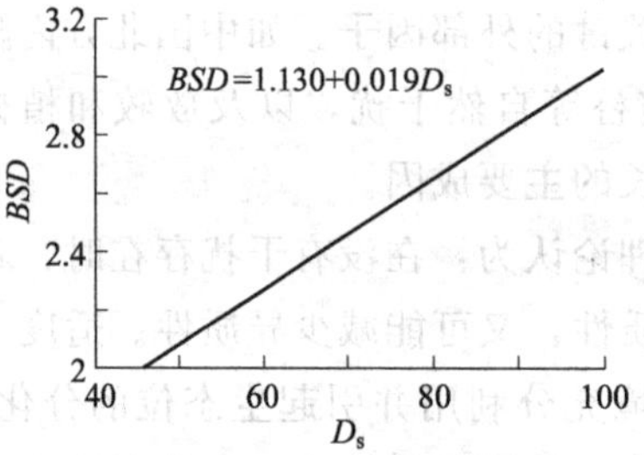

图 3-1　美国得克萨斯州、伊利诺伊州和特拉华州灌木林地内景观异质性指数（D_S）和鸟类物种多样性（BSD）的相关关系（据 Roth）（引自赵羿，2001）

景观异质性高，能为不同物种提供不同的生境，满足物种不同生态位的需要，有利于不同物种存在于空间的不同位置，从而允许物种共存。所以，景观异质性的提高有利于物种多样性的提高。

② 景观异质性与景观稳定性有关。

景观异质性与景观稳定性之间也是一种相互依存、相互影响的关系。景观异质性越高，则生境越复杂，物种越多样，而多样性导致稳定性，因此景观越稳定。生物正负反馈不稳定性可导致种群区域隔离，增加景观异质性，从而减少干扰的传播；反过来则有利于景观的稳定。另外，资源斑块的内在异质性有利于吸收环境的干扰，提供一种抗干扰的可塑性；而均质性一般可促进干扰的蔓延，不利于景观的稳定，促使景观发生变化。所以景观异质性的提高，会提高景观稳定性。景观异质性能提高景观对干扰的扩散阻力，缓解某些灾害性压力对景观稳定性的威胁，并通过景观系统中多样化的景观要素之间的复杂反馈关系使系统结构和功能的波动幅度控制在系统可调节的范围之内，从而保证景观的稳定性。因此，景观异质性是保证景观稳定的源泉。

③ 景观异质性是景观内物质流、能量流产生的原因。

总之，异质性是景观生态学的重要概念。景观异质性使生态系统具有长期的稳定性和必要的抵御干扰的柔韧性，景观异质性的维持和发展是景观生态学的重要内容。

四、景观异质性的测度

景观生态学中，常用两种方法测定景观异质性：一是样地线调查法；另一种是从景观斑块入手，对景观中的各类斑块及其总体进行统计分析。

样地线调查是把样地线分成长度相等的数条线段（或一组线状样地），然后统计各种景观要素出现的频率。对于以自然植被为主的景观，线段的长度可以在10～200m，以便研究植物种的群集；对于多种景观，线段长度的变化范围一般为10m到几十米。为了使确定的主要频率确实可靠，最好在一条样地线上测量100条以上的线段。

基于斑块的景观异质性分析主要是应用一些景观生态学指数，从不同的侧面来描述景观的异质性程度。常见的有多样性指数、镶嵌度指数、距离指数、生境破碎化指数四类。这里就距离指数和镶嵌度指数做以介绍。

1. 镶嵌度指数

镶嵌度和聚集度（aggregation）是两个描述相邻景观组分关系的景观异质性指数（傅伯杰等，2001）。镶嵌度描述相邻斑块的对比程度。Romme（1982）在对黄石公园森林火烧格局的研究中，提出了镶嵌度指数，后经李哈滨（1989）修正，其计算公式为：

$$PT=\frac{1}{N_b}\sum_{i=1}^{T}\sum_{j=1}^{T}EE(i,j)DD(i,j)\times 100\%$$

式中，PT 为相对镶嵌度指数，%；$EE(i,j)$ 为相邻斑块 i 和 j 间的共同边界长度；$DD(i,j)$ 为相邻斑块 i 和 j 间相异性量度；N_b 为景观内不同类型斑块间边界的总长度。

DD 的确定较复杂，或由专家自身的经验用打分法来确定；或利用数量化的方法，采用一套独立的数据客观地来确定（如排序的主轴值）。DD 取值在 0～1 之间。

PT 值大时，表示景观内不同类型的斑块交错分布，对比度高；反之，PT 值小，代表景观的对比度低。

聚集度（aggregation）表示不同类型斑块的团聚程度。聚集度是由 O'Neill 等（1988）首先提出，后经李哈滨（1989）修正，其修正的计算式为：

$$RC=1-\frac{C}{C_{\max}}$$

$$C=-\sum_{i=1}^{T}\sum_{j=1}^{T}P(i,j)\log_2 P(i,j)$$

$$C_{\max}=2\log_2 T$$

式中，$P(i,j)$ 是斑块 i 和 j 相邻的概率；T 是景观中斑块类型总数；C 是复杂性指数；$C_{\max}$ 为 C 值的最大可能取值；RC 为相对聚集度指数，%。

在实际计算中，$P(i,j)$ 可由下式估计：

$$P(i,j)=\frac{EE(i,j)}{N_b}$$

式中，$EE(i,j)$ 与 N_b 的含义与相对镶嵌度指数中相同。

RC 值的大小表示斑块团聚的程度，RC 值大表示景观由少数团聚的大斑块组成；RC 值小表示景观由许多小斑块组成。

2. 距离指数

距离指数指用同类斑块间的距离来构造的指数。距离指数可表示景观内斑块分布的随机性，也可定量表述景观中斑块的连接度（connectivity）和隔离度（isolation)。常见的有最小距离指数和连接度指数。

最小距离指数计算式为：$NNI=\frac{MNND}{ENND}$

式中，NNI 是最小距离指数；$MNND$ 是同类型相邻斑块间的最小距离；$ENND$ 是随机分布条件下 $MNND$ 的期望值。

$MNND$ 和 $ENND$ 按下式计算：

$$MNND=\frac{\sum_{i=1}^{N}NND(i)}{N}$$

$$ENND=\frac{1}{(2\sqrt{d})}$$

式中，$NND(i)$ 为斑块 i 与其同类相邻斑块间的最小距离；N 为经定某种类型的斑块数；d 为景观内给定斑块类型的密度。

需要指出的是，斑块间的距离应按斑块中心间的距离计算。由于斑块形状的不规则性，在实际应用时，斑块的中心很难确定，所以常用斑块重心代替中心。斑块密度由下式确定：

$$d=\frac{N}{A}$$

式中，N 是给定某种类型的斑块数；A 为景观的面积。

d 和 $NND(i)$ 的量测单位应一致。

当 NNI 为 0 时，表示景观为完全团聚分布；NNI 为 1.0 时，景观格局为随机分布；NNI 取最大值 2.149 时，表示景观格局为完全规则分布。

连接度指数描述的是景观中同类斑块联系程度。连接度指数是景观内同类最近相邻斑块距离的反函数，并使用斑块面积作加权值。其计算式为：

$$PX=\sum_{i=1}^{N}\left[\frac{\frac{A(i)}{NND(i)}}{\frac{\sum_{i=1}^{N}A(i)}{NND(i)}}\right]^2$$

式中，PX 是连接度指数；$A(i)$ 是斑块 i 的面积；$NND(i)$ 是斑块 i 到其相邻斑块的最小距离。

PX 取值范围为 0～1，PX 值大，表明景观中给定斑块类型是群聚的。

为便于学习，这里只介绍这些指数，生境破碎化指数留作介绍景观破碎化时介绍，多样性指数在本章第三节景观多样性中介绍。

第二节 景观空间格局

一、空间格局的概念

景观空间格局（landscape pattern）一般指大小和形状不一的景观斑块在空间上的配置。格局是景观生态学研究中的一个重要概念，常常与景观结构相提并论。景观结构是指景观的组分构成及其空间分布形式，是景观性状最直接的体现方式。不同的景观结构是不同动力学发生机制的产物，也是不同景观功能得以实现的基础。景观结构主要强调景观的空间特征（如景观要素的大小、形状以及空间组合等）和非空间特征（如景观要素的类型、面积比率等），而景观格局则通常指景观组分的空间分布和组合特征（傅伯杰等，2001；陈利顶等，2006）。景观作为一个整体，具有自身的格局（结构）和功能，格局（结构）和功能在外界干扰和景观内部各组成要素本身的自然演替作用下不断发展变化（陈利顶等，2006）。景观镶嵌格局在所有尺度上都存在，并且都由斑块、廊道和基质构成，即所谓的斑块—廊道—基质模式。景观格局分析的目的就是从看似无序的景观斑块镶嵌中，发现潜在的有意义的规律性（李哈滨和 Franklin，1988）。Forman 和 Godron（1986）把景观格局分为以下几类。

（1）均匀分布格局　指某一特定类型景观要素间的距离相对一致。

（2）聚集型分布格局　如丘陵地区，农田往往成片分布，村庄聚集在较大的山谷内。

（3）线状分布格局　如房屋沿公路零散分布或耕地沿河流分布的格局形式。

（4）平行格局　如侵蚀活跃地区的平行河流廊道，以及山地景观中沿山脊分布的森林带。

（5）特定组合或空间联结　大多分布在不同类型要素之间。如稻田和酸果蔓沼泽总是与河流或渠道并存（傅伯杰等，2001）。

二、常见的空间格局

不同大小和性质的斑块、廊道、基质等景观要素按照一定的规律镶嵌在一起，构成了异质性的景观，它们在空间上有一定的分布规律，即一定的空间格局构型。常见的空间格局构型如下。

1. 镶嵌格局

由大小相差不多、形状基本规则的斑块构成，其中最规则的就是棋盘式格局。

镶嵌格局的例子如平原上的耕作田块。

2. 带状格局

由平行带状分布的要素构成。如全球尺度上的气候带。

3. 交替格局

反复交替出现的带状格局。如连续沙丘和平行山脉地区重复出现的带状格局。

4. 交叉格局

或称交错对叉格局，不像交替格局那样斑块之间的边界较直，而是呈不规则状，景观组分之间出现交叉。

5. 散斑格局

这是少数组分出现在占优势的基质内形成的一种格局。如自然的疏林草原景观。

6. 散点格局

由点缀在基质内的点状地物构成。如平原上的村庄等。

7. 点阵格局

规则分布的点状格局。如果园里的果树。

8. 网状格局

由线状地物构成的格局。如农田防护林。网状格局中有一种极不规则的特殊形式就是水系格局。

第三节 景观多样性

一、景观多样性的概念与类型

多样性是生物学中使用较广的概念，生物多样性研究是现代生态学研究的重点和热点，包括多个层次和水平的多样性，从遗传、物种、生态系统直到景观的多样性。

景观多样性指由不同类型的景观要素或生态系统构成的景观在空间结构和功能方面的多样性和变异性，反映的是景观的复杂程度。景观多样性主要研究组成景观的斑块在数量、大小、形状和景观的类型、分布及其斑块间的连接性、连通性等结构和功能上的多样性，它与生态系统多样性、物种多样性和遗传多样性在研究内容与研究方法上不同，见表 3-1。

根据景观多样性的研究内容可把其分为三种类型：斑块多样性、类型多样性和格局多样性。

景观多样性与景观异质性是既有联系又有区别的两个概念。景观异质性是景观的重要属性之一，它是指景观的变异程度（伍业钢等，1992），多指景观类型的差异。景观异质性类似于景观类型的多样性，测定的指标是类型多样性指数、优势度、镶嵌度指数和生境破碎化指数。景观异质性的存在决定了景观空间格局的多样

表 3-1 四个层次上陆生物多样性调查、监测和评价指标（引自傅伯杰，1996，2001）

层次	组成	结构	功能	调查及监测工具与方法
景观多样性	识别斑块(生境)类型的比例和分布丰度,复合斑块的景观类型,种群分布的群体结构(丰富度,特有种)	景观异质性,连接度,空间关联度,缀块性,孔隙度,对比度,景观粒级,构造,邻近度,斑块大小,概率分布,周长-面积比	干扰过程(范围、频度或反馈周期、强度、可预测性、严重性、季节性),养分循环速率,能流速率,斑块稳定性和变化周期,侵蚀速率,地貌和水文过程,土地利用方向	航空相片、卫片和其他遥感资料,GIS技术,时间序列分析法,空间统计法,数学参数模拟法(景观格局,异质性,连接性,边缘效应,自相关,分维分析)
生态系统多样性	识别相对丰度、频度、富集度、均匀度、种群的多样性,特有种、外来种、受威胁种、濒危种的分布比率,优势度-多样性曲线,生活型比例,相似性系数,C_3-C_4 植物种比率	基质和土壤变异,坡度与坡向,植被生物量与外观特征,叶面密度与分层,垂直缀块性,树冠空旷度和间隙率,物种丰度、密度和主要自然特征及要素分布	生物量,资源生产力,食草动物,寄生动物和捕获率,物种侵入和区域灭绝率,斑块动态变化(小尺度扰动),养分循环速度,人类侵入速度和强度	航空相片和其他遥感资料,地面摄像观测,时间序列分析法,自然生境测定和资源调查,生境适宜指数(HIS,复合物种),野外观察,普查和物种清查,捕获和其他样地调查法,数学参数模拟法(多样性指数,异质性指数,分层扩散,生物体组合型)
物种多样性	绝对和相对丰度,频度,重要性和优势度,生物量,种群密度	物种扩散(微观),物种分布(宏观),种群结构(性别比,年龄结构),生境变异,个体形态变化等	种群动态变化(繁殖力、再生率、存活率、死亡率),群体动态过程,种群基因(见下栏),种群波动,生理特征,生活史,物候学特征,内禀生长率,富集度,适应能力	物种普查(野外观察、记录统计、捕获、做记号和无线电跟踪),遥感方法,生境适宜性指数(HSI),物种生境模拟,种群生存能力分析
遗传多样性	等位基因多样性,稀有等位基因的现状,有害的隐性或染色体变种	基因数量普查和有效基因数量,复合体,染色体或显性的多态性,跨代继承性	近亲繁殖的缺陷,远亲繁殖率,基因变异速率,基因流动、突变率,基因选择强度	等位酶电泳分析,染色体DNA序列分析,母体-子体回归分析,血缘分析,形态分析

性和斑块多样性（傅伯杰等，1996，2001）。景观异质性和景观多样性都是自然干扰、人类活动和环境资源异质性的结果。

二、斑块多样性

斑块多样性指景观中斑块的数量、大小和斑块形状等方面特征的多样性和复杂性。这里的斑块指广义的斑块，包括通常所讲的斑块、廊道和基质。斑块是相对均质的景观组分，是物种的聚集地，也是景观中物质和能量迁移与交换的场所。对斑块多样性的研究应从景观中斑块的总数、景观中斑块的面积大小以及斑块形状三个方面来考虑，具体内容见第二章，这里不再赘述。

三、类型多样性

类型多样性指景观中类型的丰富度和复杂度。类型多样性考虑的是景观中不同景观类型的数目多少以及它们所占面积的比例。类型多样性常用多样性指数、丰富度、优势度等指标来测度。

景观类型多样性的生态意义主要表现为对物种多样性的影响。类型多样性和物种多样性的关系不是简单的正比关系，景观类型多样性的增加既可增加物种多样性，又可减少物种多样性。如单一的农田景观中增加适度的林地斑块，可引入一些森林生境的物种，增加物种多样性；而森林破坏，毁林开荒造成生境的破碎化，结构单一的人工生态系统大面积出现，虽然增加了景观类型多样性，但却对物种多样性的保护不利。

一般来说，景观类型多样性和物种多样性的关系呈正态分布（图 3-2）。在景观类型少、大的均质斑块、小的边缘生境条件下，物种多样性低；随着类型（生境）多样性和边缘物种增加，物种多样性也增加；当景观类型、斑块数目与边缘生境达到最佳比率时，物种多样性最高；随着景观多样性增多，斑块数目增多，景观破碎化，致使斑块内部物种向外迁移，物种多样性随之降低；最后，残留的小斑块有重要的生境意义，维持着低的物种多样性。

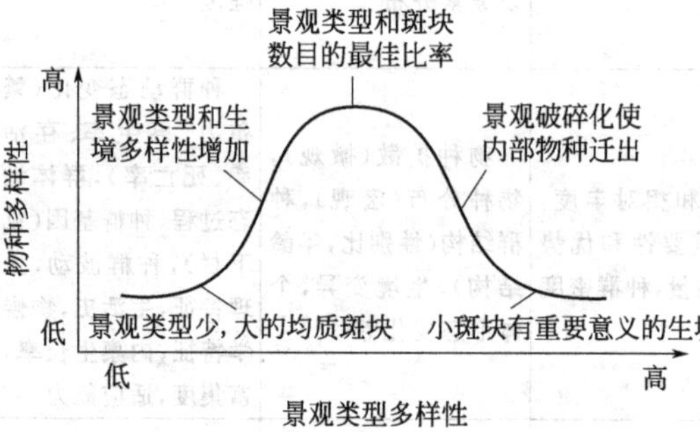

图 3-2　景观类型多样性与物种多样性的关系（引自傅伯杰等，1996）

四、格局多样性

格局多样性是指景观类型空间分布的多样性及各类型之间以及斑块与斑块之间的空间关系与功能联系。格局多样性多考虑不同类型的空间分布、同一类型间连接度和连通性、相邻斑块间的聚集与分散程度。

景观类型的空间格局对生态过程，如物质迁移、能量交换、物种运动等有重要影响。不同的景观空间格局对径流、侵蚀和元素的迁移影响是不同的。如农田景观中的防护林或树篱既是防风屏障，也能阻碍地表径流，有效地控制水土和养分的流失。

格局多样性在景观设计和物种多样性保护方面具有重要意义。通过景观空间格局对生态过程的影响研究，寻求合理的景观配置，在景观规划与管理时考虑物质流的利用率以及营养元素的循环。通过景观连接度和连通性的研究，正确理解景观规划与管理的原理，提高景观中各单元之间的连通性，增强景观单元之间的连接度。作为规划，通常情况下是增加一些景观单元或减少一些景观单元，由此将导致景观结构的变化，从而影响景观生态功能的改变。景观生态学家往往是通过研究景观结构和生态过程之间的关系，设计不同的景观结构而达到控制景观生态功能的目的。

五、景观多样性的定量测度

1. 斑块多样性指数

（1）分维数（fractal dimension） 用来量度斑块边缘的复杂性。公式为：

$$F=2K$$

式中，F 是分维数；K 是斑块面积与周长之间的回归系数。

$$\log_2(L/4)=K\log_2 S+C$$

式中，L 是斑块周长；S 是相应斑块的面积；C 是常数。

当斑块为正方形时，$F=1$；斑块为自然形成的其他形状时，$1<F<2$。所以，自然界实际存在的斑块分维数在 1～2 之间。

（2）斑块的拉长指数 Carrere（1990）提出了斑块拉长指数。

$$G=\frac{1}{\sqrt{S}}$$

式中，G 为斑块拉长指数；S 为斑块面积。

2. 类型多样性指数

（1）丰富度指数 表示景观内不同要素（斑块）的总数，通常用相对丰富度来表示。

$$R=\frac{T}{T_{\max}}\times 100\%$$

式中，R 为相对丰富度；T 为丰富度（即景观中不同生态系统类型总数）；$T_{\max}$是最大可能丰富度。

（2）均匀度指数 表示景观内斑块或生态系统分布均匀程度，多用相对均匀度表示。

$$E=\frac{H}{H_{\max}}\times 100\%$$

式中，E 为相对均匀度；H 为修正了的 Simpson 指数；$H_{\max}$是在丰富度 T 条件下，最大可能的均匀度。

其中 H 与 $H_{\max}$的计算式为：

$$H=-\log_2\sum_{i=1}^{T}P(i)^2$$

$$H_{\max}=\log_2 T$$

式中，$P(i)$ 是景观内 i 斑块类型所占的面积比例；T 是景观内斑块类型总数。

（3）优势度指数 表示一种或几种类型斑块在一个景观中占优势的程度。O'Neill 等（1988）首先提出优势度并应用于景观生态学，其计算式为：

$$D=\log_2 N+\sum_{i=1}^{T}P(i)\log_2 P(i)$$

式中，D 为优势度指数；N 为景观中斑块类型数目；$P(i)$ 为 i 斑块类型在景观中所占的比例。

李哈滨（1989）对 O'Neill 的优势度指数做了修正，提出了相对优势度指数的概念，公式为：

$$RD=100-\frac{D}{D_{\max}}\times 100\%$$

式中，RD 是相对优势度指数，%；D 是 Shannon 多样性指数；$D_{\max}$为 D 的最大可能取值。

D 与 $D_{\max}$计算式为：

$$D=-\sum_{i=1}^{T}P(i)\log_2 P(i)$$

$$D_{\max}=\log_2 T$$

式中，各项定义与相对均匀度计算式中一致。

优势度与均匀度基本上是一致的，其差异仅是二者的生态意义不同。

（4）景观多样性指数　景观多样性指数用 Shannon 多样性指数表示。

$$H=-\sum_{i=1}^{T}P(i)\log_2 P(i)$$

式中，H 是景观多样性指数；T 是景观斑块类型总数；$P(i)$ 是第 i 斑块所占的面积比例。

H 的大小反映景观要素的多少和各景观要素所占比例的变化。当景观是由单一要素构成时，景观是均质的，其多样性指数为 0；由两个以上的要素构成的景观，当各景观类型所占比例相等时，其景观的多样性最高；各景观类型所占比例差异增大，则景观的多样性下降。

3. 格局多样性指数

格局多样性指数有蔓延度（contagion）、镶嵌度、聚集度、距离指数、连接度指数、景观破碎化指数。其中镶嵌度、聚集度、距离指数以及连接度指数前面已作了介绍，景观破碎化指数将在有关景观破碎化章节（第四章）中介绍。

蔓延度（contagion）是一种类型斑块与其毗邻的另一种类型斑块连接状况的量度。其计算式如下：

$$C=K_{\max}+\sum_{i=1}^{m}\sum_{j=1}^{m}(Q_{ij}\log_2 Q_{ij})$$

式中，Q_{ij} 是与 i 类斑块相毗邻的 j 斑块所占边长的概率；$K_{\max}$表示每种斑块类型之间所有可能的接触均有相同的概率。

$K_{\max}$计算式为：

$$K_{\max}=2m\log_2 m$$

式中，m 为斑块类型数目。

第四节 景观粒度与景观对比度

一、景观粒度

景观以及景观要素的大小可有粗粒、细粒之分。粗粒与细粒是相对而言的，而且粗细粒径依赖于观察的尺度。如在大兴安岭林区，尤其是人工林分布比较集中的地方，可以认为是细粒景观；而在林地与草甸、农田过渡的地方，就可以认为是粗粒景观。

粗粒结构景观多样性高（农田比城市要多样），但局部地点的多样性却低（从一点移动到另一点，土地利用方式几乎没有多大变化），当然边界附近除外。这样的景观结构可以为保护水源或内部特有物种提供大型自然植被斑块，或者为工业区提供大面积的建筑场地，却不利于多生境物种的生存，因为需要移动很长的距离才能到达另一生境。相比之下，细粒景观整体单调（景观的每一部分都大致相同），但局部多样性高（相邻点的异质性高）。

含有细粒区域的粗粒景观最有利于获得大型斑块带来的生态效应，也有利于包括人类在内的多生境物种生存，并能提供比较全面的环境资源和条件，具备了粗粒和细粒的优点，是最佳的景观结构（Forman，1995；肖笃宁等，2003）。

景观粒度可用现存所有斑块的平均直径来度量。

二、景观对比度

景观对比度是指相邻近的不同景观单元之间的相异程度。如果相邻景观要素间差异很大，过渡带窄而清晰，就可以认为是高对比度景观；反之，则为低对比度景观（肖笃宁等，2003）。

高对比度景观的一个常见例子是山地植被带的垂直分布，从坡麓的农田、草地，到山腰各种类型的阔叶林、针阔混交林、针叶林，以及灌丛、草甸等，各植被带对比清楚。而低对比度景观往往出现在大面积自然条件相对均一的地带，如热带雨林地区、温带草原地区以及沙漠地区等。

大部分人为活动会使景观对比度增加，如采伐森林、修建居民点等；但有些人类活动会使景观对比度降低，如华北平原、东北平原由于农业活动，景观对比度相对较低。

有的生物在选择栖息地时，往往对景观对比度的高低有一定喜好，所以在生物保护时应注意这一点。

通常用反差矩倒数（inverse different moment，IDM）和对比度（contrast，CON）来度量景观对比度。反差矩倒数表达式为：

$$\mathrm{IDM} = \frac{\sum_{i=1}^{m}\sum_{j=1}^{m} P_{ij}}{[1+(i-j)^2]}$$

式中，P_{ij}为取值i和j的像素相邻的概率；IDM是反差矩倒数，IDM值越高，表明局部对比度越低。

反差矩倒数主要用来描述局部梯度大小，如浓度、强度、绿量等。

对比度的表达式为：

$$\mathrm{CON}=\sum_{i=1}^{m}\sum_{j=1}^{m}(i-j)^2P_{ij}$$

式中，CON是对比度；其他符号与上式相同。

对比度值越高，表明实际对比度越大。

第五节　景观边界与生态交错带

一、基本概念及特征

景观边界（landscape boundary）是在特定时空尺度下，相对均质的景观之间所存在的异质性过渡区域。生态交错带（ecotone）是Clements在1905年首次提出，用来描述物种从一个群落到其界限的过渡分布区。Odum（1959）强调了生态交错带的重要性，并把它定义为两个群落之间的过渡带。生态交错带是指相邻生态系统之间的过渡带。景观边界和生态交错带是同义语。水陆交界带、农牧交错带、城乡交错带都是景观边界的例子。

生态交错带是不同的生态系统间的应力带。生态交错带是相邻群落间的过渡区域，多种群落成分处在激烈竞争的状态，竞争结果形成了多种生物群落成分的散乱混杂分布或镶嵌分布，以及多种生物群落成分达到竞争中的动态平衡。同时，交错带内生境能量与物质交换最高，是相对均衡的景观要素间的“突发转换区域”或“异常空间连接区域”、非线性的集中表达区、非连续性的集中显示区，大量的能量与物质在此汇聚、扩散和传输，交换量远远高于相邻的景观生境。生态交错带还是生物不同栖息地之间的过渡带，对多数生物来说需要不同生境以满足其对营养、筑巢、繁殖、捕食、抚育后代的要求。一种景观向另一种景观过渡形成的交错带内的生境条件趋于复杂化，在生物与非生物力的作用下，出现了明显不同于相邻核心区域的生境条件，这对多种生物栖息来说是完全必要的。交错带内的植物种群和群落往往更加复杂和多样，从而也为边缘动物提供了种群营巢、隐蔽、觅食和栖息条件，并导致交错带内动物种增加，这种边缘效应导致了交错带内生物多样性增加（高洪文，1994；Farina，1998；赵羿等，2001）。

和景观边界有关的一个概念就是边缘效应（edge effect），边缘效应是Leopold于1933年提出的，最初是指生态过渡带内物种数目与相邻群落之间的差异。随着认识的逐渐深入，边缘效应的概念和研究领域也在不断完善和扩展。一般认为，在两个或多个不同性质的生态系统（或其他系统）交互作用处，由于某些生态因子（可能是物质、能量、信息、时机或地域）或系统属性的差异和协合作用而引起系统某些组分及行为（如种群密度、生产力、多样性等）的较大变化，称为边缘效应（王如松等，1985）。边缘效应导致景观水平上生态系统的改变，是景观生态学热点研究内容，在决定生态斑块的结构和动态方向上起到决定性作用。景观斑块的边缘效应指斑块边缘部分由于受外部环境的影响表现出与其中心部分不同的生态学特征。通常边缘部分有较高的物种丰富度与初级生产力。有的物种需要较稳定的环境条件，多集中分布在斑块中心部分，称为内部种；而另一些物种喜欢多变的或阳光充足的条件，主要分布在斑块的边缘部分，称为边缘种；也有的物种介于两者之间。不同生物种对边缘宽度的反应不同，如引起植被变化的边缘效应，其宽度约为10～30m，距离大小与林缘走向有关；而引起动物种变化的边缘宽度要大得多，向林内伸展的距离可达300～600m。

可以根据空间尺度的不同以及边缘效应形成和维持因素，把边缘效应分为大中小3个尺度类型，即大尺度的生物群区交错带、中尺度的景观类型之间的生态交错带和小尺度的斑块（生态系统）之间的群落交错区（周婷和彭少麟，2008）。大尺度主要是以植被气候带为标志的生物群区间的边缘效应，这种地带性的交错区主要受大气环境条件的影响。中尺度类型主要包括城乡交错带、林草交错带、农牧交错带等类型，是不同生态系统要素的空间交接地带，在物质、能量等相互流动的作用下变得更为复杂。小尺度水平是指斑块之间的交错所形成的边缘效应，受小地形等微环境条件及生物、非生物等因子的制约，研究主要集中在群落边缘、林窗边缘和林线交错带等方面。

景观客观上存在很多种边界，景观要素在空间上的变化是不均匀的。边界的位置取决于所研究的景观层面，每一种边界都体现了空间异质性的不同方面。环境因素在空间上的异质性形成环境边界，植被在空间上的陡然变化形成生物学边界，这两种边界互有关联，但未必完全重合。必须用动态的观点来研究生态学边界，在景观生态学过程中，边界的位置是不断变动的，不停的景观特征在景观动态中的反应是不同的，从而形成了多种不同的生态学边界（陈玉福和董鸣，2003）。景观边界具有如下特征。

（1）异质性与多样性　在一定空间尺度上，景观边界具有相邻景观的部分特点，是相对均质的景观要素间的“突发转换区域”或“异常空间连接区域”、非线性的集中表达区、非连续性的集中显示区，这里生境条件复杂多样，从生物组成看，不仅含有两个相邻群落的组分，而且景观边界内的植物种群和群落往往更加复杂和多样化，也为边缘动物提供了种群营巢、隐蔽、觅食和栖息条件，从而边界内生物多样性高。

（2）脆弱性与动态性　在一定的时间尺度上，景观边界具有脆弱、敏感等一系列特征。景观边界是不同生态系统间的应力带，在此地带多种群落同时出现，并处于剧烈的竞争状态。由于生态位的高度分化，种间竞争取代了种内竞争，竞争的结果形成多种生物群落成分的散乱混杂分布或镶嵌分布，并处于微妙的协调共存状态。景观边界的组成、空间结构、分布范围表现出对外界环境变化有强烈的敏感性，因此受到干扰后很容易发生变化。这种变化有两种形式：渐变与突变。突变是边界在结构和功能上发生的非线性变化，往往是由突发性的干扰造成的。渐变是边界在结构和功能上的变化符合某种线性关系，是一种生态梯度。这种脆弱性和动态性使得景观边界对气候变化的反映敏感，因而景观边界内物种对气候变化的响应成为全球变化研究的重要内容。

景观边界的动态性特点使得景观边界具有一定的指示意义。如绿洲边缘带兼有绿洲和荒漠生态系统的特点，经过叠加过程形成了特有的镶嵌结构和形态特征，对干旱区环境不同尺度变迁过程及绿洲演化进程具有良好的指示意义。边缘带空间位置推移是绿洲化或荒漠过程的标志。当绿洲边缘带基本形成之后，其结构和位置相对基本稳定，随自然因素和人为活动的共同干扰，其位置在与带垂直的方向发生位移，从而反映出该地段绿洲化过程（绿洲）或荒漠化过程（荒漠）的推进或退缩（楚新正等，2002）。

（3）尺度性　景观边界对观察尺度的反应敏感，在某一个尺度上观察到的景观边界，会在较小或更大尺度上消失。或者说，景观边界的确定与监测在相当程度上依赖于尺度。

二、景观边界类型

由于研究尺度的不同，景观边界类型的划分也有所不同（肖笃宁等，2003）。如 Gosz（1993）提出 5 个等级的生态交错带类型，依次为植物交错带（plant ecotone）、种群交错带（population ecotone）、斑块交错带（patch ecotone）、景观交错带（landscape ecotone）和群区交错带（biome ecotone）（朱芬萌等，2007）。牛文元（1989）从生态环境脆弱带的角度，在宏观尺度上归纳了以下几种类型。

（1）水陆交替带　由于液相和固相物质的互相交换，出现了一个既不同于水体又不同于陆地的特殊过渡带，其受力方式和强度，以及频繁的侵蚀和堆积等，使得这一交界带呈现出不稳定的特征。

（2）干湿交替带　从比较湿润向比较干燥变化的过渡带。由于气候条件的差异，热量、水分平衡的状况产生了不同的生态效果，与此相应的植被类型、土壤类型和景观类型均有比较显著的差异。

（3）农牧交错带　由于生产条件、生产方式以及生产目标的不同，在农业地区以及牧业地区的衔接处形成一个过渡的交界带。在这个过渡带中，由于人类的生产活动，形成了生产环境脆弱的基本前提。

（4）森林边缘带　森林边缘所承受的环境压力及社会经济压力不同于森林内部，也不同于非林地的自然景观，因此该边缘带的形态和演变常成为生态环境质量评价的重要指标。

（5）沙漠边缘带　由于物质组成、外营力和地表景观的显著差异，沙漠地带与非沙漠地带之间同样形成了明显的生态环境脆弱带。它的移动和转换是各种内因和外因共同作用的结果。

（6）城乡交错带　指城市向乡村地区推进或乡村向城市逐渐转变的过渡区域，且边缘效应明显、功能互补强烈的中间地带。由于人口数量和质量、经济形态、供需关系、物质和能量交换水平、生活水平和社会心理等因素的影响，使得这一地带的时空变化表现出十分迅速和不稳定的特征。

（7）梯度联合带　主要由于重力梯度（高度）、浓度梯度、硬度梯度（抗侵蚀能力）等的明显存在，产生了在侵蚀速率、污染程度、坡面形态变化等方面的过渡区，它们在生态环境的系统稳定性上显然是脆弱的。

三、景观边界的功能

景观边界主要具有如下功能。

1. 通道或廊道（conduit or corridor）

景观中的许多流（物种流、信息流、物质流和能量流）是沿着景观边界流动的，这时边界起通道或廊道的作用。

2. 过滤或屏障（filter or barrier）

生态流经过边界，一部分可顺利通过，一部分受到阻碍，生态流在质、量和速度上大都会受到不同程度的影响，边界好像半透膜，起过滤和屏障作用。

3. 源

在生态流流动过程中，景观边界为两侧景观生态系统提供能量、无机物质和生物有机体来源，导致生态流向两侧生态系统的净流动，起到了源的作用。如边缘物种可由边界向其两侧的生境扩散。

4. 汇

与源的作用相反，景观边界对生物、能量物质的吸收、积累作用。

5. 生境

景观边界为相邻生境边缘种的栖息提供了良好的条件，是边缘物种的栖息地。

四、景观边界的度量指标

对景观边界的度量通常有边界密度、边界对比度、边界均匀度等。边界密度，指单位面积内景观边界的长度，单位为 km/km^2。边界对比度，指边界两侧景观要素的相异程度。这一指标是定性的。边界均匀度，指景观中不同类型边界分布的均匀程度（或相对多样性）。边界类型指每两种相邻覆盖类型之间的边界。边界均匀度计算式为：

$$\text{边界均匀度}=\frac{\text{实际多样性}}{\text{最大可能多样性}}$$

边界均匀度取值范围在 0 和 1 之间。当边界均匀度为 0 时，表示所研究的景观范围内完全由一种覆盖类型所占据，或者各种类型的边界比例相当；当取值接近于

1时，表示某一种或几种类型的边界占绝对优势。

五、景观边界影响域

由于景观边界内的高环境异质性、生物多样性和对环境变化的敏感性，在全球气候变化的背景下，景观边界比其他地区更具有“指示”和“预警”意义，是全球变化及区域响应研究的关键区。对景观边界的研究在全球变化研究中具有重要的理论意义，同时，边界效应的定量评价对于科学地进行野外环境观测、片断化森林生态系统的管理与恢复以及在自然保护区功能区设计和生物多样性保护中都具有重要的现实意义（李丽光和何兴元等，2006）。

所谓边界宽度的信息，即边界影响域，也可以称为边界效应的宽度、边界效应的强度，是指某种变化穿透到栖息地内的距离，一般用 d 来表示（Mureia C，1995；李丽光和何兴元等，2006）。在景观边界的研究中，有关边界宽度的信息对于决定物种依赖于内部环境梯度可利用的林分面积至关重要（Chosin D，2002；李丽光和何兴元等，2006）。同时，更好地理解边界效应有利于森林资源的研究和管理。

可通过判别分析法、主成分分析法、移动窗口法、空间统计法、遥感和地理信息系统法以及地理边界法来判别景观边界影响域。如杨兆平和常禹等（2007）通过遥感和地理信息系统方法，在分析主要景观类型在各缓冲区中的比例变化，利用缓冲区分析和相邻缓冲区景观结构的组成情况的基础上来确定岷江上游干旱河谷边界的影响域。

对不同的景观边界，对不同的因子而言，其影响域是不同的。

（一）非生物因子的边界影响域

非生物因子包括温度、地形、光照和风速等。在众多的非生物因子中，温度受边界效应影响强度的研究较多。如在美国 Wisconsin 北部 Chequamegon National Forest 松林，边界对温度的影响在 0～40m 内变化；在美国东部 Pennsylvania 东南和 Delaware 北部次生林中则约为 24m；而 Kapos 对美国太平洋西北林地研究后报道，边界对温度的影响约为 20～60m。Williams 对林草边界温度的研究则表明，边界对草地的影响为 0.7～10.5m，对林地的影响为 2.5～15m。可见，由于所研究景观类型和研究地点不同，边界对同一因子的影响范围也不同。

除了温度，以其他非生物因子为基础对边界影响域进行研究的报道也较多。如在太平洋西南古老的道格拉斯冷杉林中风速的影响域能到达林地内 400m、皆伐地的 840～960m。Madaek 对林地边界的研究表明，边界对湿度的影响域为 50m、对光照的影响域约为 10～44m，而 Chen 等报道道格拉斯冷杉林中短波辐射的边界影响域为 30～60m。Williams 在研究巴拿马热带森林时发现，从林缘至林内 20m 后，小气候变化不明显，但在亚马逊河流域则可延伸至林内 60m。马友鑫等对西双版纳热带雨林的研究表明，温度、相对湿度和光照的影响范围在距边界 25m 内（李丽光和何兴元等，2006)。Forman (2000) 等研究高速公路对不同生态因子的影响范围表明，生态因子受影响范围至少在 100m 以上，有些因子可以达到 1000m，平均影响范围 600m 左右。

(二) 生物因子的边界影响域

生物因子包括物种丰度、物种组成、树木密度、种子分散、捕食和竞争等。

动物方面，以鸟类和哺乳动物的研究居多。大量研究表明，鸟类在边缘地带多样性和密度都呈增加趋势。林缘鸟类增多吸引其捕食者，因此，有关鸟巢数与距林缘距离的研究以及捕食与距林缘距离关系的研究报道也较多。如 Holway 在加利福尼亚河岸与灌木林边界对外来种阿根廷蚂蚁 (*Linepithema humile*) 边界效应的研究表明，外来种在距河岸 50m 内明显地限制本地种，但这种限制到 200m 时变得不明显 (李丽光和何兴元等，2006)。以往多数研究都表明边界效应范围大致在 100m 以内，而 Storch 等的研究结果显示，捕食行为的边界效应范围可达林地内部 500m 以上。森林中狭窄的道路可减少大型无脊椎土壤动物的丰富度、多样性以及枯枝落叶物量，影响距离可达 100m (Hvaskell，2000)。辽宁省盘锦市双台河口保护区的道路密度 360～400m/km^2，对鸟类停歇地的行为性影响区面积为 162.09km^2 (胡远满等，1999)。

有关边界对植物影响的研究也是生态学研究的热点问题之一。在最初的研究阶段，对于边界影响域的研究多停留在定性描述上。如 Burk 在美国新英格兰州内陆淡水沼泽发现湿地。水体交错带植物多样性最低、沼泽中部较高、湿地-高地交错带最高。随着科学技术的发展，定量研究边界影响域已成为可能。Miler 等在 Connecticut 湿地红枫林以叶密度为指标的研究表明，西北面的边界影响域约为 15m。Sizer 等对边界产生前后树苗的生长和死亡等的研究表明，边界对树苗的影响域只能到达 10m。此后，以幼苗丰度、茎密度和物种组成等为指标报道的边界影响域在 5～50m 之间不等 (李丽光和何兴元等，2006)。

李丽光和何兴元等 (2004) 对岷江上游农林边界的研究表明，对物种多样性的影响范围在距边界 50m 内。边界效应对农田和林地土壤水分的影响均表现为负面效应，即农田和林地边缘的土壤水分均低于其内部，对农田的影响范围为 5～12m，对林地的影响范围为 0～2m。问青春和李秀珍 (2007) 通过对岷江上游森林景观边界的研究表明，研究区的林-农边界为人工的清晰边界，从林地到农田的生物量过渡明显，边界效应表现为林地边缘的生物量低于林地内部，而农田边缘的生物量高于农田内部，对林地影响域为 60m，对农田的影响域为 60～90m。林-草边界属于自然形成的景观边界，林-草混生的过渡带较宽，边界不像林-农边界那样清晰，但边界效应类似于林-农边界，即林地边缘的生物量低于林地内部，而草地边缘的生物量高于草地内部，对林地影响域为 60m，对草地的影响域在 45～75m 之间。林-灌边界也属自然边界，边界及边界效应特征类似林-草边界，边界效应对林地影响域为 60m，对灌木林地的影响域在 45～75m 之间 (问青春和李秀珍等，2007)。而岷江上游干旱河谷边界的显著影响距离为 800m，800～1200m 为干旱河谷影响和周围其他景观影响的过渡区域，超过 1200m 为周围景观的主要影响区域，干旱河谷外缘 800m 范围内的区域是干旱河谷抵抗周围景观影响和外来干扰的缓冲地带（杨兆平和常禹等，2007）。因此，在对岷江上游干旱河谷生态环境进行综合治理的过程中，应对干旱河谷外缘 800m 的区域给予充分的关注。

（三）景观边界影响域影响因子

影响边界影响域的因子很多，坡向、斑块大小、景观类型等。有研究表明，在南坡影响域可伸入林内 50m，在北坡仅达 10～30m。而斑块的大小也影响边界的影响域，Kapos 以温度为指标的研究表明，$1hm^2$ 林地斑块的影响域较 $100hm^2$ 林地斑块的影响域要窄。不同的景观类型对边界影响域也有影响，如草原景观中边界影响域可达 60～100m，而林地景观中边界效应只在 40～60m。此外，坡度、地形和时间等都会影响边界影响域（李丽光等，2006）。

需要说明的是在不同的尺度上，存在着不同的生态过程，因而影响景观边界效应的因子也会不同。

六、基于景观边界特征的景观格局分析

景观格局研究通常使用景观组分的斑块数量和面积等属性特征进行相关指数计算，对于边界特征在景观格局分析中的地位和作用尚未受到重视，所以以往景观结构研究中，涉及边界分析的主要内容局限于斑块形状分析和蔓延度等格局指数计算。边界作为斑块的重要属性，可用于指示边界两侧不同组分类型的空间位置关系和生态界面特征，其本身也有长度、类型、数量等多种描述参数，并对景观整体格局变化具有灵敏的反应，因此，边界特征完全可以用于景观格局分析，并具有传统景观格局分析方法难以替代的优势。基于边界特征的景观指数则是近几年出现的一类新的景观结构研究方法（曾辉等，2002）。这里只介绍其中的几个指数。

（1）基于边界特征的景观多样性指数

$$H(b)=\sum_{r=1}^{n}P_{i/j}\lg P_{i/j}$$

式中，$P_{i/j}$是 i 类型斑块与 j 类型斑块之间的边界数量（边界累积长度）占边界总数（总长度）的比例；n 是所有边界的类型数，与基于组分面积的景观多样性类指数相同。

基于边界特征的最大多样性指数为：

$$H_{\max}=\lg(n)$$

表明所有边界类型数量或累积长度相同。

均匀度指数计算公式为：

$$E(b)=\frac{H(b)}{\lg(n)}$$

（2）基于边界特征的景观异质性指数

$$H(l)=\frac{H(b)}{\lg(N)}$$

式中，$H(l)$ 表示景观异质性；N 代表整个景观中的边界总数量。

当 $n=N$ 时，$H(l)$ 取最大值 1，该异质性指数可用于表达将景观划分成各种显著不同部分的可能性。

（3）基于边界特征的景观复杂性指数

上述景观异质性显然不能表现出空间复杂性的含义，因为在不同的复杂性水平下（即斑块类型数量和边界类型数量不同的情况下），景观异质性可能具有相同的计算结果。这里用空间复杂性指数来量度相邻斑块的空间结合特征，反映给定镶嵌结构的碎裂化程度：

$$C(s)=H(b)H(l)=\frac{H(b)^2}{\lg(N)}$$

式中，$C(s)$ 表示空间复杂性；其他变量与以上公式相同。

曾辉等通过在珠江三角洲东部常平地区快速城市化地区，利用组分的边界特征进行景观格局研究，得出如下结论，基于边界特征的景观结构研究至少可以对基于斑块数量、面积的传统研究形成 3 个方面的有益补充：①边界长度和数量分析可以揭示不同景观组分在动态变化过程中的界面变化情况，以及不同组分与周围相邻组分交界的复杂性程度，优势边界类型研究还可以给人们提供关于景观整体空间相邻模式方面的信息；②利用边界数量的长度谱分布分析可以有效地反映景观的整体碎裂化情况以及不同组分周围其他组分的相对碎裂化程度，为景观碎裂化研究提供一个新的途径；③基于边界长度和数量的景观整体格局指数计算可对传统景观格局指数计算结果形成有益的补充，从而揭示在组分面积和斑块数量发生剧烈变化时不同边界类型的变化情况。利用边界参数还可进行景观空间复杂性分析，这是传统景观格局研究中所没有的。总之，基于边界特征的景观格局研究与基于斑块面积比例和数量的同类研究具有良好的相互补充、相互印证的效果。在具体研究中共同使用两种方法有助于全面把握景观格局的内在规律，特别是在景观动态机制分析中。基于边界特征的景观格局分析可以为各种跨越边界的生态流分析提供准确的界面背景特征描述，这是其他景观格局研究方法所无法替代的（曾辉等，2002）。

第六节 网　络

景观中的许多线状地物，如道路、沟渠、树篱等，可以相互联结形成网络。网络把不同的景观要素连接起来，是景观中一种常见的结构。网络通常由结点和连接廊道构成，分布在基质上。

一、网络的结构特征

1. 结点

网络中的交叉点或终点称为结点。有些结点还可起到小片地块的作用，它们比廊道宽，但作为独立的景观要素又太小。网络结点上的物种丰富度一般比周围廊道要高。

结点通常在物种的迁移中起中继站作用，而不是迁移的目的地。结点常常能为动物提供食物，或作为动物休息的临时场所。

2. 网状格局

相互连接并含有许多环路的线状地物构成网状格局。

3. 网眼大小

网络内景观要素的大小、性状、环境条件、物种丰富度和人类活动等因素对网络本身有重要的影响。网络线间的平均距离或网络所环绕的景观要素的平均面积就是网眼的大小。物种在完成其功能，如觅食、保护领地或繁殖等时，对网眼大小相当敏感。如法国一种领地较小的食肉性甲虫，在农田平均网眼面积大于 $4hm^2$ 时会消失；而领地较大的物种，如猫头鹰通常在网眼大小为 $7hm^2$ 时才会消失。道路网络网眼大小对一些野生动物的觅食、筑巢和迁移起着重要作用。如啮齿类动物白天活动时一般会避开繁忙的公路。

二、网络的功能

网络主要有三个方面的功能：生境功能、通道功能和屏障功能（Forman，1995）。

1. 生境

廊道是边缘种的生境，然而，网络具有不同的生境功能。由于两个廊道连接在一起，且二者成直角或锐角，因此，它们为一些斑块物种提供了生境，即使斑块不存在也是如此。

廊道在网络中的位置是决定物种存在的因素之一。另外，网眼的大小也与物种有关。

2. 通道

网络中廊道彼此相连接，这就使动物沿网络的运动更灵活，便于物种的运动。网络对物种的运动起通道作用。

3. 屏障

树篱网络或农田防护林网络能够降低风速。同时网络中的一系列廊道也会减小基质当中物种运动的速度，这都是网络的屏障作用。当动物在有网络的基质中运动时，由于要穿越许多条廊道，因而其运动速度会降低。屏障作用也与网眼大小有关，一般而言，网眼越大，这种屏障作用越小。

三、网络的测度

网络可用连通度和环度来测度，这已在第二章第二节廊道中讲述过了，这里不再赘述。

第四章 景观生态过程

第一节 干 扰

一、干扰的概念与类型

（一）干扰的概念

干扰对于生态学家来说是一个中性概念，干扰既可以对生态系统起到积极作用，也可以起到消极的负作用。传统生态学中，干扰被认为是影响群落结构和演替的重要因素。不同的研究者对于干扰的定义不同。Bazzaz（1987）把干扰定义为“与其性质和原因无关，能够立即引起种群反应的敏感变化，并在景观水平上突然改变资源量的因素”。Pickett 则强调了尺度的概念，认为干扰是一个“偶然的、不可预测的事件，是在不同空间、时间尺度上产生的自然过程”。Turner（1989）认为，“破坏生态系统、群落或种群的结构，并改变资源、基质的适宜性，或者是物理环境的任何时间上发生的相对不连续事件”就是干扰。

因此，干扰是一个偶然发生的不可预知的事件，它是不同时空尺度上发生的一种自然现象或人为活动。

这里需要指出的是，干扰（disturbance）与生态系统的正常扰动（perturbation）是两个不同的概念。扰动是指系统在正常范围内的波动，这种波动只会暂时改变景观的面积，但不会从根本上改变景观的性质。而干扰的影响超出了系统正常波动的范围，干扰过后，自身无法恢复到原有的景观面貌，系统的性质或多或少地发生变化。扰动往往具有规律可循，具有可预测性，而干扰是不可预测的。

干扰也不同于胁迫（stress），胁迫概念源于生理学，指不利的环境条件对生物体新陈代谢或其他生理过程的直接影响。生态学上的胁迫通常指生态系统在结构未受到直接损伤时，其功能被影响的情形。干扰直接改变生态系统结构，而胁迫直接改变生态系统的功能。所以干扰与胁迫是既有区别，又有联系。

（二）干扰的类型

按照干扰的来源，干扰有自然干扰和人为干扰之分。自然干扰是指那些没有人为介入，在自然情况下发生的干扰，如水灾、风蚀、火山爆发、洪水泛滥等。人为干扰是在人为行为影响下造成对景观或生态系统的改变，如砍伐森林、修建水库等。从人类活动角度出发，人类活动是一种生产活动，一般不称为干扰；但对自然生态系统而言，人类的所作所为是一种干扰（肖笃宁，1998）。

按照干扰的功能，干扰可分为内部干扰和外部干扰。内部干扰（如自然倒木）

是在相对静止的长时间内发生的小规模干扰，对生态系统演替起重要的作用，对此，许多学者认为它是自然演替的一部分，而不是干扰（傅伯杰等，2001）。外部干扰（如火灾、风害、皆伐等）是短期内的大规模干扰，它妨碍生态系统演替过程的完成，甚至使生态系统从高级状态向低级状态发展。

按照干扰的机制，干扰可分为物理干扰、化学干扰和生物干扰。物理干扰如森林退化引起的气候变化，植被覆盖物的消减引起的土壤侵蚀和洪水泛滥、土壤沙漠化等。化学干扰最常见的例子是污染，如杀虫剂、石油等污染物质排入环境，引起空气、土壤和水的化学机制的改变，从而影响植被生长。生物干扰如害虫爆发、外来种的引进不当等所造成的生态平衡的破坏。

根据干扰的传播特征，干扰分为局部干扰和跨边界干扰。局部干扰是指干扰仅在同一生态系统内部扩散，而跨边界干扰是跨越生态系统边界扩散到其他生态系统类型中的干扰（陈利项等，2000；傅伯杰等，2001）。

按照干扰所产生的结果，干扰可以分为离散性干扰（discrete disturbance）和扩散性干扰（diffuse disturbance）。离散性干扰指造成有明显边界斑块的干扰。如火灾、放牧、森林砍伐等。扩散性干扰是指在某一尺度上增加系统整体性的异质性，但并不产生边界明显的斑块的干扰。如一场飓风也许不会刮倒许多树，但会使林冠比原来稀疏一些，使林下生物得到更多的阳光（邬建国，2000）。

二、常见的干扰

常见的干扰有火、放牧、践踏、外来物种的入侵、土壤施肥、洪水泛滥等。

1. 火（fire）

火是一种常见的干扰类型。火既有燃烧、破坏生态平衡的作用，又能将生态系统中动、植物的干残尸物一扫而尽，促进新的生物生长。火能促进生物的生长和繁荣。有的植物离不开火，没有火就不能繁衍，这种植物称为“专火型植物”（obligate fire types）。如铁丝草（*Aristida strica*）和一种松树 *Pinus attenuate*，后者的有性生殖依赖于火的控制。依赖于火的物种（不管它们先被烧掉，只剩下种子繁殖，还是在火烧后能生存下来），其共同的特点是生长迅速、繁殖率高、过早熟和生活史特短，对火的反应是更新和复原，火通常是它们新生活的开始。大草原和森林中，火烧后草本植物长得快，长得旺盛；而灌木在火烧后比乔木更容易生长。草原中火使入侵的灌木竞争能力降低，从而防止了灌木的入侵，有利于草原植被的更新。草原火与森林火可以促进和保持较高的第一生产力，其原因在于火能消除地表的枯枝落叶层，改变区域小气候、土壤结构与养分。同时火在一定程度上可以影响物种的结构和多样性。

火干扰中尤以森林火最重要。下面就对森林火进行叙述。

（1）火的特性　火的特性包括火强度、火的大小、火灾频度和火灾周期。

火强度是衡量火释放能量大小的一个指标。一般表示为火线强度，即单位火线长度、单位时间内释放的热量，单位是 kW/m，森林中的火强度大约为 20～6000kW/m。火强度一般分为三级：低强度（＜500kW/m）、中强度（500～3500kW/m）和高强度（＞3500kW/m）。一般火强度大于 4000kW/m 时，林火可烧毁森林中所有生物和有机质。所以，只有小于这个强度的火才有生态意义。

火的大小是衡量一次火灾火烧面积的大小的一个指标。一般表示为总过火面积和森林过火面积。我国是根据森林过火面积的大小划分森林火灾等级的。火烧面积的大小影响着火烧后火烧迹地上植被的恢复和重建。小面积的火烧对森林环境影响较小，树木和植物的种子在短距离上散布和传播，森林恢复快。大面积的火烧，尤其是高强度的大面积火烧，会严重破坏森林环境，森林更新困难。

火灾频度表示某一地段上在一段时间内火灾发生的次数。与之相关的一个概念是火灾周期，它是指一个周期性发生火灾的地区，两次火灾之间所间隔的年限。大火灾的发生频率和周期与可燃物量积累多少有关。可燃物积累越多，发生大火灾的可能性也越大。当火灾周期小于群落优势种的结实年龄时，森林群落因缺乏种源而无法自我更新，树种被一些速生种类所代替。由于森林环境发生了变化，原林分中的一些林下植物和动物种类消失。如果火灾周期长，那么火烧后森林植被恢复较快，大多数生物种类得以保存。

（2）林火与生物多样性的关系

①火与生物多样性　火可直接烧死植物、动物和微生物个体，从而降低种群数量；同时火可以改变局部的环境条件，间接影响生物种群的生存和个体数量。通过这两方面的影响来影响物种多样性。但火的种类和特性不同，这种影响就不同。树冠火一般强度高，能烧毁森林，使大多数或全部植物、动物、微生物烧死，使生物多样性降低。而地表火强度低，一般只烧掉地表的枯枝落叶、草本植物及部分灌木，对树木和土壤影响小。火烧后，土壤中的植物根系和种子会很快萌发，对生物多样性降低不明显，且能在短期内恢复。面积较大的高强度火烧频繁时，会使一定范围内部分生物种类消失，植被恢复慢。面积较大的低强度火一般不会导致生物种类的灭绝，只是个体数量减少。小面积低强度的火烧能增加生物多样性，主要是因为：由于小面积低强度火烧往往燃烧不均匀，造成局部环境改变，使环境多样化，利于新种的侵入；低强度火烧可增加地温，加强有机质的分解而有利于植物的生长，有利于增加植物个体数量；低强度火烧可促进迟开球果的开裂和种子萌发，使植物和树木快速更新；同时低强度火烧后，使林地上的萌条增多，在一定程度上改善动物的食物条件，增大动物的种群数量。

② 火与生态系统多样性　生态系统多样性指的是生态系统中的生物种类、结构、功能的丰富程度和复杂性。生态系统中生物的种类越多，结构越复杂、功能越完善、信息的传播越活跃，生态系统越稳定，多样性越大。高强度大面积的林火使生态系统内的生物种类与数量锐减，频繁的火烧使一些生物种类灭绝。尤其是群落优势种的逆行演替，使生态系统的结构简化，物质循环和能量流动受阻，系统功能

变差，生产力降低，生态系统的稳定性和多样性降低。而低强度火烧在一定程度上会加速有机物内营养物质的释放和再利用，促进物质循环和能量转换，从而提高生态系统的生产力。

③ 火与遗传多样性　遗传多样性指物种内部在分子、细胞、个体3个水平上的遗传变异程度。火烧后，引起环境条件的改变，特别是反复火烧造成的环境改变，使某些植物改变自身的一些特性和特征以适应新的环境。这种自身特性的改变通过基因的改变来实现。低强度小面积的火烧可造成环境的多样化，诱发物种的基因发生突变和改组，使物种的遗传多样性增大。

④ 火与景观多样性　景观多样性指一个景观或景观之间在空间结构、功能机制和时间动态方面的异质性。大面积高强度的林火可消除森林、灌丛、草地等斑块，形成均一的火烧迹地，从而降低景观的多样性；小面积低强度的火烧或不均匀的火烧通常在景观中会产生较多的过火斑块而增加景观的异质性，从而使景观多样性增加。

(3) 计划火烧在生物多样性保护中的应用　从以上内容可看出，小面积低强度的林火在促进种内变异、产生或侵入新种、树木更新、产生新的景观结构等方面有积极意义，所以可以用计划火烧（prescribed burning）作为一种措施，用于生物多样性保护（Handler，1983；牛树奎等，1995）。

① 在某些易燃的针叶林内，在一定的时间内进行计划火烧，烧掉林下的枯枝落叶和草本植物，可降低森林的燃烧性，避免森林大火灾的发生，保持森林群落的稳定性。

② 在北方的冷湿地段上，计划火烧可提高地温，促进微生物的活动，加速死地植被的分解，以促进林木的生长和生态系统生产力的提高。

③ 在对食草类的稀有动物的保护中，可适当应用火烧改善和提高其食物的数量和质量，促进动物种群的数量增加。

④ 火烧清理采伐迹地和荒山，创造种子发芽和树木生长良好条件，加速森林的天然更新。

⑤ 在弄清病虫害发生规律的基础上，用火调节害虫的种群数量，避免病虫害的发生，保护森林资源。

2. 放牧（grazing）

放牧能直接改变草地的形态特征、草地生产力和草种结构。Milchunas（1988）研究表明，放牧对于放牧历史较短的草原来说是一种严重的干扰，因为原来的草种组成尚未适应放牧这种过程。对于放牧历史较长的草原来说，放牧已不再是一种干扰。

适度的放牧可使草场保持较高的物种多样性，促进草原景观物质和养分的良性循环，所以放牧可作为一种草场管理，提高物种多样性和草场生产力的有效手段。如在乌克兰草原上，曾保存 $500hm^2$ 原始的针茅草原，由于禁止放牧，若干年后，长满了杂草，不能放牧了，其原因就是停止放牧使针茅的草簇繁茂生长，连接成片，而针茅残体分解缓慢，阻碍了其嫩枝发芽，而导致其大量死亡，演变成杂草草地。因此，如果没有有蹄类的经常放牧，即经常的吃割、践踏，以其粪尿滋养土地，禾本科植物就不可能长期生存，所以放牧活动能调节植物的种间关系，使牧场植被保持一定的稳定性。但过度放牧会破坏草原，导致草原退化、土地沙化。

3. 土壤物理干扰（soil physical disturbance）

土地的翻耕、平整是常见的土壤物理干扰，它会改变土壤结构和养分状况，致使地表粗糙度增加，为外来物种提供了一个安全场所。土地翻耕有利于外来物种的入侵，可以减少物种的丰富度。

4. 土壤施肥（nutrient input）

土壤施肥可增加土壤的养分，同时导致淡水水体的富营养化，促进某些物种的快速生长，导致其他物种的灭绝，使物种丰富度减少。对土壤养分贫乏的地区来说，施肥影响更突出，更有利于外来物种的入侵。

5. 践踏（trampling）

践踏往往在生态系统中产生空地，为外来物种的侵入提供有利场所。同时阻碍原优势种的生长。对自然生态系统而言，适度的践踏会减缓优势种的生长，从而促进自然生态系统保持较高的物种丰富度。但践踏的季节和时机对物种结构的恢复、生长的影响差别较大。践踏对于大多数物种来说具有负面影响。

6. 外来物种的入侵（biological invasion）

外来物种入侵是一种最为严重的干扰类型，它往往是由于人类活动或其他一些自然过程而有目的或无意识地将一种物种带到一个新的适宜其栖息和繁衍的地方，其种群不断扩大，分布区逐步稳定扩展，这种过程又叫生态侵入（ecological invasion）。如旱雀麦入侵美国的例子。1850 年以前，把落基山和它西面的内华达山分开的 40×10^4 km^2 的广大地区植被主要是冰草和灌丛。19 世纪 50 年代到 70 年代，这里发现了金矿和银矿，人们蜂拥而至，开垦土地，并种植小麦。与此同时，非本地种植物被引进并广泛传播，其中从亚洲和欧洲引进的一年生旱雀麦（*Bromus tectorum*）就是一例。这是有运载麦种的船舱中混有旱雀麦所致。19 世纪 80 年代发现麦田中长着旱雀麦。此后，它迅速扩展，到 20 世纪，已成为小量的地方种群分布在华盛顿东部。1905～1914 年旱雀麦成为华盛顿东部到大盐湖地区的优势种。1915～1930 年它又成为不列颠哥伦比亚到内华达的优势杂草，现在，原来的优势种冰草已在许多地方消失。又如从 1967 年到 1970 年间，一种非洲丽鱼被引进到巴拿马的加通湖中，致使原来的 8 个普通鱼种有 6 种灭绝，种群剧减到原来的 1/7，使由水生无脊动物、藻类和食鱼鸟构成的食物链遭到严重的破坏。

紫茎泽兰（*Eupatorium adenophorum*）原产墨西哥，新中国成立前由缅甸、越南进入我国云南，现已蔓延到 25°33′N 地区，并向东扩展到广西、贵州，常连成片，发展成单种优势群落，侵入农田，危害牲畜，影响林木生长，成为“害草”。

因此，外来生物入侵会给当地生态系统造成很大影响，甚至带来灾难，所以应该引起足够重视。

物种入侵的渠道有三：自然入侵、无意引进和有意引进。

自然入侵不是人为原因引起的，而是通过风媒、水体流动或由昆虫、鸟类的传带，使得植物种子或动物幼虫、卵或微生物发生自然迁移而造成生物危害所引起的外来物种的入侵。如紫茎泽兰、微甘菊以及美洲斑潜蝇都是靠自然因素而入侵我国的。

无意引进方式虽然是人为引进的，但在主观上并没有引进的意图，而是伴随着进出口贸易、海轮或入境旅游在无意间被引入的。

如“松材线虫”就是我国贸易商在进口设备时随着木材制的包装箱带进来的。航行在世界海域的海轮，其数百万吨的压舱水的释放也成为水生生物无意引进的一种主要渠道。此外，入境旅客携带的果蔬肉类甚至旅客的鞋底，可能都会成为外来生物无意入侵的渠道。

有意引进是外来生物入侵最主要的渠道，世界各国出于发展农业、林业和渔业的需要，往往会有意识引进优良的动植物品种。如20世纪初，新西兰从我国引种猕猴桃，美国从我国引种大豆等。但由于缺乏全面综合的风险评估制度，世界各国在引进优良品种的同时也引进了大量的有害生物，如大米草、水花生、福寿螺等。这些入侵种由于被改变了物种的生存环境和食物链，在缺乏天敌制约的情况下泛滥成灾。全世界大多数的有害生物都是通过这种渠道而被引入世界各国的。如我国在20世纪80年代为了保护沿海滩涂，引入了大米草，可是随后它在沿海地区疯狂扩张，覆盖面积越来越大，已经到了难以控制的局面。大米草根深且生长力强，在与我国沿海滩涂原生植物物种竞争生存空间过程中，已使大片红树林消亡。大米草还破坏了近海生物的栖息环境，影响海水的交换能力，导致水质下降，形成赤潮，甚至造成大量沿海生物物种窒息死亡。

外来有害生物侵入适宜生长的新区后，其种群会迅速繁殖，并逐渐发展成为当地新的“优势种”，严重破坏当地的生态安全，危害主要如下。

第一，外来物种入侵会严重破坏生物的多样性，并加速物种的灭绝。

外来物种入侵是威胁生物多样性的头号大敌，入侵种被引入异地后，由于其新生环境缺乏能制约其繁殖的自然天敌及其他制约因素，其后果便是迅速蔓延，大量扩张，形成优势种群，并与当地物种竞争有限的食物资源和空间资源，直接导致当地物种的退化，甚至灭绝。

第二，外来物种入侵会严重破坏生态平衡。

外来物种入侵，会对植物土壤的水分及其他营养成分，以及生物群落的结构稳定性及遗传多样性等方面造成影响，从而破坏当地的生态平衡。如引自澳大利亚而入侵我国海南岛和雷州半岛许多林场的外来物种薇甘菊，由于这种植物能大量吸收土壤水分从而造成土壤极其干燥，对水土保持十分不利。此外，薇甘菊还能分泌化学物质抑制其他植物的生长，曾一度严重影响整个林场的生产与发展。

第三，外来物种入侵会因其可能携带的病原微生物而对其他生物的生存甚至对人类健康构成直接威胁。

如起源于东亚的“荷兰榆树病”曾入侵欧洲，并于1910年和1970年两次引起大多数欧洲国家的榆树死亡。又如40年前传入我国的豚草，其花粉导致的“枯草热”会对人体健康造成极大的危害。每到花粉飘散的7～9月，体质过敏者便会发生哮喘、打喷嚏、流鼻涕等症状，甚至由于导致其他并发症的产生而死亡。

第四，外来物种入侵还会给受害各国造成巨大的经济损失。

对于任何一个国家而言，想要彻底根治已入侵成功的外来物种是相当困难的，实际上，仅仅是用于控制其蔓延的治理费用就相当昂贵。在英国，为了控制12种最具危险性的外来入侵物种，在1989～1992年，光除草剂就花费了3.44亿美元；而美国每年为控制“凤眼莲”的繁殖蔓延就要花掉300万美元；同样，我国每年因打捞水葫芦的费用就多达5亿～10亿元，由于水葫芦造成的直接经济损失也接近100亿元。

据美国、印度、南非向联合国提交的研究报告显示，这三个国家每年受外来物种入侵造成的经济损失分别为1500亿美元、1300亿美元和800多亿美元。而据国际自然资源保护联盟的报告，外来物种在非洲蔓延迅速，每年造成的经济损失多达数十亿美元，外来物种入侵给全球造成的经济损失每年超过4000亿美元。

三、干扰的特征因子与性质

（一）干扰的特征因子

干扰状况可用干扰的特征因子来表征。干扰的特征因子有干扰的分布、频率、恢复周期、面积大小、强度、严重性和协同作用。

干扰的分布主要是指空间分布，包括地理、地形、环境、群落梯度等。不同地理区域，由于纬度、地形、气候、土壤以及植被的差异，干扰状况就不同。如北方森林群落的发育受火控制。频率是指一定时间内干扰发生的次数。周期是频率的倒数，是从本次干扰到下次干扰的时间间隔。面积大小是受干扰的面积大小。规模和强度是单位时间面积上干扰的量。严重性或影响度是干扰对生物有机体、群落或生态系统的影响程度。协同性是指干扰对其他干扰的影响，如火山对干旱的影响（魏斌等，1996；肖笃宁等，1997，1999）。

（二）干扰的性质

干扰具有如下性质。

（1）干扰的多重性　对于生态系统或景观而言，可能同时受到多个干扰的影响。同样，生态系统或景观的变化可能是由于多种干扰影响的结果。如牧场的退化可能是由于干旱、虫害及火灾等自然干扰引起的，也可能是由于过度放牧等人为干扰引起的，或者自然与人为干扰同时作用引起的。

（2）干扰的相对性　自然界中发生的同样事件，在某种条件下对生态系统形成干扰，而在另外一种环境下可能是生态系统的正常波动。是否对生态系统形成干扰，不仅取决于干扰本身，同时还取决于受干扰的客体。生态学中常见的层次水平为细胞—个体—种群—群落—生态系统—景观。干扰在不同层次上的机制、功能、效应是不一样的（Pickett 等，1989）。高层次干扰对低层次实体是干扰，如火对群丛、树冠等是干扰因子；而低层次干扰对高层次水平不一定是干扰，只是胁迫，如风是树冠的干扰因子，对群丛来说是胁迫因子。

（3）干扰的尺度性　干扰具有明显的尺度性。由于研究尺度的差异，对干扰的定义也有较大的差别。如生态系统内部病虫害的发生，可能会影响物种结构的变异，导致某些物种的消失或泛滥，对于种群而言，是一种严重的干扰行为，但由于对整个群落的生态特征没有产生影响，所以，从生态系统的尺度看，病虫害则不是干扰，而是一种正常的生态行为。

（4）干扰的传播性　跨边界干扰具有传播性。干扰越过景观的传播是空间异质性功能的一个重要方面。影响干扰传播的因素有异质性、干扰强度和干扰频率。异质性是在干扰的作用下形成的，同时异质性可能是限制干扰传播的主要因素，景观异质性可能增加或减少干扰的传播（Pickett，1985）。低强度的干扰增加景观的多样性（或异质性），中高强度干扰则降低景观的多样性（或异质性）。

（5）干扰的广泛性　干扰在时空尺度上具有广泛性。干扰存在于自然界的各个尺度的各个空间。在景观尺度上，干扰往往是指能对景观格局产生影响的突发事件；而在生态系统尺度上，对种群或群落产生影响的突发事件就可以看作干扰；而从物种的角度，能引起物种变异和灭绝的事件就可以认为是较大的干扰行为。

四、中度干扰假设

干扰会使连续的群落中出现缺口（gaps），如果干扰停止后，这个缺口会逐渐恢复或被周围群落的任何一个种侵入和占有，缺口形成的频率会影响物种多样性。据此，T. W. Connell 等提出了中度干扰假设，这个假设认为，中等程度的干扰水平能维持高多样性。原因有三：①在一次干扰后少数先锋种入侵缺口，如果干扰频繁，则先锋种不能发展到演替中期，所以多样性低；②如果干扰间隔期很长，使演替过程能发展到顶极期，多样性也不高；③只有中等干扰程度使多样性维持最高水平，它允许更多的物种入侵和定居。

干扰理论在自然保护、农业、林业、野生动物管理方面非常重要。如果保护自然界生物的多样性，就不要简单地排除干扰，因为中度干扰能增加多样性。如斑块状砍伐森林可能增加物种多样性。

五、干扰的生态学意义

干扰是生态学中一个很重要的生态过程，但长期以来，干扰的生态学意义未引起生态学家的重视。随着研究的不断深入，才认识到干扰对物种多样性的形成和保护、生态系统的演化和更新具有重要意义，干扰是自然界中不可缺少的自然现象。

（一）干扰与景观异质性

从一定意义上来说，景观异质性是不同时空上频繁发生干扰的结果。干扰增强，景观异质性增加，但极强的干扰既可以增强景观异质性，也可以降低景观异质性（Forman 和 Gordon，1986）。一般认为，低强度的干扰会增加景观的异质性，而中高强度的干扰会降低景观的异质性。如山区的小规模森林火灾，可以形成一些新的小斑块，增加山地景观的异质性；但如果森林火灾较大时，会烧掉森林、灌丛和草地，把大片的山地变为均质的荒凉景观。

在干扰影响景观异质性的同时，景观异质性会反过来增强或减弱干扰在空间上的扩散和传播。异质性对干扰的传播影响将决定于下列因素：①干扰的类型和尺度；②景观中各种斑块的空间分布格局；③各种景观元素的性质和对干扰的传播能力；④相邻斑块的相似程度。

（二）干扰与景观的破碎化

干扰对景观破碎化的影响主要有两种情况：一是小规模的干扰可导致景观破碎化，如山区森林火灾，强度较小时在基质中形成小的斑块，导致景观结构的破碎化；二是当干扰规模大，强度大时，导致景观的均质化。景观对于干扰的反应存在一个阈值，只有在干扰规模和强度高于这个阈值时，景观格局才会发生变化。

（三）干扰与生物多样性

干扰对生物的影响既有有利的一面，也有不利的一面。干扰对物种的影响与物种对这种干扰的敏感性有关，也与干扰的强度和规模有关。在同一干扰下，反应敏感的物种在干扰较小时，就会发生明显变化，而不敏感物种受到的影响较小。许多研究表明，适度干扰下生态系统具有较高的物种多样性；在较低和较高频率的干扰下，生态系统中的物种多样性趋于下降。因为在适度干扰下，生境受到不断干扰，一些新的物种或外来物种尚未完成发育就又受到干扰，这样在群落中新的优势种始终不能形成，从而保持了较高的生物多样性。在频率低的干扰下，由于生态系统的长期稳定发展，某些优势种会逐渐形成，而导致一些劣势种逐渐淘汰，从而造成物种多样性下降。

第二节 景观中的生态流

一、物种运动

物种的运动早已为生物学家所关注，而景观生态学家更为关注景观结构和空间格局对物种运动的影响。物种在景观中的运动和迁移直接影响到物种的生存。因此，景观结构对物种的生存有直接影响。景观结构对物种运动的影响一方面与景观要素的构成有关，另一方面与物种的生态行为有关。

（一）景观中物种运动的方式

根据物种在运动中所处的地位来划分，物种在景观中运动的方式有二：主动运动和被动运动。主动运动指物种通过本身有目的的行为，从一个地方运动到另一个地方。动物在景观中的运动多表现的是主动运动。被动运动一般要借助于外界的作用物来达到运动的目的。植物在景观中的迁徙就是被动运动。一般来说，植物通过风、水或其他动物或人类把植物种从一个地方带到其他地方，植物的迁移方式对景观面貌和格局的影响很大，有时甚至可以完全破坏原来的景观格局。动物也有被动运动的。这有两种情况：一种是人们直接把动物种携带到一个新的环境中，如把野生动物送到动物园中；另一种是由于人类活动的加剧引起自然栖息地的减少或破碎化，使物种无法在原栖息地生存，不得不去寻找更为合适的生存环境。

两种运动方式，其生态后果往往不同。物种的主动运动主要是为了寻找食物、适应环境，所以可以促进物种的扩散和传播，有利于物种的保护和生态系统的自身优化。而物种的被动运动，物种无法选择适合于自己的生态环境，在生态上风险较大，可能会导致物种的灭绝和物种生态习性的退化。如动物园对动物的圈养会导致动物的自然生态习性的不断退化以及基因多样性的丧失，加速物种的退化和灭绝。

根据运动本身特点来划分，物种在景观中的运动方式有二：连续运动和间歇运动。连续运动有加速运动、减速运动和匀速运动；间歇运动包含一次或几次的停歇。实际上，物种在景观中的运动更多地表现为间歇运动。间歇运动的重要作用在于所疏散的物体与在停留处的物体间经常有很重要的相互作用。如动物在停留地啃食嫩草、践踏场地、修建巢穴等。而在连续运动中，这种相互作用不明显，或不集中，可见，连续穿越景观的动物对景观的影响一般很小。

（二）景观中动物的运动

1. 动物运动方式

动物在景观中的运动方式有：巢域（homerange）内的运动、疏散（dispersal）运动和迁徙（migration）运动三种。

动物的巢域是指动物进行取食和其他日常活动的场所。一般是以“家”（巢、窝、穴）为中心的周围区域。通常一对动物和它们的幼仔共有一定范围的巢域。与巢域有关的另一个概念是领地（territory），领地指抵御外来其他相同物种的个体入侵的领域，即由个体、家庭或其他社会群单位所占据的，并积极保卫不让同种其他成员侵入的空间。当某种动物具有自己的领地时，它们要经常到防卫界线以外去寻找食物，这时巢域的范围要大于领地。

动物疏散运动是指某种动物个体从其出生地向新的巢域的单向运动。新巢域通常远离其源地，一般距原巢域直径数倍之遥。接近成年的动物个体离开父母去建立自己的新巢域。某些种群的成年动物也会以此方式扩大自己的食物来源或避开干扰。如一条新兴建的高速公路穿越美国的伊利诺伊州，当地的草原田鼠（*Microtus pennsyl-vanicus*）很快沿高速公路疏散到该州的中部地区。显然，高速公路两侧的草地为田鼠的疏散提供了良好的通道和食物来源，而以前那里的村庄阻碍了它们疏散。

迁徙是动物在不同季节在相隔地区间进行的周期性运动。物种之所以迁徙是为了适应气候及与之相关的其他环境条件，利用有利因素而避开不利的环境条件。如许多鸟类秋季往南方迁移，在南方越冬，春季回北方繁殖。迁徙往往跨越几个或许多景观。

迁徙可进一步分为两种类型：水平迁徙和垂直迁徙。候鸟的迁徙属水平迁徙。高山地区的动物在高低海拔之间的迁徙属垂直迁徙。有的物种夏季在高海拔地区，反之，冬季则到低海拔地区觅食。如在瑞士阿尔卑斯山，欧洲山羊（*Capra ibex* L.）夏季在高山植被中觅食，冬天到低海拔的草地食草。许多生活在落基山脉的鸟类，在高海拔区繁殖，在低海拔区越冬。

2. 影响动物运动的因素

动物运动的最主要目的就是为了生存，不是为了寻求更适合的栖息地，就是为了寻求食物。景观类型和结构的差异，会对动物的运动产生不同的影响。

(1) 景观阻力　景观阻力是影响物种运动速度的景观结构特征。由于景观结构和斑块资源的差异，不同物种在景观中的运动方式和速度是不同的。景观阻力不仅表明景观对物种运动速度的影响，而且表明景观对物种生存的适宜程度。景观类型或景观结构不适宜于物种生存，其景观阻力就大，反之，景观阻力就小。景观阻力取决于不同景观要素之间边界的特性、界面物种的通过频率、界面的连续性和景观要素的特性、景观类型的适宜性以及景观要素的长度。

(2) 斑块大小、形状与动物运动　斑块形状对生物的扩散和动物的觅食有重要影响，如通过林地迁移的昆虫或脊椎动物，或飞越林地的鸟类，更容易发现垂直于它们迁移方向的狭长采伐迹地，而常遗漏圆形采伐迹地和平行迁移方向的狭长采伐迹地。

斑块大小和形状对动物运动的影响主要反映在斑块的边缘效应上。面积较大的斑块，边缘效应对动物的影响小，内部生境大，动物在其中活动的空间相对较大，动物自由运动受到的阻力较小，有利于物种的觅食和生存。相反，面积较小的斑块，可能导致物种的灭绝。斑块形状对动物的影响更明显，在同样面积条件下，长条形的斑块，其边缘效应高于圆形和方形，因而对动物在景观中的迁移和觅食影响较大。而圆形或方形的斑块，其边缘效应较小，动物的迁移和觅食受到的影响小，对物种的保护有利。

(3) 景观异质性与动物运动　景观异质性的大小与动物运动的关系较复杂。景观异质性高可能有利于动物的运动，也可能不利于动物的运动，主要取决于景观要素的物质组成和空间布局，同时也与动物本身有较大关系，尤其是与动物对各景观要素的敏感性有关。一般而言，景观异质性高，不宜于动物在景观中的觅食和运动。因为景观异质性高，一方面生态环境适合于更多物种生存，物种在景观中运动时，遇到天敌的可能性较大；另一方面，景观异质性高，动物在其中运动时，可利用的资源斑块被发现的可能性就小，所以动物在景观中运动受到的危险性就会增大。但对于某些动物来说，景观异质性高反而有利于扩散和传播。

(4) 景观格局与动物运动　景观要素的空间布局对物种运动也很重要，如景观中食物资源斑块的空间分布决定了食物的可获得性，对不会游泳的许多动物来说，河流的存在就成为它们运动的屏障。有时虽然距食物资源斑块空间距离很近，但由于河流等这样不可逾越的障碍的存在，动物不能到达食物资源斑块。

(5) 廊道与动物运动　廊道对动物运动而言，既有有利的一面，也有不利的一面。如上述河流廊道对不会游泳的动物来说形成了屏障；而对某些物种来说，廊道又起通道作用，对物种的运动有利。廊道与动物运动的关系，不仅与动物本身有关，而且与廊道的宽度、长度、物质组成和质量有关。如高速公路、铁路廊道会对动物的运动不利。

(三) 景观中植物的运动

植物不像动物那样，可以自由运动，但可靠其繁殖体，如种子、果实、孢子等，在风、水流或动物等媒介的作用下扩散和传播，在新的生境再繁殖，称为植物的迁移。

根据繁殖体传播的媒介，可把植物分为以下几类。①风播植物：以风力作用作为传播的主动力，如槭树（*Acer*）、杨（*Populus*）、蒲公英（*Taraxacum*）等。②水播植物：以水流作为传播动力的植物，如睡菜（*Menyanthes*），这类植物往往生长在水边，如河流岸边或海岸带。③动物传播型植物：主要靠动物食用植物的果实或携带植物的种子到其他地方达到传播的目的，如仓耳（*Xanthiuum*）、越橘（*Vaccinium*）、悬钩子（*Rubus*）等，这类植物多有浆果、肉质果实或带有钩刺等。④重力传播植物：主要是一些坚果类植物，在有一定坡度的地方，这类传播更重要。⑤自传播植物：如荚果爆裂开来时，把种子传播到很远的地方。人类也是植物传播的重要媒介，人类对植物的传播包括有意识有目的的传播和无意识的传播两种形式。前者主要是人类为了获取较高的经济效益或为了保护一些稀有的物种而进行的，植物传播一般是成功的。后者是在人类的迁移或运输过程中，无意识地把植物种子或花粉从一个地方带到另外一个地方，这种传播往往会带来严重的生态后果。

大范围的植物群在景观内的迁移形式有三种。一是植物群分布的边界在短时期内发生波动，通常是由于区域生态环境周期性变化而产生的。如草原地区年际降水量的不同，经常会产生植物分布范围在局部或小范围的扩张或收缩。二是长期的环境变化使植物种类趋向灭绝、适应或迁移。如我国北方历史时期广泛分布的一些热带物种在冰期后大部分消失了，而一些更北方的物种却迁移到这里。这种迁移过程虽然缓慢，但生态影响深远。三是一种植物到达一个新地区后，由于有适宜的生境，缺少限制性因素，便广泛传播，这就是物种的入侵。如当年侵入澳大利亚的仙人掌在短短几年内几乎毁掉了澳大利亚的主要牧草地。

二、水分与养分的运动

水分和养分在景观中的运移规律目前还不清楚，但水分和养分在生物中的循环与景观结构特征具有密切关系，合理的景观结构无疑有利于水分和养分的循环，有利于提高生物的生产力和改善区域生态环境。目前较为普遍的水土流失、土壤盐渍化、土地沙化等在一定程度上与区域的微景观结构失调有关。

（一）景观中水分与养分运动的形式

景观中水分和养分运动的形式有水平运动和垂直运动。

1. 水平运动

水分的水平运动主要表现为地表径流和地下径流。降水一部分被植被截留，另一部分被土壤吸收，然后经过下渗，进入土壤和岩石孔隙中，形成地下水。因此降水初期不会形成径流，当降水超过土壤下渗和植被截留以及填满地表洼地后，地表开始形成沿天然坡向流动的坡面漫流，当坡面漫流的水进入河道，沿河网向下游流动，最终进入大海或其他水体。在这个水文过程中，景观要素的作用非常重要。

养分的水平运动比水分在景观中的运动复杂，但常与水分的运动紧密地结合在一起。当养分溶于水时，养分随同水分一起流动，此时，养分的流动在很大程度上取决于水流的特性，当然景观结构对养分的流动也有较大的影响。养分主要来源于岩石和土壤中无机物的风化、溶解以及有机质的分解，随水分被植物吸收进行生物小循环，另一部分养分会随地表径流或地下径流进入海洋融入地质大循环。

2. 垂直运动

景观中水分和养分的垂直运动主要表现为土壤中的水分和养分被植物或农作物吸收，经过蒸腾作用挥发到大气中，又经过降水或降尘进入土壤（图 4-1）。

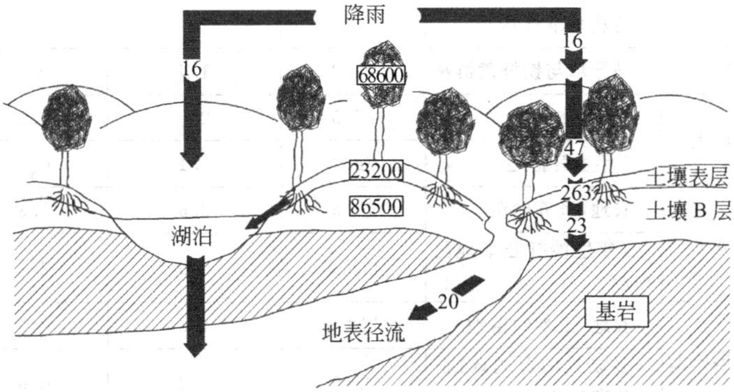

图 4-1 物质和养分在景观中的垂直循环过程（引自 Farina，1998；傅伯杰，2002）

（二）景观结构与水分和养分运动的关系

景观结构与水分和养分运动的关系十分密切，反映在两个方面：一是景观结构对水分和养分运动的影响；二是水分和养分运动对景观结构的影响。

1. 景观结构对水分和养分运动的影响

景观空间格局与生态过程的关系是景观生态学研究的核心问题之一，并在理论和实践上具有重要意义。

景观结构不同，产流和汇流条件就会不同，不仅影响生态水文系统内的水量平衡各要素的对比关系，同时也对暴雨洪水过程产生重要作用。如美国田纳西流域径流实验资料分析表明，当森林覆盖率为66%时，可削减洪峰量的5%～27%；当覆盖率为98.4%时，可削减70%～80%。在我国东北地区面积500～1000km^2 的中小流域，森林对洪峰的削减一般可达4/5～5/6，个别的可达9/10以上。但对大流域发生的特大暴雨，其作用不明显。另据陕西省延安地区黄龙水保站观测，有林沟与无林沟比较，地表径流减少78.4%，泥沙减少94%，树冠截留降雨15%～30%，降低洪峰流量70%。据内蒙古自治区准格尔旗五步进沟小流域1981～1989年观测，17°坡的裸地，每年每平方公里流失水量是3.35×10^{4}m^3，流失土壤2286t，而相同条件下人工草地分别为1.89×10^{4}m^3 和242t，人工草地减少地表径流41%，减少土壤流失98.5%。景观要素不同，对土壤入渗速率影响也很大。林地在有大量枯枝落叶积累的情况下，由于凋落物的腐烂分解、灌丛草本植物的茂密生长、土壤疏松、结构良好，稳定入渗率最大。天然草地或人工草地随着植株的生长发育，根系在土中交织缠绕，土壤容量增大，非毛管孔隙减小，土壤入渗率不大(表4-1)。

表 4-1 不同土地利用情况下土壤入渗能力比较（引自穆兴民等，2001）

测试地点	土壤类型	土地利用情况	前30min渗水总量/mm	前30min的平均渗透速率/(mm/min)	稳定渗透速率/(mm/min)	表层土壤容重/(g/cm^3)
甘肃合水连家岭林场	黑垆土	40～50龄山杨林地，林下多绣线菊、胡颓子、虎榛子、胡枝子、四季青等灌丛草本植物	465.8	15.5	10.6	0.79
	黄绵土	马牙草与铁杆蒿群丛	41.3	1.4	0.9	0.95
甘肃西峰市董志村	黑垆土	农地、休闲	87.5	2.9	1.5	1.18
		6年生苜蓿地	32.0	1.1	0.3	1.33
陕西吴起县铁边城	绵砂土	农地，黄芥幼苗	78.5	2.6	1.3	1.09
		9年生沙打旺草地已衰败	118.3	3.9	2.3	1.20
陕西黄龙县曹家塬	黏黑垆土	农地，玉米幼苗地	142.5	4.8	2.4	1.30
		多放牧的黄刺玫，铁杆蒿灌丛草地	35.5	1.2	0.6	1.29
山西离石县官道梁	黄绵土	农地，种莜麦	82.5	2.75	0.74	1.14
		5年生沙打旺人工草地	63.5	2.12	0.52	1.30

尹澄清等（1993）研究表明，在安徽巢湖附近六汉河小流域中，多水塘景观对

氮、磷流动有重要作用。认为流域内的村庄是氮、磷的最大净输出斑块，旱地和林地也是养分净输出斑块，水田在不同时间内表现为输入或输出，水塘是最大的净输入斑块。流域内的多水塘系统对氮、磷物质的截留率达95%以上，高于对水的截留率。李秀珍等（2000）在辽河三角洲的研究表明，灌渠-苇田系统对河水中氮的截留率为66%左右，对磷的截留率可达99%左右。美国马里兰州洳德河流域一集水区氮、磷循环见图4-2。

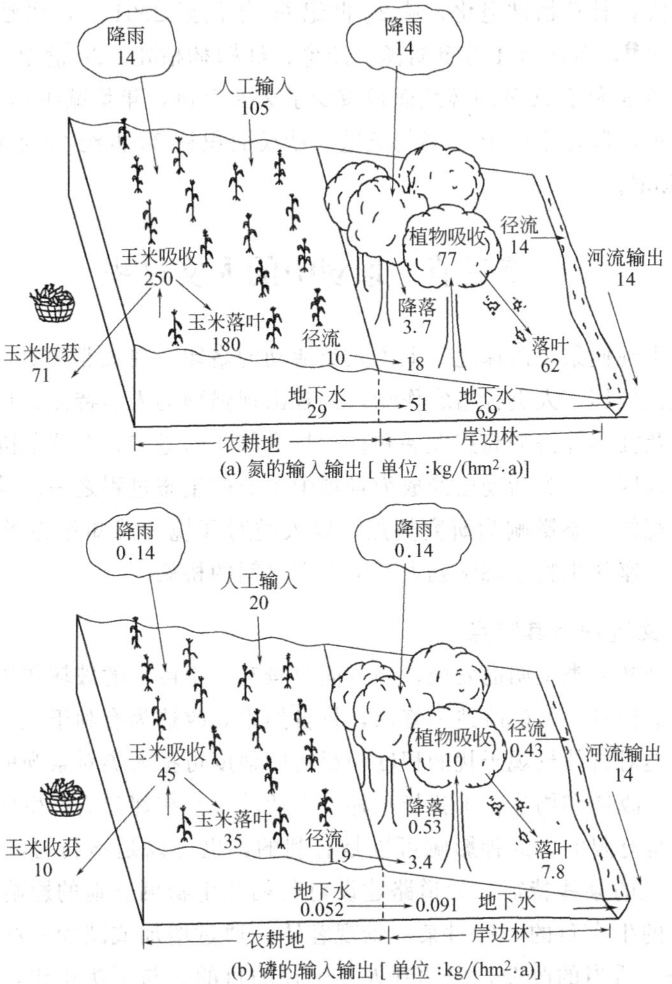

(a) 氮的输入输出 [单位 :kg/(hm²·a)]

(b) 磷的输入输出 [单位 :kg/(hm²·a)]

图 4-2　美国马里兰州洳德河流域一集水区氮、磷循环（引自傅伯杰等，2002）

2. 水分和养分运动对景观结构的影响

不仅景观结构对水分和养分运动有影响，而且水分和养分的运动对景观结构也有影响。如在干旱区，水流对景观影响很大，植被沿河分布；相反，当河水被上游拦截，下游无水时，沿河植被死亡，使下游景观发生变化。如内蒙古自治区额济纳旗的东西居延海，1944年农林学家董正均曾这样描述过：“湖滨密生芦苇，入秋芦花飞舞，宛若柳絮。马牛驼群，随处可遇。鹅翔天际，鸭浮绿波，碧水青天，马嘶雁鸣，缀以芦草风声，真不知为天上人间，而尽忘长征戈壁之苦矣。”然而，由于黑河水量的减少及中上游的引水灌溉，使黑河下泄水量剧减。中下游分界处的狼山水文站河段年均径流量由20世纪60年代的$5.34\times10^8m^3$减为$3.05\times10^8m^3$。全年河道断流期超过200天，西、东居延海在20世纪50年代分别为$267km^2$和$35km^2$，先后于1961年和1992年枯竭。随之，下游大小湖泊和泉水竭泽，地下水位大幅度下降，林草植被退化，从20世纪60年代至2001年，居延地区消失水域面积370万亩[1]，每年有4万亩胡杨、沙枣、红柳林枯死。20世纪80年代至1994年，植被覆盖度大于70%的林地面积减少了288万亩，年均减少约21万亩。而下游额济纳旗植被覆盖率小于10%的戈壁、沙漠面积从20世纪60年代到80年代则增加了$462km^2$。

第三节　景观中的人文过程

人类的出现使景观深深地打上了人类活动的烙印。在农业文明发达地区，更多的自然景观被破坏，人类种植农作物，景观出现强烈的人为特征。目前，随着人口的不断增长及社会经济的高速发展和科学技术的不断进步，全球范围内很难找到纯自然的景观地区。人类活动已经成为景观中主要的生态过程之一。景观生态学以人类活动对景观的生态影响为研究热点，以人类对环境的感知作为景观评价的出发点，构筑了一座从生物生态学到人类生态学之间的桥梁。

一、人文过程及其特点

人类活动和人类文明的发展，一方面对景观产生巨大的破坏作用，另一方面又对自然景观进行有目的的改造和修饰，将自然景观改造为有利于人类生存的景观。

根据人类对自然景观干扰的程度和影响的强度可把人类对景观的作用分为三个方面：干扰、改造和构建。干扰指某种人类活动对其相邻景观产生影响，这种影响的程度一般是有限的。这种影响可以是有利的，也可以是不利的，但一定程度上都改变了景观的某些特征，如道路建设对其相邻生物栖息地的影响。改造是指人类为了一定的生存目的，针对某一景观客体，通过增加或减少一些景观要素，对景观格局进行适当的改造，以达到人类生存的目的。与干扰相比，它对景观的影响程度要大，如防护林建设、自然保护区设计与建设。构建一般是为了人类某种特殊的目的，彻底改变原来的景观结构，在原地重新建造，如乡村建设、城市建设等。

景观中的人文过程具有以下特点。

---

[1] 1亩$=666.67m^2$。

1. 活动的目的性

人文过程是有目的的人类活动，人类所从事的社会经济活动以及对自然的改造活动都是有目的的行为，都是为了获取一定的利益，或是为了既定的目标，目的明确。

2. 后果的双重性

人类活动对景观的影响是巨大的，且这种影响的后果是有双重性的，即既有好的一面，又有不利的一面。而且往往不利的一面较多，较多的原因是由于没有按自然规律办事，或是对未来后果估计不足。人类在开发利用自然景观资源的同时，改变了原来景观格局和景观生态过程。如人类活动导致土地沙化、草场退化等。

3. 过程的强烈性

随着人口的增长、社会经济的发展以及科学技术水平的不断提高，人文过程越来越强烈，对景观的改变越来越大。

二、人类文明发展对景观的影响

人类文明的不同发展阶段对景观的影响是不同的。

人类最早的文明时期——石器时代，生产力低下，原始人类对自然界有强烈的依赖性，自然条件完全制约着人类的生存与繁衍，虽然出现了农耕文化，但当时人们崇尚自然，对自然景观破坏很小，这时对景观影响不大。

人类进入金属时代之后，生产出现了大的飞跃，同时，大面积农田、小型水利设施、居民点，道路大量涌现，人口的增加，对粮食需求的扩大，要求垦殖更多的土地。但当时生产力低下，环境的破坏只限于局部状态。

人类进入工业文明时代及现在的信息时代，科学技术日益发展，人类活动影响的范围也遍及全球，到处是大都市、高速公路、水坝等。大面积的自然景观消失以及景观的破碎化，人类活动给景观带来深刻的影响。

景观中的人文过程，对景观产生了巨大的影响，如城市化过程中，主要生态景观单元大量流失而且区际失调，景观结构单一化，城市地区景观破碎度增加，自然、半自然景观间的连接较差，通达性较低（陈彩虹和姚士谋等，2005）。

人文过程与文化有关，因而文化与景观有着一定的联系。

三、景观与文化

文化指任何社会的总体生活方式，包括社会行为、知识、艺术、宗教、信念、道德、法律、传统、规范、风俗习惯以及人作为社会成员所获得的任何其他能力。文化是人类社会生活的产物，没有社会也就没有文化，所以这些总体生活方式即文化是后天获得的，不仅在同代各成员中传播，而且代代相传。从本质上讲，文化是区别人类和其他动物的东西，它可分为三个层次：第一，物质方面的层次，即物质文化，指的是人类的一切物质产品；第二，心理方面的层次，即精神文化，指的是人的思想、意识形态和传统；第三，是上述二者的统一，即物化了的心理和意识化了的物质，称之为制度文化和行为文化。这三个层次相互影响相互制约形成文化发展的内在机制。

人类不仅生活在自然地理的生态景观空间中，也生活在由信息圈、社会圈和心理圈等这些人类圈的组成部分所构成的概念空间之中，这个概念空间的发展是数百万年来人类文化发展的结果。在人类文化发展进化过程中，通过大脑皮层的生物进化和后来的智能进化，“人类技艺”已成为巨大的地质力量，它通过建设和破坏作用于景观。所以人类文明出现后，不可避免地把文化积累反映在对景观的影响中。文化对景观有着深刻的影响，不论是半自然的农村景观还是全人工化的城市景观，都是不同程度文化景观的体现，反映了人类在自然环境影响下对生产和生活方式的选择，同时也反映了人类对精神、伦理和美学价值的取向。作为现在的全球生态圈景观，不仅反映了地圈和生物圈中的自然的与生物的特点，而且反映了整个历史时期形成景观的那些无形的智慧圈的文化特点。文化既是一种资产，也是一种负债，当风俗习惯、偏爱、道德文化内容的共有准则与自然规律相符时，当这些准则所产生的高水平的合作、交流及共同决策符合生态持续发展的要求时，它便是一种资产，否则是一种负债。

文化与景观的关系是相互的，文化不仅改变着景观，而且通过景观来反映，景观也影响着文化。

文化建造景观，就是人们根据自己对环境的感知、认识、美学准则、信念等文化背景来建造各种景观。反过来说，景观反映文化。如北京的四合院、陕北的窑洞、徽州民宅、福建土楼、广西竹楼等，都是集中于土生土长的乡村之中，伴随着农耕文化的发展而生长起来的村寨和住宅。它们都反映了顺应自然、为我所用的生态内涵，反映了人与建筑、人与环境相互交流感情，使人产生归宿感、聚合感、安全感、交往亲切感、秩序感和领域感的情态内涵。

在文化建造景观的同时，景观影响着文化。文化特征是与一定的景观特征相联系的。如中国传统文化特征与中国的自然环境特点密切相关。相对于北半球文明带而言，中国的地理位置居于东端一隅，且其地理环境又为高山、大沙漠和海洋所包围，因而显得相对封闭、孤立，但其内部腹地辽阔、资源丰富，因而在无求助于别人的情况下，独立地创造了具有自己特色的农业文明。这一切使得中国传统文化的气质具有典型的内向型特征，而与流动、开拓、冒险的游牧文化和商业文化显著不同。同时，中国幅员辽阔，资源丰富，季风气候有利于发展农业生产，所以中国人惯于自食其力，不喜欢罪恶、战争、动乱和震荡，他们追求的是一个和谐理想的社会，追求的是“天人合一”、知行统一、情景交融的真、善、美的社会，从而形成了中国文化和谐的风格（王会昌，1992）。

Nassauer（1995）提出了四条文化原理，来阐述文化与景观的关系以及文化在景观形成中的作用。这四条文化原理如下。

原理 1：人的景观感知、认识和准则影响景观，并受景观影响。

感知就是对景观的直觉理解。每一个人都在一定的景观中生活，由于景观和原来文化背景的影响，在人们的头脑中必然形成一种印象，这种对景观的印象就是感知。认识是对信息进行组织、储存和回忆的方式，感知和认识都显示出文化的影响。准则是人们所持有的信念，是评价事物的标准。准则影响着感知和认识。人们对景观的喜好，显然是利用了感知、认识和评价（根据准则所进行的）这三个相互联系的过程。

原理 2：文化习俗强烈地影响着居住景观和自然景观。

文化习俗直接影响着人们对景观的注意力，影响着人们对有趣景观的发现以及对景观的偏爱，习俗也直接影响着人们创造景观，尤其是创造本地景观的行为。

原理 3：自然界的文化概念不同于科学的生态功能概念。

自然景观体现了生态质量，自然界的文化概念与科学的生态功能概念不同。也就是说，对自然界的文化感知与自然界的生态功能是两码事。对自然界的文化感知是主观的，而生态功能是客观的。如看起来像是美丽的自然界的景观很可能是一个受到污染的景观，而看起来是一块被人们忽略的废弃土地，可能是一个丰富的生态系统。如果把文化感知和生态功能混为一谈，就会容易使人们对看起来好像是自然的景观的质量产生自满感，容易使人反对在看起来很不自然的景观处进行景观生态的保护。要改善景观的生态功能，景观生态学家必须认识到自然界的文化感知和生态功能无关。

原理 4：景观外貌反映文化准则。

人们是按其对自然界的认识、按其美学追求以及各种需求、社会习俗等文化因素来建造或改变景观的。因而，除纯自然景观外，景观的外貌在一定程度上反映了人们的文化准则。景观所反映的文化准则经常是相互矛盾的，如今日的美国，生态质量受到重视，但是，同样，财富、整洁和安全也受到重视。整洁有助于产生均质的景观结构和简单的生态系统，而安全则导致消除植被，因为植被能够隐藏攻击者。

这些原理有助于人们理解景观中的人文过程。由于文化具有地域性，因而景观中的人文过程亦有地域性。

第四节　景观破碎化

一、景观破碎化过程

景观破碎化过程是指由于自然或人文因素的干扰所导致的景观由简单趋向复杂的过程，即景观由单一、均质和连续的整体趋向于复杂、异质和不连续的斑块镶嵌体（王宪礼，1996）。景观破碎化是生物多样性丧失的一个最主要原因。由于人类活动，使原来完整的景观被分割成大大小小的许多个斑块，形成破碎化的景观。一些要求较大生境的物种，在破碎化的景观中由于找不到合适的栖息地、足够的食物和运动空间而面临更大的外界干扰压力。适应在大的整体景观中生存的物种一般扩散能力都很弱，所以最易受到破碎化的影响。

二、景观破碎化的生态意义

（一）景观破碎化与生物多样性

景观的破碎化会给当地的生态过程带来不同的影响。破碎化过程取决于人类的土地利用，反之，土地利用又受到破碎化速率的影响（赵羿，2001)。景观的破碎化使斑块对外部干扰表现得更加脆弱，如风暴和干旱会威胁这些斑块的存在和物种多样性的保护。

破碎化对许多生物物种和生态过程有负面影响。破碎的斑块愈小，种群密度降低程度愈大，灭绝的速率愈大。景观的破碎化意味着地理上的隔离，物种灭绝之后在定殖的概率取决于主要核心区与碎块间的距离以及周围生境的质量。

破碎化对生物的影响主要取决于特殊种对破碎化的认知程度。不同的物种以不同的方式认知景观的破碎化。普通种与特殊种相比，较少受到细粒破碎化的影响。破碎化减少了特殊种的栖息地，却对普通种的存在较为有利。

某些物种对生境的大小极为敏感，称为面积敏感型物种。美国肯塔基州的一些内部物种如鸣禽和灶鸟，因为景观破碎化，其数量不断下降。热带雨林的生物对破碎化较为敏感，雨林内 $80m^2$ 的空旷区足可构成对大型哺乳动物、昆虫和生活在碎块下层林木中鸟类生存的障碍。大多数昆虫物种、哺乳动物和鸟对碎块大小的敏感面积分别为 $1hm^2$、$10hm^2$ 和 $100hm^2$（Bierregaard 等，1992）。研究表明，具有高存活率的种往往最能忍受生境的破碎化，生境破碎化使一年生物种比多年生物种更易于灭绝。

Kattan 等（1990）研究了美国哥伦比亚 San Antonio 高地森林景观破碎化对鸟类物种多样性的影响，他比较了 1911 年与 1959 年、1963 年、1989 年—1990 年鸟类的普查资料，结论是，由于景观破碎化，有 24 种鸟类消失了。主要是景观破碎化后，这些物种所需要的生物地理环境以及觅食结构复杂性发生变化的结果。

（二）景观破碎化与异质种群动态

景观破碎化使得一个较大的生物种群被分割成为许多小的局部种群（local population)。由于破碎化的栖息生境的随机变化，致使那些被分割的小的局部种群随时都有可能发生灭绝，但同时由于个体在破碎化的栖息地，或者说是在生境斑块之间的迁移作用，又使得那些还没有被占据的生境斑块内有可能建立起新的局部种群。著名生态学家 Levins 在 1969 年首次提出了异质种群（meta population）这个词。根据 Levins 的定义，异质种群是指斑块生境中一组同种局部种群的集合体。这些小的局部种群在空间上相互隔离，彼此间通过个体扩散而相互联系，各局部种群不断的灭绝又不断的迁入重建，当迁入重建率大于灭绝率时，这种斑块分布的种群就能长期生存。异质性种群维持主要靠其繁殖传播能力并与生境斑块面积显著相关（Pearson 和 Scott，1997）。

三、景观破碎化测度

景观破碎化程度可用景观破碎化指数来衡量。景观破碎化指数有三个：景观斑块数破碎化指数、景观斑块形状破碎化指数和景观斑块内部面积破碎化指数。

景观斑块数破碎化指数为：

$$FN_1=\frac{(N_p-1)}{N_c}$$

$$FN_2=\frac{MPS(N_f-1)}{N_c}$$

式中，FN_1 和 FN_2 是两个某一景观类型的斑块数破碎化指数；N_c 是景观栅格格式的景观图中网格的总数；N_p 是景观中各类斑块的总数；MPS 是景观中各类斑块的平均斑块面积（以方格网的格子数为单位）；N_f 是景观中某一景观类型的斑块总数。

景观斑块形状破碎化指数为：

$$FS_1=\frac{1-1}{MSI}$$

$$FS_2=\frac{1-1}{ASI}$$

$$MSI=\frac{\sum_{i=1}^{N}SI(i)}{N}$$

$$ASI=\frac{\sum_{i=1}^{N}A(i)SI(i)}{A}$$

$$SI(i)=\frac{P(i)}{[4\sqrt{A(i)}]}$$

$$A=\sum_{i=1}^{N}A(i)$$

式中，FS_1 和 FS_2 是两个某一景观类型的斑块形状破碎化指数；MSI 是景观斑块的平均形状指数；ASI 是用面积加权的斑块平均形状指数；$SI(i)$ 是景观斑块 i 的形状指数；$P(i)$ 是景观斑块的周长；$A(i)$ 是景观斑块 i 的面积；A 是该景观类型的总面积；N 是该景观类型的斑块数。

这里的 $SI(i)$ 的计算是以正方形为标准的形状指数。

景观斑块内部面积破碎化指数为：

$$FI_1=\frac{1-A_i}{A}$$

$$FI_2=\frac{1-A_1}{A}$$

式中，FI_1 和 FI_2 是两个某一景观类型斑块内部面积破碎化指数；A_i 是景观内部的生境面积；A_1 是某一景观类型最大斑块面积；A 是某一景观类型总面积。

第五节　景观连接度

一、景观连接度的概念

景观连接度（landscape connectivity）最先由加拿大生态学家 Merriam（1984）提出，它是测量景观生态过程和生态功能的一种指标。Forman 和 Godron（1986）定义景观连接度为：景观连接度是描述景观中廊道或基质在空间上如何连接和延续的一种测定指标。Phillip（1993）进一步把景观连接度解释为描述景观要素对生物体在不同生态斑块间迁移和觅食的有利或不利程度。Baudry（1984）提出了景观连通性（connectedness）的概念，分析了景观连接度和景观连通性的区别。认为连通性是指景观元素在空间结构上的联系，而景观连接度是景观中各元素在功能上和生态过程上的联系。图 4-3 表示的是景观结构对连通性的影响。笔者认为，景观连接度是对景观空间单元之间连通性的生物学度量，包括结构连接度与功能连接度两个方面。前者指景观单元在空间上表现出的连续程度；后者则是以所研究的生态学对象或过程的特征尺度来确定，如种子传播距离、动物取食和繁殖活动的范围等。

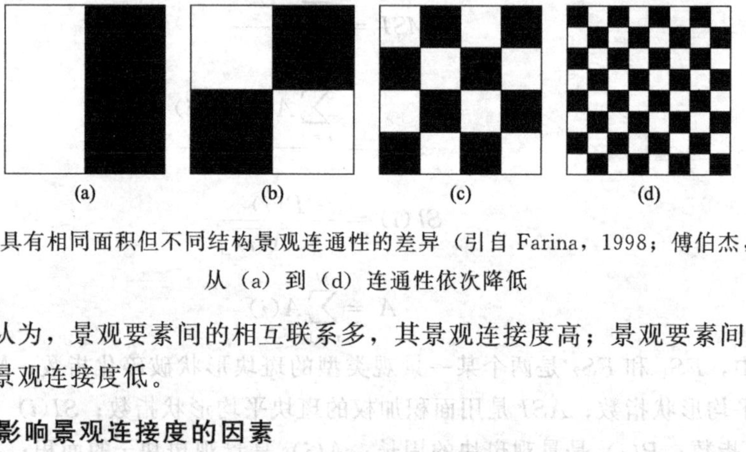

图 4-3　具有相同面积但不同结构景观连通性的差异（引自 Farina，1998；傅伯杰，2002）
从（a）到（d）连通性依次降低

通常认为，景观要素间的相互联系多，其景观连接度高；景观要素间的相互联系少，则景观连接度低。

二、影响景观连接度的因素

景观连接度侧重于反映景观功能，是测定景观组分在空间上的功能联系特征的参数。因此，景观连接度不仅与景观的空间结构有着密切的关系，而且与研究的生态过程和研究对象有关。影响景观连接度的因素如下。

（1）组成景观的要素和空间分布格局　景观的结构决定着功能，因此景观要素的空间分布状况、斑块的大小和形状、同类斑块间的距离及其相互关系，以及斑块、廊道、基质之间的关系等景观结构状况都会影响景观连接度水平。

（2）生态过程　不同的生态过程，运动变化的机理不同。因此，对某一结构的景观而言，研究的生态过程不同，表现出连接度的不同。

(3) 研究的对象和目的　研究的对象和目的不同，则关注的生态学过程不同，因而其连接度也会不同。

三、景观连接度与连通性的关系

景观连接度是对景观功能特征的测定，而景观连通性是对景观结构特征的测定。景观连通性只与景观元素的空间分布有关；而景观连接度不仅与景观元素的空间分布特征有关，而且与生态过程和研究目的有关。具有较高的连通性，不一定有较高的景观连接度。如连通较好的道路网，对物质和能量交换来说，具有较高的连接度；但对于物种迁徙、交换具有阻挡作用，具有较差的景观连接度。

对生物群落来说，景观连接度是描述不同生物群落单元或生物栖息地之间在生态过程上的联系。因此可以通过研究不同生物栖息地之间的景观连接度水平分析生物群落之间的相互作用和联系，进而通过改变廊道的数量或质量（实质上是改变连接度）来促进生物多样性的保护。如当一个斑块上的生物个体数量低于生物生存的最低维持量，面临灭绝时，而另一斑块上生物个体的数量高于最低维持量而又低于某一特定的数目时，如果两个斑块之间存在较高的连接度，则两者之间交换的结果将导致两个生物群落的同时灭绝，只有当第二个斑块上生物个体的数目大于这一特定值时，两个斑块上的生物群落才能同时生存。因此，在前一种情况下，要么两个斑块上的生物群落同时灭绝，要么切断两个斑块之间的连接，保护一个斑块上的生物群落，放弃对另外一个斑块的保护。

第六节　“源”“汇”景观理论

陈利顶等（2006）基于大气污染中“源”“汇”的基本理念，在有关研究的基础上，提出了“源”“汇”景观概念和理论。认为自景观生态学概念提出以来，景观格局指数与定量评价方法得到了迅速发展，产生了各种各样的指数和景观格局分析模型。但是大多数研究工作停留在景观格局指数的计算与分析上，对于这些格局指数的内涵重视不够。由于景观格局指数受到不同景观类型空间分布的影响，仅仅从数量关系上计算出来的指数往往无法真正反映格局的生态效应。尽管景观生态学重视格局和过程的关系，但是在景观格局指数的实际研究中往往缺乏深入探讨。这些景观格局指数往往难以较好地反映过程的作用。“源”“汇”是大气污染研究中常用的方法，清楚地反映了大气污染物的来源和去向。景观生态学中研究格局与过程的关系时，可以借用“源”“汇”的观念，达到把格局和过程有机结合在一起的目的（陈利顶等，2006）。

一、“源”、“汇”景观的概念

“源”是指一个过程的源头，“汇”是指一个过程消失的地方。在景观生态学中，如何区分“源”景观和“汇”景观，应该结合具体的过程进行分析。“源”景观是指在格局与过程研究中，那些能促进生态过程发展的景观类型；“汇”景观是那些能阻止延缓生态过程发展的景观类型。然而，由于“源”、“汇”景观是针对生态过程而言，在识别时，必须和待研究的生态过程相结合。只有明确了生态过程的类型，才能确定景观类型的性质。例如，对于非点源污染来说，一些景观类型起到了“源”的作用，如山区的坡耕地、化肥施用量较高的农田、城镇居民点等；一些景观类型起到了汇的作用，如位于“源”景观下游方向的草地、林地、湿地景观等，但同时一些景观类型起到了传输的作用。对于水土（养分）流失来说，“源”景观将是径流、土壤和养分流失的地方，如果在“源”景观下游缺少“汇”景观，那么由“源”景观流失的水土和养分将会直接进入地表或地下水体，形成非点源污染。对于大气温室气体排放来说，释放 CO_2、CH_4 等温室气体的景观类型，如城镇居民地区，可以称为 CO_2 的“源”景观；对于城镇地区具有吸收 CO_2 的草地、城市林地等绿地景观，应该是城市地区 CO_2 的“汇”景观。对于生物多样性保护来说，能为目标物种提供栖息环境、满足种群生存基本条件，以及利于物种向外扩散的资源斑块，可以称为“源”景观；不利于物种生存与栖息，以及生存有目标物种天敌的斑块可以称为“汇”景观。“源”“汇”景观是相对的，但对于特定生态过程而言是明确的（陈利顶等，2006）。

比较“源”、“汇”景观，可以发现以下特点。

（1）“源”、“汇”景观在概念上是相对的　只有融合了过程的研究，景观格局分析才有意义。“源”、“汇”景观理论的提出就是针对目前景观生态学研究中对过程考虑不足，结合特定生态过程，通过对不同景观类型赋予过程的内涵。因此，在分析一种景观类型是“源”景观，还是“汇”景观时，必须首先明确需要研究的生态过程。对于同一种景观类型，针对某一种过程可能是“源”景观，对于另外一种生态过程，可能就是“汇”景观。判断它是“源”景观，还是“汇”景观类型，关键在于对所研究过程的作用，是正向的，还是负向的？对于农田生态系统类型，由于有大量化肥和农药投入，相对于非点源污染来说，就是一种“源”景观类型；但由于作物生长可以从大气中吸收大量的 CO_2，那么它在陆地碳循环过程中，就起到了“汇”景观的作用。

（2）“源”、“汇”景观的识别需要与研究的过程相关联　“源”、“汇”景观的根本区别在于，“源”景观对于研究的生态过程起到了正向推动作用，“汇”景观类型对研究的过程起到了负向滞缓作用。“源”、“汇”景观的定义对于不同的研究过程可能发生转变。在进行景观格局分析中，如果没有明确生态过程，“源”、“汇”景观将无法确定。

（3）“源”、“汇”景观对生态过程中的贡献是有区别的　对于不同类型“源”（或“汇”）景观，在研究格局对过程的影响时，需要考虑它们的作用大小。对于“源”（“汇”）景观来说，即使是同一类“源”（“汇”）景观类型，也需要进一步考虑它们对过程的不同贡献。如农田、菜地、果园，对于农业非点源污染来说，均是“源”景观类型，但是它们在非点源污染形成过程中的贡献不同；同样对于林地和草地，尽管对于非点源污染均是“汇”景观类型，它们在截留养分方面的作用也不同（陈利顶等，2006）。

二、“源”“汇”景观理论的生态学意义

“源”“汇”景观理论的提出主要是基于生态学中的生态平衡理论，从格局和过程出发，将常规意义上的景观赋予一定的过程含义，通过分析“源”“汇”景观在空间上的平衡，来探讨有利于调控生态过程的途径和方法（陈利顶等，2006）。

“源”“汇”景观理论可以应用于以下研究领域。

（一）“源”“汇”景观格局设计与非点源污染控制

根据“源”“汇”景观理论，在地球表层存在的物质迁移运动中，有的景观单元是物质的迁出源，而另一些景观单元则是作为接纳迁移物质的聚集场所，被称为汇。同样，对于污染物来说，不同的农田景观类型也可以被看作不同的“源”、“汇”景观。如果能够在流域生态规划中合理地设置这些“源”、“汇”景观的空间格局，就可以使非点源污染物质在异质景观中重新分配，从而达到控制非点源污染的目的（陈利顶等，2006）。

非点源污染，尤其是水体的富营养化，归根结底是养分在时空过程上的“盈”“亏”不平衡造成的。降低非点源污染形成危险的最可靠方法是控制污染物（养分物质）来源，将非点源污染物的排放控制在最低限度。控制养分进入水体的途径有两个方面：其一是力求使养分在每一个景观单元上达到收支平衡，如此将不会产生富余的营养污染物；其二是让养分元素在空间上（进入水体之前）达到平衡状态，这样可以通过景观合理布局有效地截留进入水体的养分元素。因此，可以通过探讨不同景观类型在空间上的组合来控制养分流失在时空尺度上的平衡，从而降低非点源污染形成的危险性（陈利顶等，2006）。

非点源污染研究的对象是要保护水体，如湖泊、河流、海洋等，涉及的关键过程是养分的流失。因此在进行水体非点源污染危险性评价时，首先需要以水体作为研究对象，通过评价水体上游各种景观类型在养分流失中的作用，进行“源”“汇”景观分类，并通过建立相应的评价方法，分析区域“源”“汇”景观空间分布格局对水体的影响（陈利顶等，2006）。

（二）“源”“汇”景观格局设计与生物多样性保护

生物多样性的保护关键在于对濒危物种栖息地的保护，只有保护好物种生存的栖息地，才能有效地保护目标物种。如果将物种栖息地斑块与周边的资源斑块看作是目标物种的“源”景观，那么在区域中不适合目标物种生存的斑块，如人类活动占据的斑块、天敌占用的斑块等，在一定意义上可以认为是目标物种的“汇”景观。评价一个地区景观格局是否有利于目标物种的生存和保护，可以通过评价目标

物种生存斑块与周边斑块之间的空间关系。如果目标物种的栖息地周边分布有更多的资源斑块，那么这种景观格局应该更有利于目标物种的生存；如果周边地区分布有较多的“汇”景观，那么这样的景观格局将不利于目标物种的保护和生存。由此，可以通过“源”“汇”景观评价模型，通过分析不同景观类型相对于目标物种的作用，评价景观空间格局的适宜性（陈利顶等，2006）。

（三）“源”“汇”景观格局设计与城市热岛效应控制

城市生态系统是一个人类高度胁迫下的生态系统类型。随着城市规模的不断扩大，像城市热岛效应、交通拥挤等城市病日益严重，其根本原因在于城市景观格局的不合理。城市热岛效应和交通拥挤的出现，在一定程度上可以认为是城市景观中“源”“汇”景观空间分布失衡造成的。城市景观类型包括灰色景观（人工建筑物，如大楼、道路等）、蓝色景观（如河流、湖泊等）、绿色景观（如城市园林、草坪、植被隔离带等），不同的景观类型在城市的热岛效应中所起的作用明显不同。城市热岛效应主要是由于灰色景观过度集中分布引起的，可以看作热岛效应的“源”，而蓝色景观、绿色景观可以起到缓解城市热岛效应的作用。但是由于城市土地资源的有限性，蓝色景观和绿色景观的发展受到较大限制。为了减少城市热岛效应，如何在有限的土地资源条件下，合理布置各种景观类型空间格局将至关重要（陈利顶等，2006）。

对于一个城市来说，当然是蓝色景观和绿色景观的面积越大越好，但是当蓝色和绿色景观面积一定时，如何进行各种景观的科学布局达到最佳功效将十分重要。在实际中，人们会常常感觉到，一些蓝色景观集中分布的地区气温肯定比灰色景观地区低出许多。尽管可以为城市居民提供一个舒宜的休闲环境，但是却未能对其他地区的热岛效应起到减缓作用。在研究城市热岛效应时，应根据热岛效应的“源”与“汇”特征，从空间上调控灰色景观、蓝色景观和绿色景观，将会有效地降低城市热岛效应的形成（陈利顶等，2006）。

第五章　景观动态变化

变化是自然界永恒的规律，也是人类改造自然的一种必然结果。景观在时刻发生着变化。景观的变化有长期的，也有短期的。绝对的稳定是不存在的，稳定只有相对的意义，也就是说，变化是绝对的，稳定是相对的。

第一节　景观稳定性及其测度

一、稳定性的概念

自 20 世纪 50 年代生态系统稳定性（McArthur，1955；Elton，1958）概念被提出以来，稳定性一直是生态学中颇受关注的一个问题。稳定性概念很多，使用频繁，但由于人们往往从不同的角度对其进行发展和补充，使得许多概念看来相似，却有区别，容易引起混淆，因而目前使用相当混乱（刘增文和李素雅，1997；赵羿和李月辉，1999；蔡晓明，2000）。常见的关于稳定性的概念（刘增文和李素雅，1997；蔡晓明，2000；傅伯杰等，2001）如下。

(1) 恒定性（constancy）　指生态系统的物种数量、群落生活型或环境的物理特征等参数不发生变化。可见这是一种绝对稳定的概念，这种稳定在自然界几乎不存在。

(2) 持久性（persistence）　指生态系统在一定边界范围内保持恒定或维持某一特定状态的历时长度。这是一种相对稳定的概念，且根据不同的研究对象，稳定水平也不同。

(3) 惯性（inertia）　指生态系统在风、火、病虫害以及食草动物数量剧增等扰动因子出现时保持恒定或持久的能力。

(4) 弹性（resilience）　指生态系统缓冲干扰并仍保持在一定阈限之内的能力，或称为恢复力。

(5) 恢复性（elasticity）　与弹性同义。

(6) 抗性（resistance）　或称抵抗力。描述生态系统在受到扰动后产生变化的大小。也就是衡量生态系统对敏感性的大小。

(7) 变异性（variability）　描述系统在受到扰动后种群密度随时间变化的大小。

(8) 变幅（amplitude）　生态系统可被改变并能迅速恢复原来状态的程度。

由此可见，稳定性包括了两个方面的含义（刘增文和李素雅，1997）：一是系统保持现有状态的能力，即抗干扰的能力；二是系统受干扰后回归该状态的倾向，即受干扰后的恢复能力。

在谈到景观稳定性时，多是借用生态系统稳定性的概念。如抗性、持久性、弹性、脆弱性等。如 Forman（1986）把景观稳定性表达为抗性、持续性、惰性、弹性等多种概念。E. Neef（1974）把景观稳定性归结为某种惯性：①当动态系统改变时，一种现象有能力在新环境内存在；②在系统自然变化框架内，某种现象可以在能恢复其生存能力的区域内消失，形成某种遗迹，当系统动态变化了，该遗迹又重新复活。徐化成（1996）把景观的稳定性归纳为持久性、恢复力和抵抗力。肖笃宁（1989，1999）认为，关于景观稳定性有必要澄清稳定性和持续性这两个不同的概念，稳定性是指一个系统对干扰或扰动的反应能力，而持续性是指系统保持不变的时间长短。同时认为，对景观的稳定性可从 4 个方面来分析和衡量：①景观基本要素具有再生能力；②景观中的生物组分保持物质平衡；③景观空间结构的多样性和复杂性有助于保持功能的稳定性；④人类活动的干扰影响未超出景观自然稳定性的承受能力。赵羿等（1999，2001）认为，景观之所以稳定是由于景观熵的累积，即熵升高的结果。如暖温带一块原始的裸地自然景观，与当地的气候、土壤、地貌相适应，其变化过程为草地景观，灌木—草地景观，最后转化为乔—灌—草组合的景观类型。景观内的物种在不断地增加，植物群落组成的斑块由大到小，最后转化为混杂均匀分布，有序变成无序。当看不到水平结构异质性时，植物群落变为顶极群落，相应的景观也进入了稳定阶段，此时景观的熵值最大。并认为，有关表征景观稳定性的各个术语，仅仅是表示了景观稳定性的某一个方面的特征，并不能对景观的稳定性做出总体评价，例如，用恢复和抗性两个指标结合起来衡量景观稳定性，在某些时候会出现混乱，比如，一个景观抗干扰能力强，但遭破坏后恢复慢，另一个景观抗干扰能力弱，但受干扰后恢复快，这时就很难判断哪一个景观稳定性强。傅伯杰等（2001）认为，景观的稳定性可以从两个方面来理解：一是从景观变化的趋势看景观的稳定性；另一种是从景观对干扰的反应来认识景观的稳定性。

（一）景观变化与景观稳定性

Forman 和 Godron（1986）把景观随时间的变化总结为 12 条曲线（图 5-1），并认为如不考虑时间尺度，景观随时间变化的趋势可由三个独立的参数来表征：①变化的总趋势；②围绕总趋势的相对波动幅度；③波动的韵律（规则或不规则）。

景观参数可以是景观生产力、生物量、斑块的形状或面积、廊道的宽度、基质的空隙度、生物多样性、网络发育情况、演替速率、景观要素间的流等。

可以运用视觉观察或统计方法确定景观变化属于上述 12 条曲线中的哪一类。一般来说，首先应找出景观参数的观测值是否能用一条回归直线来表示，也就是确定景观变化的大致趋势，然后确定波动幅度的大小以及直线上下观测值的变化是否规则等。

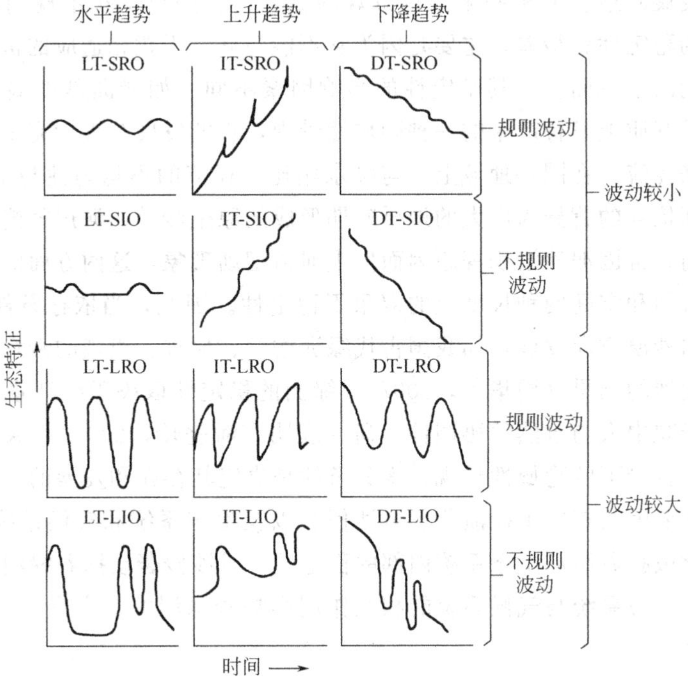

图 5-1 景观变化的 12 条曲线

这些曲线都包括 3 种基本特性——总趋势、波动幅度和波动韵律。图上英文字母为 3 种基本特性类型的缩写，如 LT-SRO 表示水平趋势，较小的有规则波动；DT-SIO 表示下降趋势，较小的不规则波动（引自 Forman 和 Godron，1986；肖笃宁等，2003）

所有景观都受气候波动的影响，因此，在短期的季节变化内，景观特征参数也会上下波动，另外，多数景观具有长期变化的趋势，如演替过程中生物量的不断增加或随人类影响的增强，景观要素间的差别增大等。所以，从全球来看，如果景观参数的长期变化呈水平状态，且其水平线上下波动幅度周期性具有统计特征，则景观是稳定的。可见，只有呈水平趋势、小范围（或大范围）但有规则波动的变化曲线是稳定的（图 5-1 中的 LT-SRO 和 LT-LRO 曲线）。

（二）干扰与景观的稳定性

作为对干扰的反应，稳定性就是恢复和抗性的产物。抗性是指系统在环境变化或现在干扰下抵抗变化的能力。恢复就是指系统发生变化后恢复原来状态的能力。如果干扰在系统中只能引起较小的总体变化，表明景观的抗性强，则景观稳定。如果景观受到外界干扰后，能恢复到原来状态，景观就是稳定的，且恢复的时间越短，稳定性越大。傅伯杰等（2001）认为，景观是干扰的产物。景观之所以稳定，是因为景观建立起了与干扰相适应的机制。不同的干扰频度和规律下形成的景观的稳定性不同。如果干扰的强度很小，而且干扰规则，景观就能够建立起与干扰相适应的机制，从而保持景观的稳定性。如果干扰强度大，但干扰经常发生且可预测，景观也可发展起适应的机制来维持景观的稳定性。如果干扰不规则，且发生频率低，景观的稳定性就最差，主要是因为它不能建立与干扰相适应的机制。

对不同的景观而言，其稳定性的影响因素不同。如绿洲是极端干旱气候条件下，在荒漠基质上发育起来的一种隐域性景观，它的发展与维持完全依赖于更大尺度上的外来径流。在同一地域上，与降水相比，径流的不均匀性与不稳定性更大；另外，绿洲依存的背景为广大的地质时期形成的原生沙漠，河川径流在流经荒漠到达绿洲之前，常因泥沙淤积等原因而发生河道摆动现象，这两方面的原因共同促成了绿洲在时间和空间两种尺度上的双重不稳定性。因此，当依存条件发生变化时，绿洲常常向沙漠方向发展，如我国古代绿洲楼兰、尼雅、黑城的衰亡在很大程度上就是这种发展的结果（周华荣，2007）。绿洲的稳定性取决于绿洲景观内外部环境以及绿洲景观中人与自然的协调性。研究表明（潘晓玲，2001），绿洲作为发育在干旱气候大背景下的隐域性景观，水分条件是决定其存在和发展的。影响绿洲景观稳定性的重要因素有次生盐渍化、风沙侵袭以及生态系统和气候系统的相互作用。次生盐渍化威胁着绿洲生态系统内部的稳定性，风沙侵袭动摇着绿洲生态系统外部的稳定性，生态系统与气候系统的相互作用影响着绿洲的效率及稳定性（周华荣，2007）。

二、景观要素稳定性

景观是由景观要素构成的。景观的稳定性本质上是景观各要素稳定性的综合体现（赵羿和李月辉，1999，2001）。景观由气候、地貌、岩石和土壤、植被、水文等要素组成，因而景观的稳定性与它们有关。但各要素的变化是不同的。

气候有两种变化：周期性变化和非周期性变化。前者如一年四季、白昼黑夜的变化，有规律可循。后者是一些无规则的变化，常产生景观的异常。

一般来说，大的地貌形态，如高山、平原等的变化时间尺度长，一般按地质年代计。除河口、海岸带冲洪积地貌，海积作用活跃的地貌，黄土高原侵蚀严重的地貌，以及活火山地貌等变化较为明显外，人的一生内是看不到沧海桑田的巨变的，所以在研究景观的稳定性及动态变化时，认为地貌是稳定的。

地表被植物覆盖的地面是由岩石和土壤组成的，地球表面岩石遭受风化的历史超过30亿年，但岩石表面风化壳的厚度最大不超过150m，生成1cm厚的土壤大约需上千年或更多的时间，现代形成的土壤一般不超过20000年。但土壤的抗侵蚀力极脆弱，如撒哈拉沙漠平均1年要吹掉1mm的细土层。流水侵蚀对土壤破坏更剧烈。如我国每年水土流失造成的土壤损失超过50亿吨，相当于把全国耕地每年削去1cm厚的土层。因此，在风沙弥漫的沙漠、侵蚀剧烈的黄土高原等地表侵蚀强烈的地区研究景观稳定性时，需要考虑岩石、土壤要素的变化。除此之外，对其他多数地区来说，岩石和土壤在植被覆盖下，被视为稳定要素。

植被的变化同气候一样也有周期性和非周期性变化。不同植物从种子萌发到开花结果，再到死亡完成其生命周期，需一年、多年或更长时间，形成某种时间节律。引起植被周期性的稳定变化。在遭受自然和人为干扰后，植被不能按正常周期变化，需经一相当长时间的恢复，这时，植被被认为是失去了稳定性。

地表水是景观中最为活跃的组分。水流在景观中起廊道的作用，在某些时候作为强大的自然干扰，对景观具有很强的影响。如一场洪水可吞没城镇、农田，改变一个地区的景观面貌。

三、景观稳定性的尺度问题

景观的动态变化是绝对的，稳定是相对的，是相对于某一时间尺度或空间尺度来说的。当时间尺度和空间尺度发生变化时，景观就不稳定了。因此，景观的稳定性与一定的时间与空间尺度有关。

（一）景观稳定性的时间尺度

景观是否稳定，取决于观察景观时所选取的时间尺度。人类观察景观的变化也只能在其有限的生命周期内，所以，一般观察景观稳定性的时间尺度以略长于人类的平均寿命为好。在100年左右的时间间隔内，如果观察到景观有本质的变化，可以说景观失去了稳定性；否则，景观保持稳定（赵羿，1999，2001）。

（二）景观稳定性的空间尺度

在景观尺度上，稳定性实际上是许多复杂结构在立地水平上不断变化和大尺度上相对静止的统一（Farina，1998），把这种稳定性称为景观的异质稳定性（傅伯杰等，2001）。流域尺度上两岸的植被要比沿河流各段植被的稳定性要高，异质稳定性存在于每一景观中。一般大尺度上景观结构和组成要素的变化需要很长时间方可发生，而小尺度上景观的变化在短期内就可发生。

四、景观稳定性的测度

赵羿和李月辉（1999，2001）把热力学理论引入景观生态学中，认为在不考虑景观组成的生物量多少，仅从景观结构上研究同一类景观的稳定性，可以借助玻耳兹曼（Boltzmann）原理来进行。

玻耳兹曼在研究物质的分子运动时，借助于热力学理论来探讨分子行为的微观现象，1896年他提出熵可以作为微观的分子运动和宏观的热力机这两种不同尺度连接起来的媒介。物理系统中不同时刻分子的相应空间分布（作为气体的热力学概率）可由宏观状态和微观状态的比率来表示。公式如下：

$$D=-N!/[(P_1N)!\ (P_2N)!\ (P_3N)!\ \cdots\ (P_kN)!]$$

式中，N是观察到的系统中气体分子的总数目；$P_1,P_2,P_3,\cdots,P_k$是系统中$1,2,3,\cdots,k$各室空间气体分子占的百分比。

系统的熵值为：

$$S=K_B\ln D$$

式中，K_B是玻耳兹曼常数，1.380658×10^{-23} J/K；D是系统宏观状态的热力

学概率。

景观中自然植被的自发演替过程是由非均匀逐渐趋向均匀化，而不同物种的聚集形成斑块，进而形成某种结构，必须对上式进行某些修正来计算熵值：①景观熵值的计算仅取相对含义，系数 K_B 可设定为 1；②以景观的斑块作为各室，以植物种群的数量取代气体分子总数目；③为计算方便，取以 2 为底的对数代替自然对数；④物种均匀分布时，没有结构形成，系统熵值最高，物种各自聚集，形成斑块结构，景观熵值最低，应取负值计算景观熵值。公式如下：

$$S=-\log_2 D=\log_2[(P_1N)!\ (P_2N)!\ (P_3N)!\ \cdots\ (P_kN)!/N!]$$

式中，N 是景观内包含的所有植物种群数；P_k 是各斑块内植物种群数所占的百分比；S 是景观的熵值，熵值高表明景观稳定性好，熵值低表明景观稳定性差。

假设景观包含 16 种植物种群，植物种群的不同聚集将景观分成不同的斑块，假设为图 5-2 的几种特殊类型，用上式来计算景观的熵值。

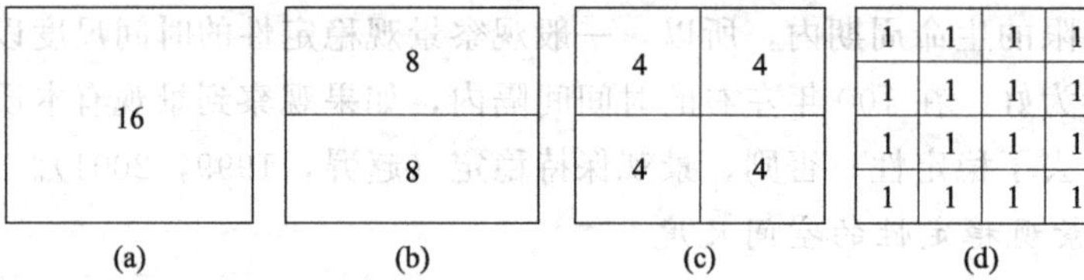

图 5-2　不同景观格局（引自赵羿等，1999）

图 5-2（a）代表 16 种植物种群均匀地混杂分布，仅有 1 个斑块，景观没有形成任何结构，景观熵值为：

$$S=\log_2[(100\%\times 16)!/16!]=0$$

该结构景观熵值最高，稳定性最好。

图 5-2（b）代表 16 种植物种群分别聚集在 2 个斑块中，每块 8 种，形成了简单的结构，景观熵值为：

$$S=\log_2[(50\%\times 16)!\times(50\%\times 16)!/16!]=-10.48$$

图 5-2（c）代表 16 种植物种群分别聚集在 4 个斑块中，每块 4 种，形成较为复杂的结构，景观熵值为：

$$S=\log_2[(4!\times 4!\times 4!\times 4!)/16!]=-24.91$$

图 5-2（d）代表景观结构最为复杂的情况，一般的农田就属于这种情况，每块仅 1 种植物种群，景观熵值为：

$$S=\log_2[1!\times 1!\times 1!\times 1!\times 1!\times 1!\times 1!\times 1!\times 1!\times 1!\times 1!\times 1!\times 1!\times 1!\times 1!\times 1!/16!]=-44.25$$

由上面计算可看出，在相同植物种群的情况下，斑块类型越多，景观结构的异质性越强，熵值越低，景观越不稳定；相反，斑块的类型数越少，结构越简单，熵值越高，景观的稳定性越强。

需要指出的是，景观结构的异质性与景观内生物多样性是两个不同的概念。景观异质性指的是景观内斑块的大小、形状、空间配置（类似于植物群落的水平结构），其差异越明显，说明景观正处于初始发育阶段，动态变化极为明显。如火山爆发后，先锋植物群落入侵，开始总是呈现斑块大小不一、形状各异、空间配置较为复杂的景观结构；后期随植物物种的大量侵入，物种的丰度增加，顶极群落的出现，乔灌草搭配，景观内部斑块逐渐消失，结构变得单一，形成终极景观；如果没有火山的再次爆发，终极景观呈现较为明显的稳定性。最为明显的例子为热带雨林。热带雨林当今被认为是最为稳定的自然景观之一，根本原因在于热带雨林存在近 50 万个物种，且均匀分布，景观结构呈现明显的均质性，熵值最大，所以对外界干扰有强大的抵抗力。

第二节　景观动态与干扰

景观动态就是景观随时间的变化。判断景观变化的标准是：①景观的基质发生变化，一种新的景观要素类型成为景观基质；②几种景观要素类型所占景观表面百分比发生足够大的变化；③景观内产生一种新的景观要素类型，并达到一定覆盖范围。景观结构的变化与其功能的变化密切相关。景观动态是景观遭受干扰时发生的现象。

景观动态是一个复杂的多尺度的过程，对绝大多数生物体具有重要意义。景观可看作是干扰的产物（赵羿和李月辉，2001；傅伯杰等，2001），干扰对景观动态有重要作用。影响景观动态的因素有（Farina，1998）：干扰频率，恢复速率，干扰的强度和范围，景观的大小或空间范围。

为了更确切地表示干扰与恢复的关系，Turner 等（1998）提出时间参数（T）和空间参数（S）两个基本的参数。并把时间参数定义为干扰间隔时间与恢复时间的比值。如果 $T>1$，表示干扰间隔时间长于恢复时间，表明系统能在干扰再次发生之前得到恢复；如果 $T<1$，表示干扰间隔时间短于恢复时间，表明系统在它充分恢复前再次受到干扰。Turner 把空间参数定义为干扰影响范围与某景观范围之比。当 $S\leqslant 1$ 时，表示干扰影响范围小于景观面积，景观动态可预测；当 $S>1$ 时，表示干扰影响范围超过景观面积，景观动态不可预测。

景观变化取决于斑块动态，也就是斑块的出现、持续和消失，而以景观破碎化最为典型。该过程是指景观变化增加了斑块数量，而减少了生物物种内部生境的面积，相应增加了开放边缘的容量，或者说增加了景观中残余斑块的隔离度（肖笃宁，1997，1999）。

景观生态系统和物理系统一样，在外力的作用下发生变动。由于景观自身的弹性，作用力的大小对景观系统产生不同的影响。当作用力小于 S 值时，对景观的影响微弱，没有形成干扰，景观依然保持稳定。当作用力大于 S 值时，形成轻度干扰。即小环境的变异导致景观特征产生变化，不过这种变化也只是围绕中心位置发生波动，景观依然处于平衡状态，只要干扰力排除，景观可迅速恢复到原来状态，如同一条小河，干旱年份干涸，而湿润年份又有流水。当作用力达到 D 时，外力起到一种干扰作用，不过是适度干扰，景观系统超出其波动平衡范围内的变化，已进入到非稳定状态。如连续多年的干旱，造成大量草地斑块枯死，许多河流廊道干涸，很明显已超出原先景观系统的波动类型的范围。但是如果气候正常，景观还可以恢复到原来的平衡态。当作用力大于 N 时，外力产生严重干扰，景观靠本身的恢复力难以重现原来的平衡态。当作用力超过 R 时，出现极度干扰，原有景观消失，在同一地面形成新的景观（图 5-3）。

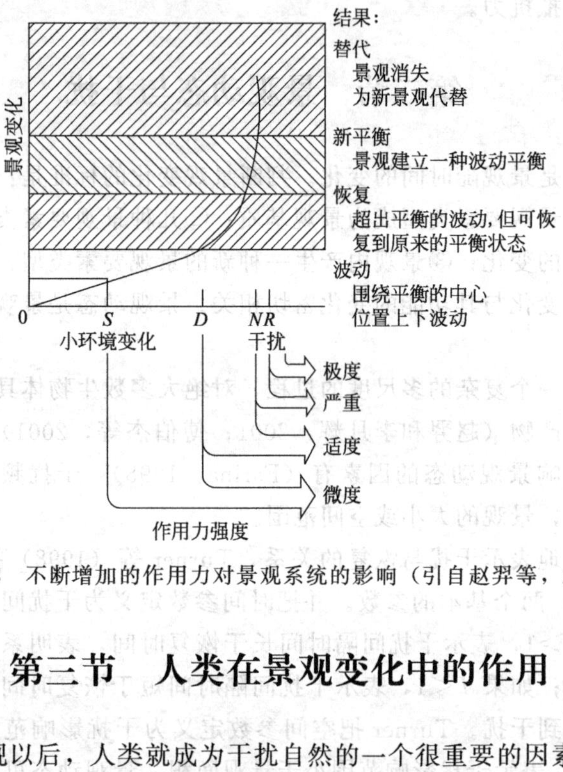

图 5-3　不断增加的作用力对景观系统的影响（引自赵羿等，2001）

第三节　人类在景观变化中的作用

自从人类出现以后，人类就成为干扰自然的一个很重要的因素。人类因素包括人口、技术、政治经济体制、政策与文化等诸多方面。在这几方面的影响下，景观的变化主要表现为土地利用/土地覆被的变化（傅伯杰等，2001）。

一、人口因素

人口因素同景观作用的方式如下（傅伯杰等，2001）。

① 人口增加导致耕地等农业景观的增加，同时使林业等其他资源流失；如果没有相应的体制和技术的改变会导致景观的退化。

② 人口增长导致了生产的密集化，包括人类投入的加大以及出现新的生产技术方式。尤其在最近 20～50 年，人口的增长以及对工业产品需求量的急剧增加，刺激景观的发展，土地的集约化程度较以往任何时候都强烈。从历史上看，生产密集化是

进步的、乐观的，它促进了复杂的土地管理系统的形成，并引起景观更复杂的变化，如导致地下水污染、土壤肥力下降等，因而从中长期发展来讲是不可持续的。

③ 人口增长可以对区域甚至全球产生影响。一个地区在资源无法满足其人口增长时，要么从其他地区调入资源，要么把人口输送到外地，这样不可避免地影响到其他地区的土地资源。

④ 人口增长意味着对粮食需求的增大。人们根据自己的意愿引种，培育新的物种，并大面积种植，同时通过各种土地利用方式限制和消灭了许多自然物种，总的结果是导致景观异质性的下降。

⑤ 人口同景观变化形成相互作用的反馈环，人口增长导致景观周围环境的变化，改变的环境可以影响人口的出生率、死亡率和迁移率。

人口因素给景观生态系统带来巨大的压力。如地中海流域，1950 年到 1976 年间，总人口从 9400 万增加到 2.2 亿，旅游业以每年 7%的速率增长，每年有 10 亿多游客拥向最具吸引力同时也是最敏感的地区，给这些地区带来了很大压力（Naveh 和 Lieberman，1984，1993）。

从 1954 年到 2005 年，三江平原的土地利用方式发生了显著变化。耕地净增加了 $38.55\times10^5\mathrm{hm}^2$，年均增加 $75597.3\mathrm{hm}^2$。其中湿地、林地与草地对耕地的增加贡献最大，湿地减少了 $25.67\times10^5\mathrm{hm}^2$，除极少数退化为草地外，绝大部分转化为耕地；草地减少了 $57.65\times10^4\mathrm{hm}^2$，面积比由 9.13%缩减为 3.86%；林地在整个研究期间呈现出一定波动趋势，但总体呈减少趋势。水域与未利用地也呈现出减少趋势；居民工矿用地则呈现快速增长趋势，而且其年增长率为 6.96%，远远大于其他土地利用的年增长率。其中人口的增加是一个很重要的因素（图 5-4）。新中国成立以来，随着经济建设发展和国家对开发边疆、建设边疆的高度重视，大批农民、解放军转业官兵、知识青年相继迁人本区，人口数量迅速增长。1949 年，研究区内人口仅有 139.9 万人，平均人口密度为 12.84 人/km^2；到 2005 年全区人口已增至 873.2 万人，平均人口密度达 80.35 人/km^2（宋开山等，2008）（图 5-5）。

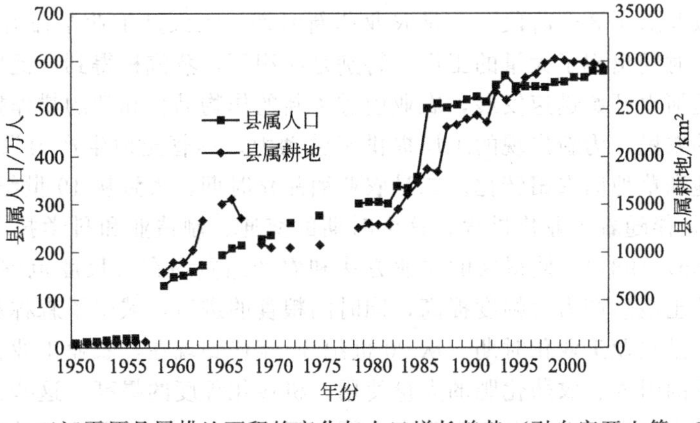

图 5-4 三江平原县属耕地面积的变化与人口增长趋势（引自宋开山等，2008）

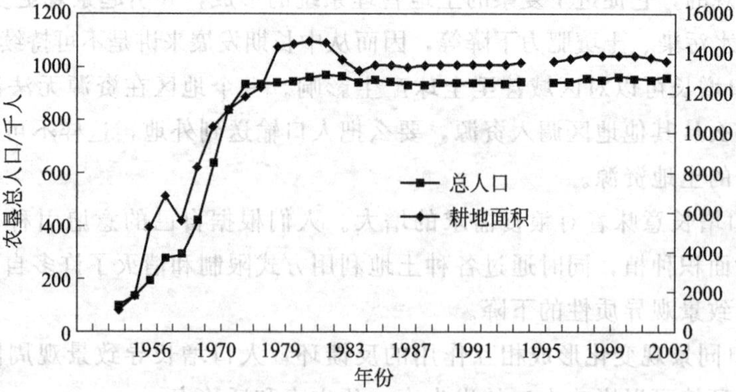

图 5-5 三江平原农垦系统人口不同年份的变化趋势（引自宋开山等，2008）

人口因素是景观变化的主要驱动因子，与人口紧密相连的还有科学技术及人们的消费水平。这三者构成了对环境的压力。用公式表示为：

$$I=PAT$$

式中，I 表示对环境的压力；P 是人口；A 是人均消费；T 是科学技术。

Commoner（1972）运用环境压力公式的一个变体，计算工业污染对环境造成的影响，他认为不合适的科学技术是环境污染的主要原因，首先应解决的是提高科学技术，而不是人口问题。

Harrison（1992）认为环境压力＝人口×人均消费×人均消费影响量。并用此公式对发展中国家耕地增加的原因进行了研究，结果发现人口和人均消费增长导致耕地的增加，其中人口的增长对耕地增加的贡献率是 72%，人均消费的增长对耕地增加的贡献率是 28%，而科学技术的发展有抑制耕地增加的作用。

二、科学技术因素

由于科学技术的进步，人类对景观的作用越来越强。影响的范围越来越大，甚至某种科学技术的诞生可能会产生世界范围的景观变化。

从欧洲农业发展的过程中，就可以看到科学技术对农业用地的影响。欧洲农业的发展大致经历了 3 个阶段。一是农业革新时期，大致从工业革命开始到 19 世纪中期，这个时期出现了大量的工厂，特别是纺织厂，蒸汽机得到广泛应用，用于交通运输的运河也开始迅速发展，农业引进了新的作物品种和新的耕作措施，从而解放了大量的农民，为新出现的工厂提供了劳动力。尽管土地生产力没有大的提高，但使休闲地和草地向农田转化。二是农业商品化时期，大致从 19 世纪中期到 20 世纪 30 年代，伴随着工业化进程，这个时期的交通、制造业和科学技术有了迅速发展（Boserup，1981），使得新的农业方法和农产品贸易在大尺度范围内成为可能。这时欧洲的土地生产力大幅度提高，同时因粮食的进口，减少了森林和草地向农田的转化。三是农业工业化时期，从 20 世纪 30 年代到现在，农业工业化的显著特征是生物技术的引入、农药化肥的大量使用，机械化程度的提高。这些大大提高了世界范围内的土地生产力，在一定程度上缓解了由于人口增长所造成的压力。在一些工业化程度较高的国家，农田转向草地和森林，但同时也产生了土地质量下降、河流污染等不利影响。

科学技术的进步不仅改变了土地覆盖类型，也改变了人类利用土地的方式，人类从粗放型的土地利用方式逐渐走向可持续的土地利用方式。

从人类文明的发展，可以看到人类对景观的影响越来越大，在人类最早的文明时期——石器时代，生产力极为低下，原始人类只能依赖于自然界的赋予而生存，自然条件完全控制着人类的生存和繁衍。人们信奉自然、崇尚和敬畏自然，对环境破坏很小。人类文明进入农业文明时代，生产出现大的飞跃，相伴而生的是大面积农田、小型水利设施、居民点和道路等大量地涌现，出现了大量的人为景观——农业生态系统，人类文明遍及世界各地。人口增加，对粮食需求增大，土地大量开垦，人们对自然景观的破坏作用增大。但由于生产力低下，对景观的破坏是局部的。工业文明时代，人类社会从农耕进入工业化大生产，直到今日的信息时代，科学技术的发展，推动生产力达到空前的水平。化石燃料的使用，人类活动渗透到世界每一个角落，从而不可避免地出现了全球性的生态环境问题。所有这些，其主要原因在于科学技术的进步。

三、政治经济体制与政策因素

景观的改变在各种层次上都要受到政治、经济和社会因素的制约。政治经济体制对景观变化的影响至少集中在 3 个层次（傅伯杰等，2001）。一是国际水平，国际之间的贸易、国家之间的关系、世界财政体系以及非官方的世界性组织等决定着土地利用/土地覆被变化的总体方向。二是国家水平，国家的政治经济体制和政策因素可直接影响土地的变化，还可通过市场、人口、技术等因素影响土地现状。国家水平起着承上启下的作用，国际水平通过国家水平来施加影响，国家水平又控制着当地水平的变化。三是当地水平，当地水平是国家水平的具体体现，具体引起当地土地利用/土地覆被的变化。图 5-6 是与景观变化相联系的政治经济体制因子（William 和 Turner，1994；傅伯杰等，2001）。

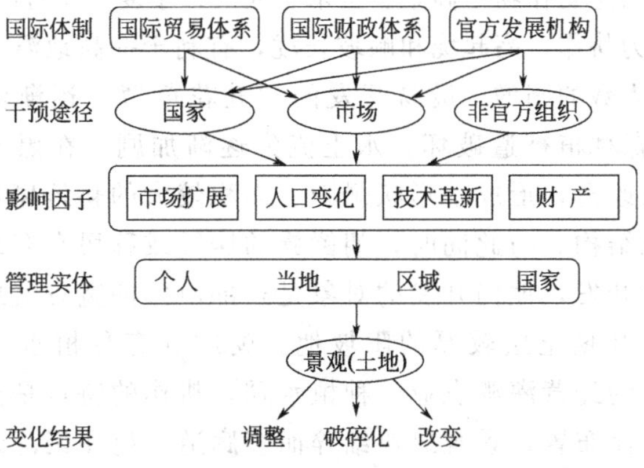

图 5-6 与景观变化相联系的政治经济体制（引自傅伯杰等，2001）

政策对土地利用也有重要影响。如美国在一段时期为鼓励城市的发展，实行城市附近的休闲地和森林必须交税的政策，由于这一政策的实施，对城郊景观破坏很大。20 世纪 70 年代取消了这个政策，同时规定发展化石能源可以得到补贴，这又加大了对自然资源和环境的污染。人类的政策对景观变化起着“催化剂”的作用(傅伯杰等，2001)(见图 5-7)。

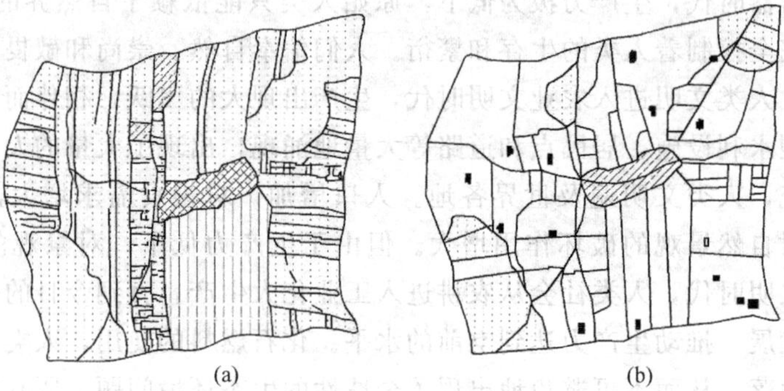

图 5-7 土地所有制变革引起的景观变化（引自 Lebeau，1969；傅伯杰等，2001）

(a) 村庄周围是有几百年土地划分历史的小网眼景观；(b) 土地重新分配后，村庄被废弃，房舍疏散在面上，小块田地组合成大块田地，原来的村庄变成农田

四、文化因素

文化对景观有着深刻的影响（Nassauer，1995；李团胜，1997；肖笃宁和李团胜，1997）。所有的农业景观、乡村景观和城市景观都是不同程度受文化影响的景观。人们根据自己对环境的感知、认识、美学准则、信念等文化背景来建造和改变着景观。如我国东北地区大规模的汉族移民是从 1862 年清政府解除封禁，实行放垦时开始的，来自山东、河北的大量移民涌入北满，建屯垦荒形成高潮。他们选择土地开发的理想景观是黑土漫岗。漫岗之间为雨季积水的甸子地，村屯较均匀地位于岗坡的中下部。开垦的顺序是先坡地后沟地，先阳坡后阴坡，低洼的甸子地作为放牧用地。种植的主要作物是高粱、玉米、大豆、小麦。实行的是垄作制，耕作特点是马拉农具畜力耕作、高起垅和顺坡长垅，有利于提高地温，促进有机质转化。随着“闯关东”人数的剧增，最易开发的“五花草塘”逐渐消失，接着就是开垦“棒柴岗”，森林植被遭破坏，水土流失逐渐加剧。在黑土漫岗的自然背景上，经过移民的改造，形成了形状规则、面积较大的耕地斑块与均匀分布的村屯相结合的景观结构。与此同时，朝鲜族的居民或移民在东北东部地区也进行了大规模地土地开发，他们开发的对象是东部山区的宽谷盆地，先开垦水源条件好的平地，后开垦土层较厚的阳坡地。朝鲜族有种植水稻、喜食大米的习惯，他们善于集约经营灌溉农业，种植水稻，耕作的特点是土地平整，水田成畦，渠系随地形而布置，景观斑块细碎而多廊道。村庄聚落疏密不均，多位于山麓、河边。

第四节 景观变化的生态环境效应

景观动态变化是景观生态学研究的核心问题之一，景观结构的变化会对景观生态过程（景观功能）产生深刻影响。景观变化的结果不仅改变了景观的空间结构，影响景观中物质循环与能量流动，从而会对生态环境产生影响。

一、景观变化的气候效应

景观对气候的影响是通过景观表面性质的变化、反射率的变化以及随景观变化而改变的温室气体和痕量气体量实现的（傅伯杰等，2001）。

地表性质决定了地表对太阳辐射的吸收状况与地表反射率，土地利用改变了地表性质，地表性质的变化会引起地表对太阳辐射吸收状况的改变，从而影响到温度和湿度的变化。如有关城市气候研究表明，景观变化极大地影响了城市气候和城市水资源供给，在城市化过程中，几乎所有的地表天气环境都发生了改变，如太阳辐射、温度、湿度、能见度、风速、风向及降雨等。研究表明，基于人类利用方向的土地利用变化倾向于增加反射率，使更多的能量返回大气，上对流层温度增加，大气的稳定性增强并减少对流雨（Shukla 等，1990）。土地表面是温室气体和痕量气体的重要来源。据研究，景观变化如农业的扩张（水稻种植）、城市化过程、森林的退化等是 CH_4 的直接来源（Cierone 和 Oremland，1998；Lassey，1992）。景观变化的气候效应可以三江平原为例来说明，20 世纪以来，三江平原沼泽生态系统的变化巨大，1893 年本区耕地面积为 $2.9\times10^4hm^2$（刘兴土，马学慧，2000），仅占三江平原总面积的 0.27%，当时平原上沼泽和沼泽化草甸连续分布，并有岛状林地分布其间。20 世纪 40 年代末，耕地面积为 $78.6\times10^4hm^2$，占三江平原总面积的 7.2%，这时三江平原周围山地的森林破坏严重，沼泽湿地基本保持原来面貌，平原地区仍以沼泽和沼泽化草地为主，面积达 $534.5\times10^4hm^2$，占全部总面积的 49.08%。20 世纪 50 年代开始大开荒。三江平原的开荒经历了 4 次高潮（刘兴土等，2000），第一次是 1949—1954 年，共计开荒 $6.67\times10^4hm^2$；第二次开荒高潮是 1956—1958 年，仅 1958 年开荒就达 $23.06\times10^4hm^2$；第三次开荒高潮是 1969—1973 年，仅 1970 年兵团开荒就有 $14.5\times10^4hm^2$；第四次开荒是 1975—1983 年，各县开荒面积达 $97.8\times10^4hm^2$，耕地面积几乎扩大 1 倍，1982 年三江平原耕地面积已达 $377.83\times10^4hm^2$，占三江平原总面积的 34.7%，沼泽湿地面积为 $227.57\times10^4hm^2$，占总面积的 20.9%。到 1994 年，耕地已达 $457.24\times10^4hm^2$，为 1949 年的 5.82 倍。经过大规模的开荒，农田已取代了原来的沼泽和沼泽化湿地，成为现今三江平原主要的景观类型。到 2000 年三江平原耕地面积达 $524.0\times10^4hm^2$，沼泽湿地 $83.5\times10^4hm^2$，仅占全区总面积的 7.7%。其下垫面发生了巨大的变化，导致了其气候发生了变化，表现为从 1955 年以来，平均气温总趋势呈上升趋势，且其最主要的变暖中心位于平原部分，降水有减少的趋势，平均日照时数呈减少趋势。从1955年到1999年的45年间平均气温上升了1.2～2.3℃。引发三江平原地区气候变化的原因，除了直接影响气候的主要外部因子太阳常数、平流层火山灰的含量和大气中不断增加的二氧化碳外，其主要的原因是三江平原地区下垫面的变化（闫敏华等，2001）。

二、景观变化的土壤效应

景观利用方式和景观类型的空间组合影响着土壤养分的流动规律（Fu等，2000），土壤营养成分的迁移在很大程度上依赖于景观格局及其变化。Likens等（1970）在美国新罕布什尔地区将一个未受干扰的流域中养分流失情况同另一个森林被皆伐的流域加以对比，结果表明，未受干扰的森林中每公顷通过河水流失的氮有4kg，而森林砍伐的流域氮的损失量高达142kg。据对三江平原宝清县东升乡草甸沼泽土的研究（胡全明和刘兴土，1999），该土有机质含量垦前为70～80g/kg，随着开垦年限的增长，有机质含量逐年减少，平均每年下降0.13%，N、P、K含量年下降率分别为0.008%、0.002%、0.012%。

景观的变化还引起土壤质地的变化。如据对三江平原的二九零农场24队的采样分析表明（赵德林，2000），垦前土壤沙粒含量为35.9%，垦后30年增至76.56%。

景观变化与土壤侵蚀和土地沙化也有关系。如我国黄土高原地区北部风沙区在历史上的汉、唐、清有过三次开垦时期，新中国成立后又有三次大开荒，使得该区57.02%的土地演变为沙漠化土地，17.42%的土地变为流沙地，14.26%的土地变为半裸露流沙地（中科院黄土高原综合考察队，1991）。随着三江平原原生植被的破坏，水土流失面积在扩大，全区不同程度水土流失面积 $237.6\times10^4hm^2$，其中轻度侵蚀 $157.9\times10^4hm^2$，中度侵蚀 $74.8\times10^4hm^2$，重度侵蚀 $4.95\times10^4hm^2$（赵德林，2000）。

三、景观变化的水文效应

景观变化对水循环、水平衡及洪水的影响早已引起人们的关注。景观变化对区域降水量有影响。如三江平原的开垦导致了1955～1999年这45年间降水量的减少，导致了地下水位下降、洪涝灾害发生的频率及危害增大。又如Pereia（1973）对美国Tennessee山区报告，由于种植树木减少了这个区域水量的50%，减少了洪水和土壤侵蚀的危险。城市化过程中树木和植被减少降低了蒸发和截流，增加了河流的沉积量；房屋、街道建设降低了地表的渗透和地下水位，增加了地表径流量和下游潜在洪水的威胁。

景观变化对水质的影响主要途径有三个：一是地表景观类型的变化直接影响到水质；二是景观变化引起的区域或全球气候变化间接影响水质；三是景观变化引起气候变化，变化了的气候反过来影响景观变化，进一步又影响了水质。景观变化对水质的影响主要是通过非点源污染途径。非点源污染指溶解的或固体污染物从非特定的地点，在降水和径流冲刷作用下，通过径流过程而汇入到受纳水体，引起的水体污染。几乎所有非点源污染来源都和景观变化紧密联系。森林采伐区由于采伐的影响，地表植被遭到破化，引起森林附近流域河流沉积物增加，这些沉积物破坏了河底水生生物的生境，威胁它们的生存。

四、景观变化的生物效应

景观变化是影响生物多样性变化的一个重要原因。景观变化使得生物的栖息地发生了扰动或改变，这大大影响了生物的生存和发展。全球有 1/3～1/2 的陆地地表已经被人类活动所改变。景观的变化不仅使生物个体数量减少，还会使大量的物种和遗传学上独立的种群消失。如三江平原的开垦，使森林资源、小叶樟草场资源和芦苇资源受到破坏，使珍稀动植物数量减少，如丹顶鹤由 1984 年的 309 只下降到 1995 年的 65 只，大天鹅、白鹳的繁殖种群已不足 50 只，鸭雁类数量减少了 90%以上，现在的繁殖种群密度每公顷不足 1 对（刘兴土，1997）。

第五节　景观变化的空间过程和模式

一、景观变化的空间过程

在自然过程或人为活动作用下，景观发生变化。其中人为活动包括有计划活动和无计划活动。Forman（1995）探讨了自然过程和人类无计划活动对景观所产生的影响。他认为，在景观变化中有五种空间过程：穿孔（perforation）、分割（dissection）、破碎化（fragmentation）、缩小（shrinkage）和消失（attrition）。如表 5-1。

表 5-1　土地转化中的主要空间过程及其对空间属性的效应

（引自 Forman，1995；肖笃宁等，2003）

空间过程	斑块数量	斑块平均大小	总的内部生境	区域中的连接性	边界总长度	生境丧失	生境孤立
 穿孔	0	−	−	0	+	+	+
 分割	+	−	−	−	+	+	+
 破碎化	+	−	−	−	+	+	+
 缩小	0	−	−	0	−	+	+
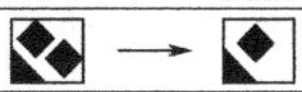 消失	−	+	−	0	−	+	+

注：＋表示增加；－表示减少；0 表示无变化。

穿孔是景观开始变化时的最普遍的方式。如一大片林地由于伐木而产生的空地，使其穿孔。分割是另一种景观转化的方式。它是用宽度相等的带来划分一个区域。如 19 世纪在美国中西部建的路网和现在穿过热带雨林中的道路，把景观分为好几个部分。破碎化是把一个生境或土地类型分成小块生境或小块地。显然，分割是一种特殊的破碎化。需要指出的是，这里的破碎化是狭义的理解，因为，广义的破碎化把这五个过程全包括在内。分割和破碎化的生态效应既可以类似，也可以不同，这主要依赖于分割廊道是否是物种运动或所考虑的过程的障碍。缩小是研究对象（如斑块）规模的减小，缩小在景观转化中几乎是普遍的现象。如当残余林地的一部分被用于耕种或建房屋，那么残余的林地就会缩小。消失是斑块逐渐泯灭消失。

不同的空间过程，其空间特性不同，这些过程对生物多样性、侵蚀和水化学等生态特征具有重要的影响。穿孔、分割和破碎化等过程既可以影响到整个区域，也可以影响到区域中的一个斑块。而缩小和消失过程主要影响单个斑块或廊道。景观中斑块的数量或密度随分割过程和破碎化过程的加强而增大，而随消失过程的增强而减小。内部生境的总数量是随着这五种过程的增强而减少。在连续的廊道或基质中，整个区域的连接性随着分割过程和破碎化过程的增强而减小。总之，每一种过程对景观的空间异质性有不同的影响，所以，对生态特征也有不同的影响（Forman，1995）。

Forman 指出，在土地转化过程中，这五种过程的重要性不同（图 5-8）。开始时，是穿孔和分割过程重要，而破碎化和缩小过程是在景观变化的中间阶段重要。

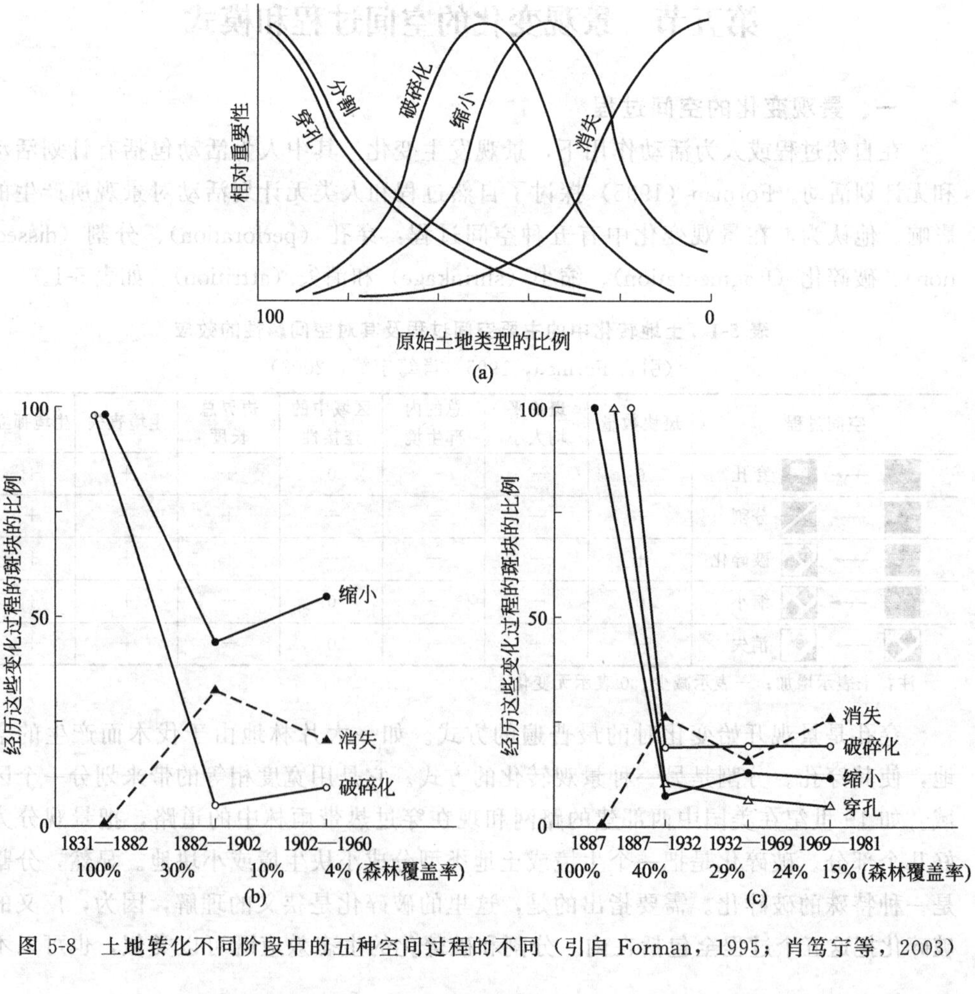

图 5-8　土地转化不同阶段中的五种空间过程的不同（引自 Forman，1995；肖笃宁等，2003）

二、景观变化的空间模式

Forman认为景观变化主要有六种原因：砍伐森林、城市化、廊道建设、荒漠化、农业活动的加强和植树造林，并总结了景观变化的空间模式。不同的原因所产生的景观空间格局变化是不同的（表5-2）。同一种原因，产生的空间格局也可能不同，景观变化的空间模式也不同。他认为景观变化的空间模式，常见的主要有六种（图5-9）：边缘式、廊道式、单核心式、多核心式、散布式、随机式。

表5-2 土地转化中的变化的空间格局（引自Forman，1995；肖笃宁等，2003）

土地转化原因	变化的空间格局	空间模式
森林砍伐	从一个边缘开始向里砍伐	边缘式
	从中心的一个砍伐带向两边扩张砍伐	廊道式
	从一个新的砍伐道扩张砍伐	单核心式
	从几个分散的砍伐道扩张砍伐	多核心式
	在循环中期之前，避免邻近砍伐，而进行散布式砍伐	散布式
	在循环结束之前，为避免大的砍伐斑块的产生，网状砍伐	网状式
	选择性的带状砍伐	选择性的带状式
郊区化	从相邻城市向外同心圆式环状扩展	边缘式
	沿远郊交通廊道发展	廊道式
	从卫星城镇扩展，包括充填式发展	多核心式
	从城市向外不同时的冒泡式发展	边缘式
廊道建设	在新的区域修建公路或铁路	廊道式
	在新的区域修建排污管道	廊道式
	在新的区域修建灌渠	廊道式
荒漠化	从相邻区域扩散颗粒物质	边缘式
	从区域内过牧的地方扩展	多核心式
	个别事件所产生的大量堆积物的堆积	瞬间式
	整个区域的盐渍化或地下水位下降	均匀式
住宅区的扩张和农业的发展	分散的农田和建筑物	散布式
	没有农田的村子或合作社	多核心式
	从景观边缘向外的扩展	边缘式
长期的空气污染	整个区域内的植被受损	均匀式
植树造林	废弃地上的小的分散斑块	散布式
	大的具有一定几何形状的种植斑块	多核心式
湿地排水	各种由人决定的格局	上面的几种模式
火山爆发	影响平地(flatten)或熔岩流盖	瞬间式
火烧	从一个地方或多个地方传播的大火	瞬间式
洪水	堤坝决口或河水上涨和变宽	瞬间式

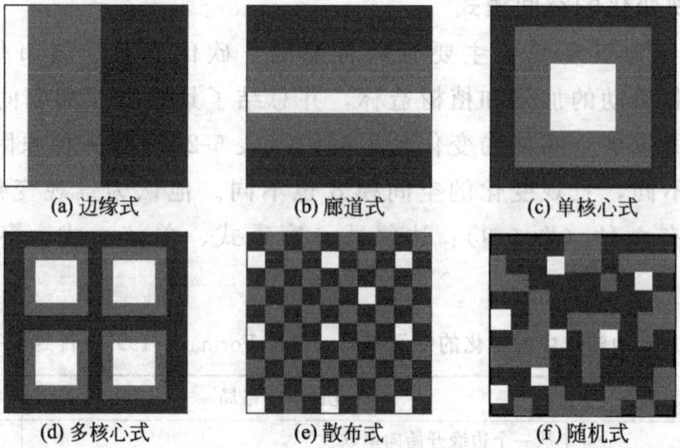

图 5-9 景观变化的空间模式（引自 Forman，1995；肖笃宁等，2003）
原始土地类型；10%转化成新土地类型；40%转化成新土地类型

边缘式是指新的景观类型从一个边缘单向地呈平行带状蔓延。景观变化是从一个边缘开始的。廊道式是指新的廊道在开始时把原来的景观类型一分为二，从廊道的两边向外扩张。单核心式是指从景观中的一点或一个核心处蔓延。多核心式是指从景观中的几个点蔓延，如居民点或外来物种的侵入。散布式是指新的斑块广泛散布。

除了常见的外，还有不常见的景观空间变化模式，如均匀式、瞬间式、网状式和选择性的带状式。瞬间式是在景观受到剧烈干扰后发生的变化模式。

Forman 认为，对大斑块属性来说，边缘模式最好。边缘模式也对连接性有利。边缘模式中没有穿孔、分割或破碎化过程。其次是单核心模式较好。散布模式是生态学上最差的一种模式，因为这种模式会过早地丧失所有的大斑块。廊道模式也有其生态局限性。景观变化的空间过程与景观变化的空间模式有关，如穿孔过程多出现于散布模式中，同时在单核心和多核心模式中也出现。分割过程和破碎化过程多出现在廊道模式中。所有的模式中都有缩小过程，所有的模式在最后阶段才有消失过程出现。只有随机模式中才出现这五个空间过程。

但是他同时指出，边缘模式也有生态上的缺点。比如，在变化到一种新的景观类型的过程中，没有小斑块，没有廊道，边界最短，有新的大斑块的产生，但新的大斑块易受风蚀或水蚀。另外，随着长-宽比的增加，原来的土地类型变成了矩形。

生态上最好的景观变化模式是一种称为“颌状”模式（jaws model），又称为“口状”模式（mouth model）。图 5-10 是这种模式的图示方式。从生态学上来讲，与边缘模式相比，颌状模式有三个优点：首先一直维持着原来方形的生境斑块，尤其是在镶嵌序列的最后阶段；其次，廊道连接性得到加强，小的残余斑块在新的土地类型所构成的区域中起的是物种的踏脚石作用，廊道和小斑块使得大片而连续的新土地类型所产生的负作用最小；最后，颌状模式很明显地增加了边界长度，为多生境物种和边缘物种提供了更多的生境。

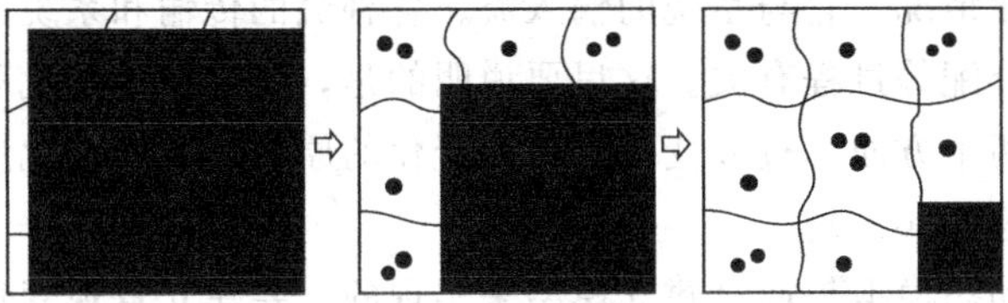

图 5-10　景观变化的颌状模式（引自 Forman，1995；肖笃宁等，2003）
(a)、(b) 和 (c) 表明土地变化的 3 个阶段，分别表示有 10%、50%和 90%黑颜色的土地类型变化为白颜色的土地类型；图中的点表示小斑块，曲线是廊道

颌状模式也从四个边扩展，在景观的中心而不是在景观的角落产生残余斑块。多核心模式是上述模式中第二个最好的模式，但也经不起生态学的检验，主要问题在于原来土地类型随时间的推移而在厚度方面缩小，边缘模式尤其是颌状模式所具有的最主要的内部生境在多核心模式中没有了。当然，颌状模式还可以进一步改进。在一定大小范围内，几个大斑块比一个大斑块优越，主要的优点是几个大斑块能够维持景观中总体物种的丰度。如果一个斑块超出了“最小动态区域”（minimum dynamic area），也就是说，大多数主要的干扰影响这个斑块区域的一小部分，在受到干扰后物种还能够生存。当干扰影响一个斑块的全部或大部分时，“风险扩散”（risk spreading）就很重要。因此，有许多大斑块就更好了。把这些概念用到颌状模式就得到景观变化的“颌块模式”（jaws and chunks model）。简单地说，假定黑方块占到景观的 10% [图 5-10(c)]，黑斑块既是多数干扰影响的区域，也是具有大斑块的生态价值的最小区域。这种情况下，大斑块的大小和整个景观的大小有关，大斑块的大小也和干扰及生态公益有关。在图 5-10 所示的颌状模式中，(a) 和 (c) 图中的大斑块似乎是合适的，但是没有 (b) 所示的中间阶段。(a) 中的斑块比干扰所影响的区域大，仍然模拟了所有的黑颜色景观。(c) 中的斑块也是最优的，尽管它没有风险扩散的可能，它也起着大斑块的作用。(b) 中的黑颜色斑块也没有风险扩散的可能，也没有两个或多个大斑块所提供的物种丰度的优势。如果在 (b) 中有许多大斑块或黑颜色的“块”，就可克服这些缺点。

第六节　景观变化的定量表述与动态模拟

一、景观变化动态

景观变化动态是指景观变化的过去、现状和未来趋势（傅伯杰等，2001）。它回答的是景观怎样变化、为什么这样变化以及变化的结果。景观变化动态有两种：一是景观空间变化动态；二是景观过程变化动态。景观空间变化动态是斑块数量、斑块大小、廊道的数量和类型、影响扩散的障碍类型和数量、景观要素的配置等变化的情况。景观过程变化是指在外界干扰下，景观中物种的扩散、能量的流动和物质的运移等变化情况。它与系统的输入流、各种流的传输和系统的吸收、系统的输出流、能量的分配等过程有关。这里要说明的是，景观空间变化和景观过程变化是同一变化中的两个方面。过程变化是空间变化的原因，空间变化反过来又影响过程变化（傅伯杰等，2001）。

景观变化动态模拟是通过建立模型来实现的。要建立景观变化模型，就得了解景观变化的机制和过程，一般要考虑（Christooper 等，1990）：①景观的初始状态；②景观变化的方向；③景观的变化率；④景观变化的可预测性；⑤景观变化的可能性和程度。

二、景观变化的定量表述

通过景观格局指数的变化分析就可定量表述景观变化，也可通过土地利用/覆被变化有关模型来定量表述景观变化。

（一）景观格局指数变化分析

景观格局分析是定量表述景观结构的有效手段，通过比较不同时段的景观结构的变化来分析景观的动态变化。

景观生态学中出现了众多的景观格局分析指数，具有代表性的是 FRAGSTATS 软件包中所提供的景观格局指数。FRAGSTATS 软件包有三个版本：ARC/INFO 矢量版（FRAGSTATS * ARC，3.02 版）、ARCVIEW 矢量版以及 FRAGSTATS 栅格版（3.3 版）。FRAGSTATS 软件包 ARC/INFO 矢量版中所含有的景观指数见表 5-3。

表 5-3 FRAGSTATS 软件包 ARC/INFO 矢量版（3.02 版）中所含有的景观指数

指数类别	等级水平	缩写	指数与单位
面积指数	斑块	AREA	面积（ft^2 或 m^2）
	斑块	AREA_HA	面积（hm^2）
	斑块	LSIM	景观相似形指数（%）
	类型	CA	类型面积（hm^2）
	类型	PLAND	景观百分比（%）
	类型或景观	TA	景观总面积（hm^2）
	类型或景观	LPI	最大斑块指数（%）
斑块密度大小变异指数	类型或景观	NP	斑块数量（块）
	类型或景观	PD	斑块密度（块/100hm^2）
	类型或景观	MPS	平均斑块大小（hm^2）
	类型或景观	PSSD	斑块大小标准差（hm^2）
	类型或景观	PSCV	斑块大小变异系数（%）
边缘指数	斑块	PERIMETER	周长（图形单位）
	斑块	EDCON	边缘对比指数（%）
	类型或景观	TE	总边缘长度（图形单位）
	类型或景观	TE_WGT	加权边缘总长度
	类型或景观	ED	边缘密度（m/hm^2）
	类型或景观	TECI	总边缘对比指数（%）
	类型或景观	MECI	平均边缘对比指数（%）
	类型或景观	CWED	对比加权边缘密度（m/hm^2）
	类型或景观	AWMECI	面积加权平均边缘对比指数（%）

续表

指数类别	等级水平	缩写	指数与单位
形状指数	斑块	SHAPEI	形状指数
	斑块	FRACT	分维数
	类型或景观	LSI	用总边缘长度计算的景观形状指数
	类型或景观	LSI_WGT	用加权边缘长度计算的景观形状指数
	类型或景观	MSI	平均形状指数
	类型或景观	AWMSI	面积加权平均形状指数
核心区面积指数	斑块	CORE	核心区面积(hm^2)
	斑块	NCORE	核心区斑块数量(块)
	斑块	CAI	核心区面积指数(%)
	类型	CLAND	景观类型核心区面积百分比
	景观	LCAS	整个景观核心区面积百分比
	类型或景观	TCA	总核心区面积(hm^2)
	类型或景观	NCA	核心区数量(个)
	类型或景观	CAD	核心区密度(个/$100hm^2$)
	类型或景观	MCA1	每个斑块平均核心区面积(hm^2)
	类型或景观	CASD1	斑块核心区面积标准差(hm^2)
	类型或景观	CACV1	斑块核心区变异系数(%)
	类型或景观	MCA2	每个不连接的核心区的平均面积(hm^2)
	类型或景观	CASD2	不连接的核心区面积标准差(hm^2)
	类型或景观	CACV2	不连接的核心区面积变异系数(%)
	类型或景观	TCAI	总核心区面积指数(%)
	类型或景观	MCAI	平均核心区面积指数(%)
邻近指数	斑块	NN_MIN	邻近距离(图形单位)
	斑块	NN_MAX	邻近最大距离
	斑块	NN_MEAN	邻近平均距离
	斑块	NN_STD	邻近距离的标准差
	斑块	NN_COV	邻近距离变异系数
	斑块	PROXIM	最近指数
	类型或景观	MNN	平均邻近距离(m)
	类型或景观	NNSD	最邻近标准差(m)
	类型或景观	NNCV	最邻近变异系数(%)
	类型或景观	MPI	平均最近指数
多样性指数	景观	RPR	相对斑块丰富度(%)
	景观	SHEI	Shannon 均匀度指数
	景观	SIEI	Simpson 均匀度指数
	景观	MSIEI	修正的 Simpson 均匀度指数
	景观	SHDI	Shannon 多样性指数
	景观	SIDI	Simpson 多样性指数
	景观	MSIDI	修正的 Simpson 多样性指数
混布指数	类型或景观	IJI	混布指数(%)
蔓延度指数	景观	CONTAG	蔓延度指数(%)

（二）土地利用/覆被变化模型

国内学者针对土地利用/覆盖变化分析提出了一系列的数学模型，这些模型可以用来刻画景观的动态变化。主要有：土地资源数量变化指数、土地利用变化程度指数、土地利用变化区域差异指数及土地利用空间变化指数等（何春阳，周海丽等，2002）。

1. 土地资源数量变化指数

刻画土地资源数量变化有两个指数：单一土地利用类型动态度和综合土地利用动态度（何春阳等，2000；朱会义等，2001；刘盛和等，2002）。

（1）单一土地利用类型动态度　单一土地利用类型动态度用下式来表示：

$$K_i = \frac{LA_{(i,t_2)} - LA_{(i,t_1)}}{LA_{(i,t_1)}} \times \frac{1}{T} \times 100\%$$

式中，K_i为研究时段内某一利用类型动态度；$LA_{(i,t_2)}$和$LA_{(i,t_1)}$分别为研究期末和开始时这种利用类型的数量；T为研究时段长。

某一利用类型动态度表达了研究区内一定时间范围内这一利用类型的数量变化情况，即研究区域内某种利用类型在监测期间的年平均变化速率。当$K_i>0$时，表明这种类型的数量在增加；反之，$K_i<0$，说明这种类型的数量在减少。

这种测算模型简明扼要，计算简便，但也有缺点：一是这种模型忽略了土地利用空间区域的固定性与独特性，不能反映土地利用变化过程及其相关属性；二是这种模型无法测算和比较区域土地利用变化的总体或综合活跃程度（刘盛和等，2002）。

（2）综合土地利用动态度　某一地区综合土地利用动态度有两种表达计算式，一是用下式计算（刘盛和等，2002）：

$$S = \frac{\sum_{i=1}^{n} \{LA_{(i,t_1)} - ULA_i\}}{\sum_{i=1}^{n} LA_{(i,t_1)}} \times \frac{1}{T} \times 100\%$$

式中，S为某一研究区域综合土地利用动态度；ULA_i为未变化部分；其他符号含义同前。

二是用下式计算（何春阳等，2000；朱会义等，2001）：

$$S = \frac{\sum_{i=1}^{n} \{LA_{(i,t_1)} - ULA_i\}}{2\sum_{i=1}^{n} LA_{(i,t_1)}} \times \frac{1}{T} \times 100\%$$

式中，符号含义同前。

显然，这两个模型基本相同，所不同的是前者得出的结果是后者的2倍。从两个模型中的各项含义来看，两个模型所表达的含义是相同的，并没有本质的区别，只是结果不同罢了。

该模型仅考虑了第 i 类土地利用类型转变为其他非 i 类土地利用类型这一单向变化过程，而忽略了其他非 i 类土地利用类型在该研究时期内由其他空间区位上同时转变为第 i 类土地利用类型的变化过程，对那些转换慢，但增长快的土地利用类型，特别是城市建设用地的动态变化过程被低估（刘盛和等，2002）。但对一个区域来说，要测算区域综合土地利用动态变化时，该模型是适用的，因为从整体上看，区域土地利用类型之间的相互转化是一个双向等量过程（刘盛和等，2002）。

（3）空间分析模型　刘盛和等（2002）认为在测算某类土地利用动态变化时，应将其在监测期间的新增部分，也就是把其他非 i 类土地利用类型由其他空间区位上转变为该类土地利用类型的变化考虑进来，在土地利用动态度模型的基础上进行了修订，把土地利用动态变化分为转移速率与新增速率两部分，土地利用动态变化速率是转移速率与新增速率之和。

土地利用类型转移速率用下式表示：

$$TRL_i=\frac{LA_{(i,t_1)}-ULA_i}{LA_{(i,t_1)}}\times\frac{1}{T}\times100\%$$

式中，$LA_{(i,t_1)}-ULA_i$ 为监测期间转移部分面积，即 i 类利用类型转移为非 i 类利用类型面积总和；$LA_{(i,t_1)}$ 是监测期初 i 类利用类型的面积；ULA_i 为监测期间 i 类利用类型未变化部分的面积；TRL_i 为转移速率。

土地利用类型新增速率用下式表示：

$$IRL_i=\frac{LA_{(i,t_2)}-ULA_i}{LA_{(i,t_1)}}\times\frac{1}{T}\times100\%$$

式中，$LA_{(i,t_2)}-ULA_i$ 为 i 类利用类型在监测期间的新增面积；IRL_i 为新增速率；其他符号含义同前。

无论是某一土地利用类型向其他利用类型的转移，还是其他利用类型向这一利用类型的转化，都反映了某一土地利用类型的变化。因此，土地利用类型变化速率应为转移速率与新增速率之和，即：

$$CCL_i=TRL_i+IRL_i$$

式中，CCL_i 是某一利用类型的变化速率。

显然：

$$K_i=|TRL_i-IRL_i|$$

$$S_i=TRL_i$$

2. 土地利用程度变化指数

土地利用程度变化是用土地利用程度综合指数和土地利用程度变化参数来刻画的。

（1）土地利用程度综合指数　土地利用程度综合指数的表达式有两种，一种表达式为（赖彦斌等，2002）：

$$L = \sum_{i=1}^{N} A_i \times C_i$$

另一种表达式为（何阳春等，2000；王思远等，2001）：

$$L = 100 \times \sum_{i=1}^{N} A_i \times C_i$$

式中，L 为研究区域土地利用程度综合指数；A_i 为研究区内第 i 级土地利用程度指数；C_i 为研究区内第 i 级土地利用程度面积百分比。

A_i 的确定是这样的，居民点城镇工矿用地赋值为 4，农业用地和园地为 3，林地、草地和水域为 2，未利用地为 1（刘纪远，1996）。土地利用程度综合指数反映区域土地利用的广度和深度（何春阳，2002；王思远等，2001；赖彦斌等，2002）。

不难看出，这两个表达式的含义是一样的，只是结果的数据不同。

（2）土地利用程度变化参数　土地利用程度变化参数的表达式为：

$$\Delta L_{(b-a)} = L_a - L_b$$

式中，$\Delta L_{(b-a)}$ 是土地利用程度变化参数；L_a 和 L_b 分别为 a 时间和 b 时间区域土地利用程度综合指数。

3. 土地利用变化区域差异指数

土地利用的区域差异主要由土地利用类型相对变化率来表征。土地利用类型相对变化率的表达式目前有两种。

一为（朱会义等，2001）：

$$R = \frac{|K_a - K_b| \times C_a}{K_a \times |C_a - C_b|}$$

二为（何春阳等，2000）：

$$R = (K_a / K_b) / (C_a / C_b)$$

式中，R 代表土地利用类型相对变化率；K_a 和 K_b 分别代表区域某一特定利用类型研究期初和研究期末的面积；C_a 和 C_b 分别为全研究区某一特定土地利用类型研究期初和研究期末的面积。

不难看出，前者表明同一地区不同时间的某一特定利用类型的相对变化率与全区同一时间的同种利用类型的相对变化率之比，所以，它代表了土地利用类型相对变化率。

4. 土地利用空间变化指数

土地利用空间变化指数用土地资源重心表示：

$$X_t = \sum_{i=1}^{n} (C_{ti} \times X_i) / \sum_{i=1}^{n} C_{ti}$$

$$Y_t = \sum_{i=1}^{n} (C_{ti} \times Y_i) / \sum_{i=1}^{n} C_{ti}$$

式中，X_t，Y_t 分别表示第 t 年某种土地利用/覆盖类型分布重心的经纬度坐标；C_{ti} 表示第 i 个小区域该种土地资源的面积；X_i，Y_i 分别表示研究区域的几何中心的经纬度坐标；n 表示研究区内小区域的总个数。

通过比较研究期初和研究期末各种土地利用/覆盖类型的分布重心，就可以了解研究时段内土地利用/覆盖类型的空间变化特征。

三、景观变化动态模型

用模型的方法研究景观生态系统已成为现代景观生态学研究的热点之一。航天航空遥感技术的发展，使得迅速获得具有时间序列的遥感图像成为可能。超级计算机及计算技术的发展，使得大规模图像处理及复杂的运算成为可能。生态学理论的不断成熟和应用生态学的发展，使得用计算机模拟真实生态系统的愿望成为现实。

（一）景观变化动态模型的特点

景观生态学的研究涉及宽广的空间尺度，所以，在涉及那些有关景观尺度上的问题时，很难在真实的情况下进行实验研究，所以运用模型方法对解决景观尺度上的各种实际问题是一种十分有效的方法。

景观生态学强调空间尺度与空间格局的生态学意义，尤其是景观空间异质性的形成与发展及其生态学意义。景观动态模型与其他生态学模型的主要区别是在模型中增加了地理现象的空间分异规律并涉及广大的空间尺度，而传统的生态学则只关心生物与环境之间的关系及随时间的变化，所以景观生态学被认为是介于生态学和地理学之间的交叉学科。吸收这两个学科之所长，使得景观生态学研究与时空尺度紧密地联系起来。表现在建模思想上也有两种相应交叉：①在空间动态分析模型的基础上把生态学的建模方法引进来；②在生态学模型中引入空间坐标变量（苏文贵和常禹，1999）。

这是同一过程的两种不同的方法，其本质是一样的。可把景观动态模型表述为：

$$X_{t+m}=f(X_t, Y_t)$$

式中，X_{t+m} 表示从 t 时刻到 $t+m$ 时刻景观空间格局的变化；X_t 是在时刻 t 时的空间形式；Y_t 为空间坐标变量，它直接影响景观类型间的相互转换。

（二）景观动态模型的分类

根据变化的集合程度分为景观整体变化模型、景观分布变化模型和景观空间变化模型（傅伯杰等，2001）。变化的集合程度指景观变化过程中包含的信息量。景观整体变化模型是模拟景观整体的变量值或景观整体某一方面的属性（如多样性、连接性等）变化。它的焦点是把景观作为一个整体，研究某一个值的变化情况。景观分布变化模型是对景观各变量的数值变化模拟，它不提供景观中各要素的实际位置和构型，所包含的信息不全面，但它比景观空间模型简单，易于使用。景观空间变化模型不仅可以模拟景观要素的数量，还可以模拟景观要素的空间位置的变化。它是景观变化模型中最重要的模拟，与分布模型相比，空间模型可以预测景观中要素变化的数量，也可以输出景观要素变化的构型。

根据采用的数学方法来分，有微分方程模型和差分方程模型之分。

根据处理空间异质性方式的不同把景观模型分为 3 大类（Baker，1989；邬建国，2000）：非空间模型、准空间模型和空间显式模型。非空间模型是完全不考虑所研究地区的空间异质性（或假定空间均质性或随机性）的模型。准空间模型（或称为半空间模型）通常考虑空间异质性的统计学特征。空间显式模型（spatially explicit model)（或译为空间明晰模型）是明确考虑所研究对象和过程的空间位置及它们在空间上的相互作用关系的数学模型，其中的空间可以是虚拟的或相对的（即不对应于某一实际地理区域，许多用于理论性研究的空间生态模型属于此类），也可以是以真实地理区域为基础的，又称为空间真实模型。

景观空间模型可以根据其处理信息的方式分为两大类：栅格型景观模型和矢量型景观模型。到目前为止，大多数景观模型属于栅格型模型。在这类模型中，研究对象和过程的空间位置由栅格细胞的位置来表示，而每个栅格细胞可以与该位置上的一个或多个生态学变量（如植被类型、生物量、种群密度、养分含量、土壤条件、气象条件等）联系在一起。这样，栅格网不但能反映各生态学变量的空间异质性，同时也便于考虑它们在空间上的相互作用，进而能够模拟景观在结构和功能方面的动态过程。矢量型景观模型是以点、线和多边形的组合来表达景观的结构和组成的。

（三）主要景观动态模型

这里主要介绍景观的空间模型。常见的景观动态模型有随机景观模型、景观过程模型和细胞自动机模型等。随机景观模型把空间信息与概率分布相联系。景观过程模型则是从机制出发来模拟生态学过程的空间动态。细胞自动机模型是一类由许多相同单元组成的，根据简单的邻域规则即能在系统水平上产生复杂结构和行为的离散型动态模型。

1. 随机景观模型

随机景观模型是基于转移概率的模型。它是生态学中的马尔可夫模型在空间上的扩展。空间马尔可夫模型已被广泛地运用在景观生态学中。传统的马尔可夫概率模型可表示为：

$$N_{t+\Delta t}=PN_t$$

或

$$\begin{bmatrix} n_{1,t+\Delta t} \\ \vdots \\ n_{m,t+\Delta t} \end{bmatrix}=\begin{bmatrix} p_{11}\cdots p_{1m} \\ \vdots \\ p_{m1}\cdots p_{mm} \end{bmatrix}=\begin{bmatrix} n_{1,t} \\ \vdots \\ n_{m,t} \end{bmatrix}$$

式中，N_t 和 $N_{t+\Delta t}$ 分别是由 m 个状态变量组成的状态向量在 t 和 $t+\Delta t$ 时刻的

值；P 是由 m 乘 m 个单元组成的转化概率矩阵；p_{ij} 表示从时间 t 到 $t+\Delta t$、系统从状态 j 转变为 i 的概率。

在模拟景观动态时，最简单而直观的方法就是把所研究的景观根据其异质性特点分类，并用栅格网来表示，每一个栅格细胞属于 m 种景观斑块类型之一。根据两个不同时间的景观图，如植被图、土地利用图等，计算从一种类型到另一类型的转化概率。然后，在整个栅格网上采用这些概率以预测景观格局的变化。斑块类型 j 转变为斑块类型 i 的概率就是栅格网中斑块类型 j 在 Δt 时段内转变为斑块类型 i 的细胞数占斑块类型 j 在此期间发生变化的所有细胞总数的比例，即：

$$p_{ij} = n_{ij} \Big/ \sum_{i=1}^{m} n_{ij}$$

用这种方法计算转化概率时不考虑空间格局本身对转化概率的影响，反映的是景观的总概率，因此它们在预测景观中某些斑块类型变化的面积比例时可以相当准确，但其空间格局方面的误差通常很大（邬建国，2000），因为景观格局的空间动态变化并不严格地遵循马尔可夫过程，也就是说某一景观斑块在空间某一点的状态及其变化并不是随机的，它不但受当时该点所处状态的影响，往往也受周围相邻点状态的影响，即景观空间格局的动态变化具有很强的空间依赖性。另外景观斑块从一种状态向另一状态的转换还将受到自然、经济和社会等因素的综合影响，导致景观动态变化的非马尔可夫过程，尤其是人为景观，如农业景观类型，更是如此。解决这些问题的办法就是在模型中引入空间邻接效应的影响，在这方面，G. M. Turner 在佐治亚州的土地利用动态变化的模拟研究中作了很好的尝试，另外，采用从具有时间序列的遥感图像处理中得到转移概率的办法，可以帮助克服转移概率在模拟过程中保持不变的缺点（苏文贵和常禹，1999）。还有一个改进的办法（邬建国，2000），就是把景观根据其空间特征区域化，然后再分别计算其转移概率。如果区域小到一个栅格细胞，那么上面的公式即可用于每个栅格细胞（见图 5-11）。这时的空间概率模型可用下式表示：

$$N_{t+\Delta t}^{rc} = P^{rc} N_t^{rc}$$

或

$$\begin{bmatrix} n_{1,t+\Delta t}^{rc} \\ \vdots \\ n_{m,t+\Delta t}^{rc} \end{bmatrix} = \begin{bmatrix} p_{11}^{rc} \cdots p_{1m}^{rc} \\ \vdots \\ p_{m1}^{rc} \cdots p_{mm}^{rc} \end{bmatrix} = \begin{bmatrix} n_{1,t}^{rc} \\ \vdots \\ n_{m,t}^{rc} \end{bmatrix}$$

式中，N_t 和 $N_{t+\Delta t}$ 分别是 t 和 $t+\Delta t$ 时刻 r 行 c 列栅格细胞位置上的状态向量；P^{rc} 是反映该空间位置上异质性特点的转化概率矩阵。

空间概率模型的方法是目前景观动态研究的主要方法，运用于自然景观和人为景观空间动态变化的模拟预测中。如对植被演替或植物群落的空间结构变化的研究，[如 Hobbs（1994）、Acevedo 等（1995）和 Balzter 等（1998）]，以及土地利用变化的研究［如 Turner（1987）、Aaviksoo（1995）、Jenertte 和 Wu（2000）等］。

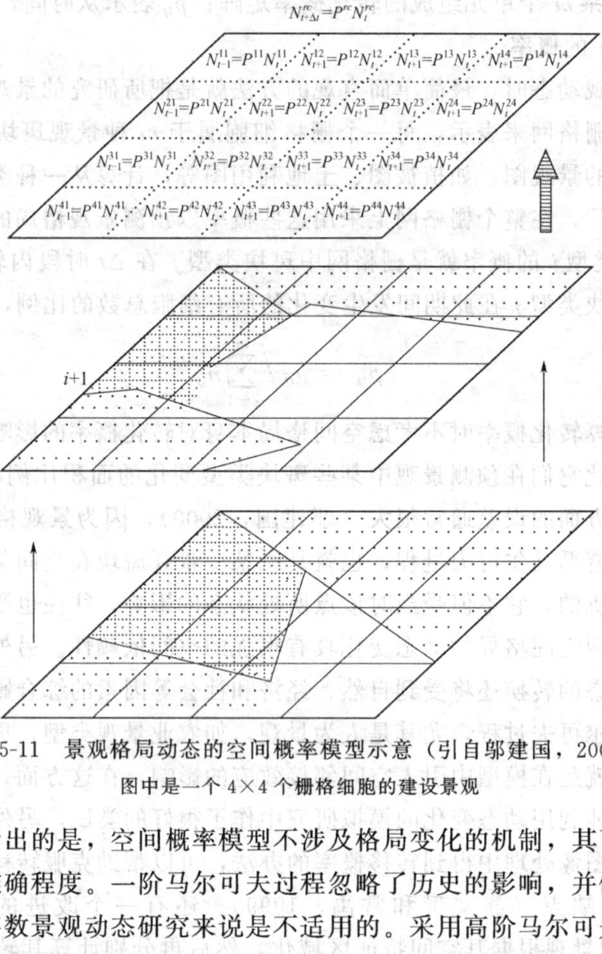

图 5-11 景观格局动态的空间概率模型示意（引自邬建国，2000）

图中是一个 4×4 个栅格细胞的建设景观

这里需要指出的是，空间概率模型不涉及格局变化的机制，其可靠性完全取决于转化概率的准确程度。一阶马尔可夫过程忽略了历史的影响，并假设转化概率稳定，这对于大多数景观动态研究来说是不适用的。采用高阶马尔可夫过程并考虑邻近空间影响会明显地增加转化概率矩阵的准确性以及景观概率模型的合理性（苏文贵和常禹，1999；邬建国，2000）。

2. 细胞自动机模型

细胞自动机模型是指一类由许多相同单元组成的，根据一些简单的邻域规则即能在系统水平上产生复杂结构和行为的离散型动态模型。细胞自动机模型可以是一维的、二维的或三维的。二维细胞自动机模型通常采用正方形细胞组成的栅格网。每个栅格网代表了模型的粒度，也就是空间分辨率。简单地说，细胞自动机模型就是由许多这样简单细胞组成的栅格网，其中每个细胞可以具有有限种状态，邻近的细胞按照某些既定规则相互影响，导致空间格局的变化，而这些局部变化还可以繁衍、扩大，乃至产生景观水平的复杂空间结构（邬建国，2000）。

典型的细胞自动机模型具有如下的特征：①栅格网中所有细胞可具有的状态总数是有限的，而且是已知的；②每一栅格细胞的状态是由它与相邻细胞的局部作用而决定的，也可以是随机的；③这些局部性转化规则在整个栅格的任何位置上都是一致的；④细胞从一种状态转化为另一状态在时间上是离散的，也就是非连续性变化。

一维细胞自动机模型的数学表达式为：

$$a_i^{(t+1)}=\Phi[a_{i-r}^{(t)},a_{i-r+1}^{(t)},\cdots,a_{i+r}^{(t)}]$$

式中，$a_i^{(t)}$ 和 $a_i^{(t+1)}$ 是空间单元 i 在时间 t 和 $t+1$ 时的取值；括号中其他项表示相邻单元在 t 时刻的取值；Φ 表示与这些相邻单元有关的一组转化规则；r 表示相邻单元之间的距离，$r=1$ 时表示只把紧靠单元 i 两边的单元作为相邻者来考虑。

最简单的二维细胞自动机模型是当 $r=1$ 时上式在二维空间栅格上的扩展（图 5-12），即：

$$a_{i,j}^{(t+1)}=\Phi[a_{j-1,j}^{(t)},a_{i+1,j}^{(t)},a_{i,j-1}^{(t)},a_{i,j+1}^{(t)}]$$

式中，$a_{i,j}^{(t+1)}$ 是栅格细胞在 $t+1$ 时刻的值；Φ 表示与相邻细胞有关的转化规则。

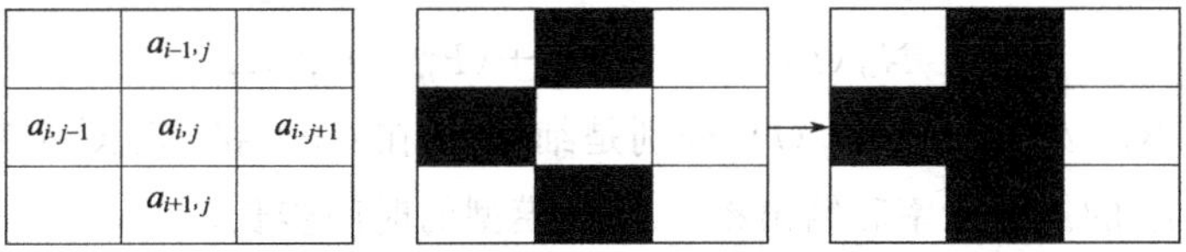

图 5-12 细胞自动机模型示意（引自邬建国，2000）

对相邻细胞的距离（r）及相邻方式的确定依赖于具体研究对象的特征。图 5-13中表示了五种定义邻域的方式。一般以 $r=1$ 时的 van Neumann（四邻）和 Moore（八邻）邻域定义最普遍（邬建国，2000）。

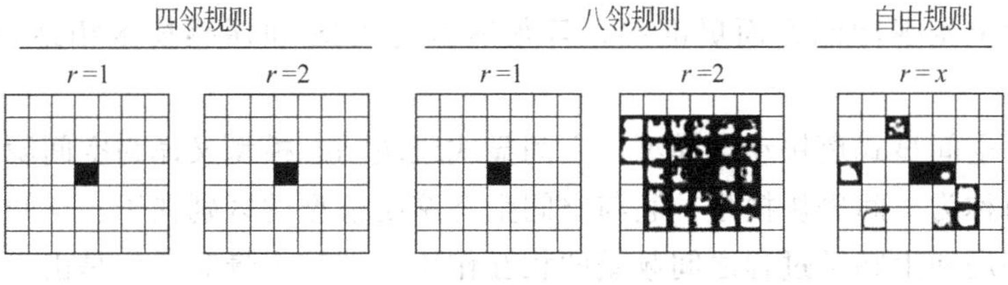

图 5-13 细胞自动机模型中定义邻域的几种方式（引自邬建国，2000）

图中心的黑色细胞是考虑中的中心细胞；灰色细胞（指的是不全是黑色的方块，既有白又有黑点的方块）是其相邻细胞；白色代表景观中其余细胞

细胞自动机模型的最大优点就在于可以把局部小尺度上观测的数据结合到邻域转化规则中，然后通过计算机模拟来研究大尺度上系统的动态特征。

3. 景观过程模型

景观过程模型又称为景观机制模型。根据一定的原则，把景观划分成具有一定几何形状的空间区域（如生境），通过计算这些空间区域之间产生的各种生态过程和相应的流（物质流、能量流和信息流）的变化，来模拟其空间结构特征及其动态变化。虽然空间概率模型和细胞自动机模型可以通过扩展使其在一定程度上反映某些生态学机制，但是，空间概率模型和细胞自动机模型大都是用来模拟景观空间格局动态的，二者相结合再加上对邻域规则限制条件的放松，可以提高这些方法在表现生态学过程或机制方面的能力（David 和 Wu，2000）。许多景观机制模型是通过将非空间生态学过程模型空间化后发展起来的。

（1）空间生态系统模型　空间生态系统模型的一般数学公式为：

$$\frac{\partial S_i}{\partial t}=f_i(S,F)+\nabla(D_i\nabla S_i)$$

式中，S_i 是某一生态学变量，如养分含量、种群密度、干扰面积等；F 是环境因素的影响，如温度、水分、光照等；D_i 是所研究过程的空间扩散或传播能力的系数；∇ 表示空间梯度。

例如具有一地形梯度的景观，由 4×4 个栅格细胞组成。要描述土壤中氮含量在空间和时间上的变化，那么，模型的状态变量是每个栅格细胞中的含氮量（$N_{11},N_{12},\cdots,N_{44}$）。它们随时间的变化可以表示为：

$$N_{ij}(t+1)=N_{ij}(t)+(F_{ij}^{\text{in}}-F_{ij}^{\text{out}})\Delta t$$

式中，$N_{ij}(t+1)$ 和 $N_{ij}(t)$ 分别是细胞 ij 在 $t+1$ 和 t 时刻的含氮量，F_{ij}^{in} 和 F_{ij}^{out} 是细胞 ij 的氮转入率和输出率；Δt 是模型的时间步长。

这个例子可扩大到更大的空间尺度，并考虑一系列物理和生态学过程。一种常见的方法是把景观按空间异质性分成许多空间单元（或栅格细胞），然后把结构上相同或相似的生态系统单元模型“移植”到这些空间栅格细胞中。由于空间单元在土壤、地形以及生物等方面的特征反映了景观的空间异质性，再加上考虑单元间的能量和物质交换过程，这类空间生态系统模型比传统的非空间生态系统模型在模拟不同尺度上景观功能方面更准确，且很适宜与 GIS 和遥感技术相结合（邬建国，2000）。

（2）空间显式斑块动态模型　空间显式斑块动态模型又译为空间明晰斑块动态模型，简称为空间斑块模型。它与空间生态系统模型的区别在于：空间斑块模型突出空间格局和生态学过程之间频繁的相互作用；把整个景观看作是由大小、形状以及内容不同的斑块组成的动态镶嵌体；明确地把斑块的形成、变化和消失过程作为模型的重要组成部分；把斑块镶嵌体空间格局动态与生态学过程在斑块以及景观水平上直接耦合在一起。空间斑块模型最适宜于格局和过程作用频繁、斑块周转率快的生态系统。

森林林隙动态模型是常见的一类斑块动态模型。林隙动态模型目前已有几百个之多（于振良和赵士洞，1997），传统的林隙动态模型属于准空间模型，它只是在斑块尺度上是空间显式的（邬建国，2000）。Smith 和 Urban 把传统的林隙模型在空间栅格网上展开，发展了空间显式林隙动态模型——ZELIG 模型。空间显式林隙动态模型把局部性干扰与树木种群动态耦合在一起，有效地考虑了格局和过程的相互作用以及随机事件，但因其采用栅格方法，把林隙作为规则划分的单个栅格细胞或多个细胞的聚合体，不宜于模拟斑块间叠合现象非常普遍而复杂的情形。

邬建国和 Levin（1994，1997）提出了矢量型空间显式斑块动态模型——PatchMod 模型。图 5-14 是这个模型的结构示意。这个模型包括两个子模型：一个是具有年龄结构和大小结构的空间显式干扰斑块（地鼠土丘）统计学模型；另一个是包含两个物种的种群动态模型。前者模拟地鼠土丘的时空变化，后者通过跟踪景观中每一斑块上植物种群生长和繁殖过程来模拟植被格局动态。

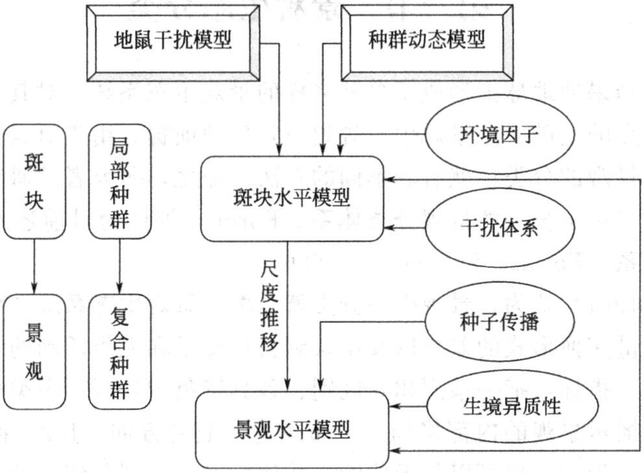

图 5-14　PatchMod 模型结构示意（引自邬建国，2000）

第六章 景观生态分类与评价

第一节 景观生态分类

异质性的结果使地球上形成了多种多样的景观生态系统，对其进行分类是景观结构和功能研究的基础，是景观生态规划与管理的前提。由于对景观定义的理解不同，因而对于景观的分类也就有着不同的看法。加之，研究者的研究目的不同，所以，目前还没有一个统一的景观分类体系。Forman 等认为目前还不可能提出一个统一的分类体系（Forman 和 Godron，1986）。

傅伯杰（1991）认为，景观生态分类就是根据景观生态系统内部水热状况的分异、物质与能量交换形式的差异以及反映到自然要素和人类活动的差异，按照一定的原则、依据、指标，把一系列相互区别、各具特色的景观生态类型进行个体划分和类型归并，揭示景观的内部格局、分布规律、演替方向。J. A. 霍华德认为景观的分类可以是人为的，也可以是天然的。并认为天然的划分使用的是能看得见的地形、土壤剖面和植物群落等变量。王仰麟（1996）认为，结构是功能的基础，功能是结构的反映。景观生态系统是由多种要素相互关联、相互制约构成的，具有有序内部结构的复杂四维地域综合体。不同的系统类型，具有相异的内部结构，功能自然就不同。景观生态分类实际就是从功能着眼，从结构着手，对景观生态系统类型的划分。通过分类系统的建立，全面反映一定区域景观的空间分异和组织关联，揭示其空间结构与生态功能特征，以此作为景观生态评价和规划管理的基础。

一、景观生态分类的原则

景观生态的分类应该按照一定的原则进行，由于研究目的的不同，遵循的原则也应有别。目前尚没有统一的景观分类原则。肖笃宁（1998）在总结目前景观分类原则的基础上，认为景观生态分类的原则有以下要点。

① 景观分类首先必须明确景观单元的等级，根据不同的空间尺度或图形比例尺的要求来确定分类的基础单元。

② 景观分类应体现出景观的空间分异与组合，也就是不同景观之间既相互独立又相互联系。

③ 景观分类要反映出控制景观形成过程的主要因子，如地貌与植被。

④ 景观分类包括单元确定和类型归并，前者以功能关系为基础，后者以空间形态为指标。

⑤ 景观分类应体现人类活动对于景观演化的决定作用。

笔者认为，景观生态分类原则如下。

① 综合性原则　景观是区域综合体，因而对其分类应体现出综合体的特征。

② 主导因子原则　景观的形成是多种因子综合作用的结果，但各种因子在景观形成中的作用是不同的，景观分类要反映出控制景观形成过程的主要因子。该原则的另一个含义是指对研究目的而言的主要因子，也就是说根据与研究内容有关的所要考虑的主要因子来划分景观。

③ 实用原则　对景观类型的划分，应因其实用目的而定，对同一景观而言，不同的研究者，其目的不同，研究的侧重不同，因而对景观的分类也就不可能一样。正如对人既可按照性别来划分，又可按照职业来划分，也可按照年龄来划分一样。具体的划分，应依据研究目的而定。

二、主要景观分类系统

由于研究者的研究目的不同，不同的研究者提出的分类也不一样。就目前来看，主要有下面的几种景观分类系统。

（一）景观的植被-地貌分类

J. A. 霍华德把自然景观单元看作土地单元。在确定某一地区的土地单元时同时考虑地貌和植被。他对中小型土地单元划分出土地系统、土地片、土地区片和土地素等级别，对较大的植被-地貌土地单元分为土地带、土地大区、土地区域和土地亚省等级别，然后根据研究的不同在某一级下再划分。可见这实质上是土地分类。

与此相类似，Zonneveld（1995）认为土地是景观生态的中心，因而他认为对景观的分类就是对土地的分类。他提出了自下而上的 4 个等级：生境（或立地）、土地刻面、土地系统、景观。

美国农业部林务署制定的全美生态单位等级也与此类似。根据空间尺度的不同，景观生态系统采用不同的生态学单位，把全美景观生态系统分为 8 个等级（见表 6-1）。其中“领域”单纯按总体气候特征来划分（冷、热、干、湿）；“区域”是根据地质和地壳的特征来划分的（山地、平原等）；“亚地区”根据具体地形来划分；“生态土地类型集”则强调的是地形地势和区域性水文的空间特征；“生态土地类型”主要根据水文关系（坡度和坡向等）和土壤类型来划分；“生态土地类型相”根据植物种群、指示性植物以及土壤特性来划分。

表 6-1　美国农业部林务署制定的全美生态单位等级（引自邵国凡等，2001）

空间尺度	应用目的	生态单位名称
生态区：大于数万平方公里	大区域的模拟、抽样、规划、评价及国际合作	第 1 级：领域（Domain） 第 2 级：区域（Dision） 第 3 级：省（Province）
亚区：数千公里	多州和部门间的合作分析与评价	第 4 级：地区（Section） 第 5 级：亚地区（Subsetion）
景观：数百平方公里	对经营单位或流域的规划和分析	第 6 级：生态土地类型集（ecological land type association）
土地单位：小于数十平方公里	森林保护和利用活动的规划和分析	第 7 级：生态土地类型（ecological land type） 第 8 级：生态土地类型相（ecological land type phase）

我国把土地类型理解为以地表环境自然地理各要素相互作用所形成的自然综合体，实际上近似于景观类型的划分（肖笃宁，1998）。可见土地分类是一种景观生态分类，只是它不能全部反映实际存在的多种多样的景观类型。而景观生态分类是土地分类的深化（肖笃宁，1998；王仰麟，1996）。

（二）Westhoff 的景观分类

Westhoff（1977）根据景观的性质对景观进行了分类，而景观的性质是由植被和土壤的格局与过程的特征值、动植物成分等来推断。Westhoff 把景观分为四个主要类型：自然景观、亚自然景观、半自然景观和农业景观（见表 6-2）。显然这没有把城市景观包括在内。而 Marrel 还把栽培植物的级别差异包括在内，对该系统进行了补充，分出了自然景观、近自然景观、半（农）自然景观、农业景观、近农业景观和文化景观（见表 6-3）。

表 6-2　Westhoff 根据景观的性质对景观的主要分类（引自 Naveh，1993）

景观类型	植物与动物	植物与土壤的发育	例　子
自然景观	天然的	人类无影响	Wadden 部分地区（泥地、滩涂和盐沼）
亚自然景观	完全或大部分是天然的	人类在某种程度上有影响	部分沙丘景观、大多数盐沼、内地流沙、砍伐的落叶林、沼泽水生演替的最后阶段
半自然景观	大部分是天然的	人类有强烈的影响（其他群系，而并非潜在自然植被）	疗养地、寡营养草地、蓑衣草沼泽地、芦苇沼泽地、内地沙丘草地、小灌木苗圃、柳苗圃和受人管理的许多林地
农业景观	主要是人类管理	人类影响极为强烈（经常给土壤施肥并排水；杂草、新来杂草和园艺退化植物）	可耕地、播种草地、公园针叶林

表 6-3　Marrel 对景观生态的分类（引自 Naveh，1993）

景观类型	栽培植物情况	基层变化	植被结构变化	植物成分变化	失去的乡土植物	得到的新来杂草
自然景观	无栽培植物	无	无	无	0	0
近自然景观	少	很少	无	多数种类是自然的	<1%	5%
半(农)自然景观	中	小而少的变化	其他生活型占优势	多数种类是自然的	1%～5%	5%～12%
农业景观	良好	适当的变化	作物占优势	自然种类很少	6%	13%～20%
近农业景观	多	变化的人工基层	稀疏短命植物	种类很少到没有	?	21%～28%
文化景观	超栽培植物	变化的人工基层	—	—	—	—

（三）Naveh 的景观分类

Z. Naveh（1993）根据能量、物质和信息对景观生态进行了分类（图 6-1），分为自然景观、半自然景观、半农业景观、农业景观、乡村景观、城郊景观和城市工业景观。

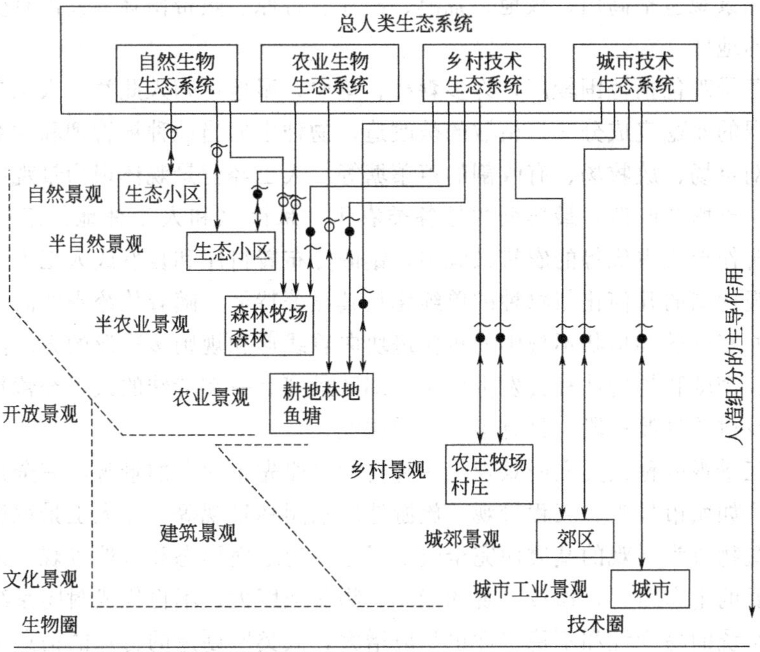

图 6-1　Naveh 提出的景观分类系统（引自肖笃宁等，2003）

（四）Forman 和 Godron 的景观分类

Forman 和 Godron（1986）根据人类对自然景观的干扰程度，把景观分为 5 类。

① 自然景观：没有明显的人类影响，如赤道地区的原始热带雨林景观。这种自然景观只有相对的意义，因为完全不受人类影响的景观寥寥无几。这里所说的没有明显的人类影响指的是人类的干扰没有改变自然景观的性质。

② 管理景观：人类可以收获的林地和草地。

③ 耕作景观：种植的农田以及与之相伴的村庄、树篱、道路、水塘等形成的景观。

④ 城郊景观：城镇和乡村地区，并交错分布有住宅区、商业中心、农田、人工植被和自然地段。

⑤ 城市景观：建筑群密集，零星分布有人工管理的公园。

（五）肖笃宁的景观分类

肖笃宁（1998）认为景观总是或多或少与人类干扰有关联。他按照人类影响强度把景观首先区分为自然景观、经营景观和人工景观。进一步把自然景观分为原始景观和轻度人为活动干扰的自然景观。经营景观分为人工自然景观和人工经营景观。

自然景观的共同特点是它们的原始性和多样性，不论是由于地貌过程还是生态过程所产生的景观特有性和生物多样性，都具有很大的科学价值，一旦破坏难以恢复。自然景观包括高山、极地、荒漠、沼泽、苔原、热带雨林等尚没有受到人类活动扰动的地区。

经营景观包括范围较广，许多森林、草原、湿地可归入此类。人工自然景观表现为景观的非稳定成分——植被的被改造，物种中的当地种被管理和收获，如采伐林地、刈草场、放牧场、有收割的芦苇塘等。人工经营景观体现为景观中较稳定的成分——土壤被改造，最典型的是各类农田、果园（和人工林地）组成的农耕景观。在耕作地块占优势的农耕景观中，镶嵌分布着村庄和自然或人工生态系统的斑块，景观构图的几何化与物种的单纯化是其显著特征。随着传统农业向现代农业的演进，原有分散和形状不规则的耕作斑块向着线形和规则多边形的方向演变，斑块的大小、密度和均匀性都会发生变化。郊区景观是一类特殊的人工经营景观，位于城市和乡村的过渡地段，具有很大的异质性。

人工景观或称人类文明景观是一种自然界原先不存在的景观，完全是人类活动所创造。如城市景观、工程景观、旅游地风景园林景观等。在人工景观里，大量的人工建筑物成为景观的基质而完全改变了原有的地面形态和自然景观，人类成为景观中主要的生态组合，通过景观的能流、物流强度大，不再构成封闭系统，同时整个复合系统的易变性和不稳定性也相应增大，人类所创造的特殊的信息流渗透到一切过程中，许多原有的自然规律正在经受新的检验。人工景观的共同特征是：空间布局规则化；经济性显著，能量效率高；功能高度特化，转化效率大；追求景观的视觉多样性。

（六）陈利顶等的分类

陈利顶等（2006）根据不同景观类型的功能，把景观分为“源”景观和“汇”景观两种类型。“源”景观是指那些能促进过程发展的景观类型，“汇”景观是那些能阻止或延缓过程发展的景观类型。并认为“源”“汇”景观的性质是相对的，对于某一过程的“源”景观，可能是另一过程的“汇”景观。“源”“汇”景观的分析必须针对特定的过程。“源”“汇”景观区分的关键在于判断景观类型在生态过程演变中所起的作用，是正向推动作用还是负向滞缓作用。

（七）周华荣的分类

周华荣（2007）根据地域分异规律、景观人为干扰以及景观生态差异原则，在中尺度上把景观分为四级单位：景观类型、景观系、景观组和景观型。必要时增加辅助单位，如在景观类型下设景观亚类，景观型下设景观亚型，或在景观型上设景观型组等。

景观类型：凡地质基础和大的地貌单元及气候带相同的景观联合为景观类型，

即基质性质相同的景观，这是地域分异规律的体现，在干旱区主要分为山地景观、平地景观。

景观亚类：在景观类型内，根据景观功能、土地利用方式的不同，以及人为干扰程度的不同来划分景观亚类。如山地林地景观、山地草地景观、平原草地景观等。

景观系：景观中嵌块体性质相同，景观功能及人为干扰方式和效果相似的景观联合为景观系，如湿地水域景观、湿地沼泽景观、绿洲耕地景观、绿洲人居景观、有林地景观、灌木林景观、高覆盖度草地景观等。

景观组：景观系内景观生态条件相似，人为利用方式或起源相同的景观联合为景观组，如平原绿洲水浇地农田景观、平原绿洲村镇聚落景观等。林地、草地景观利用植物群落学中的群系组加以命名，如胡杨林地、柽柳灌木林、芦苇草甸等。

景观型：凡是景观要素相同，特别是生物量（草场产草量、森林蓄积量）相近，或土地承载量差异不大的景观可联合为景观型，为景观分类的基本单位。自然、半自然景观可直接用植物群系或群系名称命名，必要时可划分出亚型。

三、景观生态分类案例

（一）沈阳市东陵区景观生态分类

赵羿等在编制沈阳市东陵区景观生态图时，把形成具有相同景观生态特征的斑块作为分类系统的基本单位，然后进行类群归并与等级划分，形成东陵区景观生态系统。他们采用了3级分类系统。分类的第一级是按人为干扰强度来确定，也就是把土地利用现状作为划分标志。具体分为四类：自然景观、半自然景观、农业景观和人工建筑景观。另外附加了2种特殊景观类型：水域景观和廊道景观。第二级是农业地貌类型。按地形的高度、坡度、形态、成因类型等因子来划分，具体分为：冲洪积河滩地、冲洪积平地、冲洪积平缓地、剥蚀-堆积岗地、丘陵区冲洪积沟谷地、剥蚀低丘陵坡地、剥蚀低丘陵、构造-剥蚀高丘陵8种类型。第三级以土壤质地、土壤类型和地表植物群落（或作物类型）为标志。这一级是分类的基本单元，也是上图单元，相当于景观生态学上的“子整体”（holon）。土壤质地分为砂质、壤质、黏质3类，对土壤质地变化大的地段采用复合类型，如砂壤质。土壤类型一般分到土类，但本区棕壤面积大，为确切起见，分到亚类。植物群落分到群系。命名采用连续命名法。由于水域是一种特殊的生态系统，很难用人为干扰强度、地貌过程来分级，因而单独作为一种类型。廊道属线状地物，与斑块的结构、功能和变化不同，也单独作为一种类型。

该分类系统的基本分类单元，即上图单元，是在同一人为干扰强度下形成的，具有同一地貌过程，相同的土壤类型，相同的植物群系或相同的土地利用方式，相近的景观生态演变历史。因而生态保护、利用和管理的途径也相同。

东陵区景观生态分类系统如下：

Ⅰ 自然景观

　Ⅰ$_1$ 冲洪积河滩地

　　Ⅰ$_{1-1}$砂质风积地裸地

　Ⅰ$_2$冲洪积平地

　　Ⅰ$_{2-1}$砂壤质草甸地杂类草草甸

Ⅱ 半自然景观

　Ⅱ$_1$ 冲洪积河滩地

　　Ⅱ$_{1-1}$砂质风积土杨柳林

　Ⅱ$_2$剥蚀-堆积岗地

　　Ⅱ$_{2-1}$壤质棕壤刺槐林

　　Ⅱ$_{2-2}$壤质棕壤油松林

　　Ⅱ$_{2-3}$壤质棕壤榛子、蒙古栎矮林

　　Ⅱ$_{2-4}$壤质棕壤蒿类、灌丛

　Ⅱ$_3$剥蚀低丘陵

　　Ⅱ$_{3-1}$砂壤质棕壤性土栎林

　　Ⅱ$_{3-2}$砂壤质棕壤性土刺槐林

　　Ⅱ$_{3-3}$壤质棕壤油松林

　　Ⅱ$_{3-4}$砂壤质棕壤性土落叶松林

　　Ⅱ$_{3-5}$砂壤质棕壤性土油松、栎林

　　Ⅱ$_{3-6}$砂壤质棕壤性土榛子、蒙古栎矮林

　Ⅱ$_4$构造-剥蚀高丘陵

　　Ⅱ$_{4-1}$砂壤质棕壤性土栎林

　　Ⅱ$_{4-2}$砂壤质棕壤性土刺槐林

　　Ⅱ$_{4-3}$壤质棕壤性土油松林

　　Ⅱ$_{4-4}$砂壤质棕壤性土落叶松林

　　Ⅱ$_{4-5}$砂壤质棕壤性土油松、栎林

　　Ⅱ$_{4-6}$砂壤质棕壤性土榛子、蒙古栎矮林

Ⅲ 农业景观

　Ⅲ$_1$冲洪积河漫滩

　　Ⅲ$_{1-1}$砂质风砂土旱田

　　Ⅲ$_{1-2}$壤质风砂土旱田

　　Ⅲ$_{1-3}$壤质风砂土水田

　　Ⅲ$_{1-4}$壤质风砂土菜田

　Ⅲ$_2$冲洪积平地

　　Ⅲ$_{2-1}$砂质草甸土旱田

　　Ⅲ$_{2-2}$壤质草甸土旱田

$Ⅲ_{2\text{-}3}$黏质草甸土旱田

$Ⅲ_{2\text{-}4}$壤质水稻土旱田

$Ⅲ_{2\text{-}5}$黏质水稻土水田

$Ⅲ_{2\text{-}6}$壤质菜园土菜田

$Ⅲ_{2\text{-}7}$壤质草甸土园地

$Ⅲ_{2\text{-}8}$壤质草甸土苗圃

$Ⅲ_{3}$冲洪积平缓地

$Ⅲ_{3\text{-}1}$壤质潮棕壤旱田

$Ⅲ_{3\text{-}2}$黏质潮棕壤旱田

$Ⅲ_{4}$剥蚀-堆积岗地

$Ⅲ_{4\text{-}1}$壤质棕壤旱田

$Ⅲ_{4\text{-}2}$壤质棕壤园地

$Ⅲ_{5}$丘陵区冲洪积沟谷地

$Ⅲ_{5\text{-}1}$壤质草甸土旱田

$Ⅲ_{5\text{-}2}$黏质草甸土旱田

$Ⅲ_{5\text{-}3}$壤质潮棕壤旱田

$Ⅲ_{5\text{-}4}$黏质潮棕壤旱田

$Ⅲ_{5\text{-}5}$壤质水稻土水田

$Ⅲ_{6}$剥蚀低丘陵坡地

$Ⅲ_{6\text{-}1}$壤质棕壤旱田

$Ⅲ_{6\text{-}2}$壤质棕壤园地

Ⅳ 人工建筑景观

$Ⅳ_{1}$城镇

$Ⅳ_{2}$居民点

$Ⅳ_{3}$独立工矿及交通用地（不包括铁路、公路等线状地物）

$Ⅳ_{4}$旅游地

Ⅴ 水域景观

$Ⅴ_{1}$河流

$Ⅴ_{2}$坑塘

$Ⅴ_{3}$水库

Ⅵ 廊道

$Ⅵ_{1}$铁路

$Ⅵ_{2}$公路

$Ⅵ_{3}$沟渠

（二）塔里木河中下游河流廊道区域的景观生态分类

周华荣（2007）把塔里木河中下游地区景观进行了分类（表6-4）。

表 6-4 新疆塔里木河中下游地区景观生态分类系统（引自周华荣，2007）

景观类型	景观亚类	景观系	景观组	景 观 型
平原景观	绿洲景观	农田景观	水浇地/平原旱地	棉花、玉米、小麦
			水田	水稻
		居住景观	农村	院落、道路、房屋
			城镇	建筑、道路、广场
		林地景观	有林地	胡杨林群系
			灌木林地	柽柳、铃铛刺群系
			疏林地	稀疏胡杨林
			其他林地	果园、防护林带
		草地景观	高覆盖度草地	芦苇、罗布麻、花花柴群系等
			中覆盖度草地	芦苇、罗布麻群系等
			低覆盖度草地	芦苇、罗布麻、琵琶柴、麻黄群系
		湿地景观	河流、渠道	干流、支流、干渠、支渠
			湖泊	淡水、咸水、季节、常年
			水库、坑塘	水库、坑塘
			滩地	
			沼泽	典型沼泽、盐沼；常年、季节性
	荒漠景观	荒漠化景观	沙地景观	固定、流动、半固定沙丘
			戈壁	
			裸岩砾景观	裸岩、裸砾石
			裸土地景观	
		盐碱地景观	盐碱地景观	强、中、弱盐渍化土盐生植物群落

（三）双台河口保护区生境的景观生态分类

双台河口保护区位于辽河三角洲，双台子河入海处，是国家级自然保护区，主要保护丹顶鹤等珍稀水禽及其赖以生存的湿地生态环境。胡远满（1997，1999）根据干扰、食物、隐蔽物等生境因素对双台河口保护区的水禽生境进行景观生态分类，采用的是多指标综合分类。对水的分类，考虑大型涉禽的跗跖常超过 25cm，如白鹳的跗跖长达 29cm，体形小的白鹤跗跖也长达 24.3cm，因此按积水 30cm 为界分为深积水与浅积水。隐蔽物的稀疏程度的界限指标：稠密，植被覆盖度＞

30%；稀疏，植被覆盖度≤30%。隐蔽物的高低界限是：平均植物高>1m为高，30cm～1m为中，<30cm为低。高隐蔽物足以隐蔽站立的大型鸟类，中隐蔽物能隐蔽站立的小型鸟和孵卵的大型鸟，低隐蔽物能隐蔽孵卵的小型鸟且不高于大型涉禽的跗跖高度。各因素分级或分类见表6-5～表6-8。

表6-5 鸟类生境干扰分级（引自胡远满，1997，1999）

分类	区域示例	特　征
无干扰	防潮堤外滩涂 潮间带 江心洲、河漫滩	无人类的频繁活动 无车船或油井 不直接干扰鸟类行为
轻干扰	防潮堤内滩涂 苇田；河流；水库 天然草地	生产经营活动较粗放 土地利用方式改变不大 不直接投放化肥农药
中干扰	农田；牧草地；果园；虾蟹田 道路缓冲区；工作油井缓冲区；废弃油井 有较多油井分布的苇田	农业生产活动集约化 缓冲距离内有强干扰 人工建筑物废弃设施
重干扰	居民点及工矿用地 道路、工作油井	工商业生产经营活动 对土地结构造成破坏

表6-6 鸟类生境中水的分级（引自胡远满，1997，1999）

分　级	区域示例	特　征
干燥	居民点及工矿地 路面；堤坝 旱地；果园	地面或土壤干燥 表土含水量<10% 无湿生或水生植被
潮湿	湿草地	表土含水量>10% 地下水位高但无积水
浅积水	平坦苇田；水稻田	积水<30cm
深积水	河流；虾蟹田；低洼苇田 潮间带下部滩涂	平均低潮线以下 积水>30cm
潮间带	潮间带上部滩涂	间歇性水淹

表6-7 鸟类生境的食物分类（引自胡远满，1997，1999）

	描　述	区域示例
谷物草籽	陆地植物性食物	稻田、旱地、居民工矿地
鱼类	陆地积水区鱼类、水栖昆虫、蛙类、浮游动植物等	积水苇田、河流
虾蟹	虾蟹田的虾蟹、浮游动植物	虾蟹田
无脊椎动物	淤泥质滩涂底泥中的无脊椎动物、滩涂鱼	潮间带滩涂上部
浮游生物	海洋浮游藻类、浮游动物等	潮间带滩涂下部

表 6-8 鸟类生境隐蔽物分类（引自胡远满，1997，1999）

隐蔽物类型	隐蔽物名称
稠密高隐蔽物	稠密高紫穗槐芦苇田 稠密高芦苇田 稠密高香蒲芦苇田
稠密中隐蔽物	稠密中白茨碱蓬草地 稠密中翅碱蓬钢草滩涂 稠密中水稻田 稠密中旱作耕地
稀疏高隐蔽物	稀疏高香蒲芦苇田 稀疏高苹果园
稀疏中隐蔽物	稀疏中柽柳翅碱蓬沙地 稀疏中碱蓬 稀疏中翅碱蓬滩涂 稀疏中翅碱蓬钢草江心洲 稀疏中翅碱蓬钢草河漫滩
稀疏低隐蔽物	稀疏低柽柳芦苇草地
开阔空间	裸滩涂 河流 潮沟 虾蟹田 水库
人工建筑物	居民点及工矿用地 道路 废弃油井 工作油井

命名采用的是分段命名法。其分类系统如下：

无干扰干燥谷物草籽稀疏中碱蓬草地

无干扰潮湿谷物草籽稀疏中柽柳翅碱蓬沙地

无干扰浅积水鱼类稠密高芦苇田

无干扰浅积水鱼类稠密高香蒲芦苇田

无干扰浅积水鱼类稀疏高香蒲芦苇田

无干扰浅积水鱼类稀疏中翅碱蓬滩涂

无干扰深积水鱼类稠密高香蒲芦苇田

无干扰深积水鱼类潮沟

无干扰深积水浮游生物裸滩涂

无干扰潮间带无脊椎动物稀疏中翅碱蓬滩涂

无干扰潮间带无脊椎动物稠密中翅碱蓬钢草滩涂

无干扰潮间带无脊椎动物裸滩涂

无干扰潮间带无脊椎动物稀疏中翅碱蓬钢草江心洲
无干扰潮间带无脊椎动物稀疏中翅碱蓬钢草河漫滩
轻干扰干燥谷物草籽稠密中白茨碱蓬草地
轻干扰潮湿谷物草籽稀疏中柽柳翅碱蓬沙地
轻干扰潮湿谷物草籽稀疏中碱蓬草地
轻干扰浅积水谷物草籽稀疏中柽柳翅碱蓬沙地
轻干扰浅积水鱼类稠密高紫穗槐芦苇田
轻干扰浅积水鱼类稀疏中碱蓬草地
轻干扰浅积水鱼类稠密高芦苇田
轻干扰深积水鱼类稀疏中碱蓬草地
轻干扰深积水鱼类稀疏高香蒲芦苇田
轻干扰深积水鱼类稠密高香蒲芦苇田
轻干扰深积水鱼类河流
轻干扰深积水鱼类水库
轻干扰潮间带无脊椎动物稠密中翅碱蓬钢草滩涂
中干扰干燥谷物草籽裸滩涂
中干扰干燥谷物草籽稀疏高苹果园
中干扰干燥谷物草籽稠密中旱作耕地
中干扰干燥谷物草籽居民工矿用地
中干扰干燥谷物草籽废弃油井
中干扰潮湿谷物草籽稀疏低柽柳芦苇草地
中干扰浅积水谷物草籽稠密中水稻田
中干扰浅积水鱼类稠密高芦苇田
中干扰浅积水鱼类裸滩涂
中干扰深积水鱼类稠密高香蒲芦苇田
中干扰深积水鱼类稀疏高香蒲芦苇田
中干扰深积水鱼类裸滩涂
中干扰深积水河流
中干扰深积水虾蟹虾蟹田
重干扰干燥谷物草籽裸滩涂
重干扰干燥谷物草籽居民工矿用地
重干扰干燥谷物草籽道路
重干扰干燥谷物草籽工作油井
重干扰潮湿谷物草籽稀疏低柽柳芦苇草地

（四）辽河三角洲湿地景观生态分类

王宪礼根据地貌、土壤、植被等对辽河三角洲湿地景观进行了分类。他把地貌分为人文地貌（包括居民用地和工业用地等）、砾沙质冲洪积扇、平洼地、低湿地、低平地、滩涂（海岸）、砂洲（河口砂洲与江心洲）、河流与河漫滩和三角洲。土壤分到亚类。如碳酸盐草甸土、盐化草甸土、滨海盐土、草甸盐土、草甸沼泽土、盐化沼泽土等。植被分为草甸芦苇群落、獐茅芦苇群落、盐地碱蓬群落、芦苇群落、香蒲群落和种植群落。他认为地貌上的三角洲与通常所称的辽河三角洲是有区别的，这里按地貌所分的三角洲是指大凌河的河口三角洲。同时把廊道单独进行了分类。其景观生态分类系统如下：

Ⅰ　人工景观

$Ⅰ_1$居民与工矿用地

$Ⅰ_2$库塘

$Ⅰ_3$虾蟹田

Ⅱ　砾沙质冲洪积扇景观

$Ⅱ_1$旱作盐化草甸土农田

$Ⅱ_2$水耕盐化草甸土农田

$Ⅱ_3$草甸芦苇盐化草甸土冲洪积扇

$Ⅱ_4$林地盐化草甸土冲洪积扇

Ⅲ　平洼地景观

$Ⅲ_1$旱作盐化草甸土平洼地

$Ⅲ_2$水耕盐渍化水稻土平洼地

$Ⅲ_3$旱作碳酸盐草甸土平洼地

$Ⅲ_4$林地盐化草甸土平洼地

$Ⅲ_5$草甸芦苇盐化草甸土平洼地

$Ⅲ_6$水耕潜育型水稻土平洼地

Ⅳ　低湿地景观

$Ⅳ_1$草甸芦苇沼泽盐土低湿地

$Ⅳ_2$水耕盐渍化水稻土低湿地

$Ⅳ_3$芦苇盐化沼泽土低湿地

$Ⅳ_4$草甸芦苇滨海盐土低湿地

$Ⅳ_5$香蒲芦苇盐化沼泽土低湿地

$Ⅳ_6$芦苇沼泽盐土低湿地

$Ⅳ_7$盐地碱蓬滨海盐土低湿地

$Ⅳ_8$香蒲芦苇沼泽盐土低湿地

$Ⅳ_9$盐地碱蓬一年生盐化草地滨海盐土低湿地

$Ⅳ_{10}$香蒲沼泽土低湿地

$Ⅳ_{11}$水耕雏形水稻土低湿地

$Ⅳ_{12}$碱蓬滨海盐土低湿地

Ⅴ　低平地景观

$Ⅴ_1$旱作盐化草甸土低平地

$Ⅴ_2$水耕盐渍型水稻土低平地

$Ⅴ_3$水耕潜育型水稻土低平地

$Ⅴ_4$果木盐化草甸土低平地

$Ⅴ_5$草甸芦苇盐化草甸土低平地

Ⅵ　滩涂景观

$Ⅵ_1$盐地碱蓬潮间带盐土滩涂

$Ⅵ_2$裸地潮间带盐土滩涂

$Ⅵ_3$裸地潮间带盐土潮沟

$Ⅵ_4$芦苇盐地碱蓬潮间带盐土滩涂

Ⅶ　砂洲景观

$Ⅶ_1$盐地碱蓬河口冲积土砂洲

$Ⅶ_2$裸露河口冲积土砂洲

$Ⅶ_3$盐地碱蓬冲积土江心洲

$Ⅶ_4$草甸冲积土江心洲

Ⅷ　河流、河漫滩景观

$Ⅷ_1$芦苇冲积土河漫滩

$Ⅷ_2$草甸冲积土河漫滩

$Ⅷ_3$裸露冲积土河漫滩

$Ⅷ_4$河流

$Ⅷ_5$碱蓬冲积土河漫滩

$Ⅷ_6$水耕盐渍型水稻土河漫滩

$Ⅷ_7$旱作冲积土河漫滩

Ⅸ　三角洲景观

$Ⅸ_1$ 獐茅芦苇盐化草甸土三角洲

$Ⅸ_2$芦苇沼泽盐土三角洲

$Ⅸ_3$芦苇盐地碱蓬滨海盐土三角洲

$Ⅸ_4$柽柳灌丛滨海盐土三角洲

$Ⅸ_5$杂木林冲积土三角洲

（五）深圳城市景观生态分类

韩荡（2003）认为，人在城市中的经济活动是城市景观中的主要生态活动，它塑造并维持了高度异质的城市景观，并使后者承担着远远复杂于自然景观和农业景观的城市功能，人类的活动会对城市景观产生负面效应。据此，把城市景观分为建设景观、旅游休闲景观、农业景观、环境景观和水体景观五个大类（表 6-9）。

表 6-9 基于景观生态学理论的城市景观分类（引自韩荡，2003）

分类		人类主要活动方式	人的活动强度/对景观的“干扰”程度	景观抗“干扰”能力
一级分类	二级分类			
建设景观	生产性景观 消费服务性景观 居住景观 办公景观 交通市政景观	城市人口生产生活，农村人口生活 工业生产 消费和文教体卫娱等服务活动 城乡人口居住 公务与商务 联系与交流	人类活动强度大，基本无负面“干扰”	最大
旅游休闲景观	旅游休闲景观	审美与休闲	人类活动强度较大，负面“干扰”较小	大
农业景观	耕地 果园 鱼塘 牧场	农村人口生产 蔬菜与粮食生产 水果生产 渔业生产 畜牧业生产	人类活动强度小，负面“干扰”小	小
环境景观	环境景观	享受环境服务	人类活动强度最小，负面“干扰”大	最小
水体景观	水体景观	资源利用与享受环境	人类活动强度大，负面“干扰”最大	最小

在此分类基础上，他根据深圳的实际情况，对深圳城市景观进行了分类。他认为，就深圳而言，城市景观的主要生态过程表现为城市建设的扩张过程，所以深圳城市景观分类在考虑人的活动方式的同时，必须强调城市建设活动对景观的“干扰”程度（环境影响）以及景观的抗“干扰”能力。据此，可初步划出建设、旅游休闲、农业、环境、水体和城市发展六大类景观。其中城市发展景观为考虑到深圳城市景观的特殊性而新增的类型（表 6-10）。该类景观主要由填海或推平自然山体而成，为远景城市建设备用地，目前处于闲置状态，局部地段因表土裸露而引发比较严重的水土流失。由于其既不具备城市功能，亦不宜于农业生产或旅游活动，从目前的生态环境来看，更不可能提供有效的环境服务，所以不宜划归为上述景观中的任何一个大类。

表 6-10 深圳城市景观生态分类（引自韩荡，2003）

分类			受城市建设“干扰”程度/引发的生态环境问题	抗“干扰”能力	保护顺序
一级	二级	三级			
城市发展景观	推平地景观 填海景观	推平地景观 填海景观	生态环境脆弱，有恶化趋势 严重的水土流失 海洋生态环境恶化	最弱 最弱 弱	1
水体景观	淡水景观 海水景观	淡水景观 海水景观	“干扰”大 “干扰”大 “干扰”大	弱 弱 弱	2
农业景观	耕牧渔景观 果园景观	耕牧渔保护区景观 普通耕牧渔景观 果园保护区景观 普通果园景观	“干扰”最大 “干扰”最大 “干扰”最大 “干扰”大 “干扰”大	较弱 较弱 弱 不强 较弱	3
环境景观	环境保护区景观 普通环境保护景观	环境保护区景观 普通环境保护景观	“干扰”较小 “干扰”较小 “干扰”较小	较强 强 较强	4
旅游休闲景观	市区旅游休闲景观 郊野游览景观	市区旅游休闲景观 郊野游览景观	“干扰”小 “干扰”不大 “干扰”较小	强 强 强	5
建设景观	生产性景观 消费服务性景观 居住景观 办公景观 交通市政景观	生产性景观 消费服务性景观 居住景观 办公景观 交通市政景观	城市建设活动对景观具有正面影响，基本上无“干扰”	最强	6

（六）河北尚义县景观生态分类

马礼等（2008）依据尚义县地貌、气候、土壤与植被等自然要素与土地利用等人文要素相互作用和变化表现出的整体分异，选取地貌与土地利用类型为主导标志，利用自上而下和自下而上相结合的方法，划分出了不同的景观生态类型。将全县的景观生态分类系统分为两个级别，第一级为景观生态类，第二级为景观生态亚类。景观生态类是以中等地貌形态单元组合和土地利用/土地覆被现状为主导标志，参考高级土地单位地方（土地系统）组合的分布及类型，确定景观生态类的个体单位范围、类型、界线。以中等地貌形态组合类型和土地利用类型作为划分景观生态一级分类单位的主导标志。在各景观生态类内，以初级地貌形态单元组合和农业土地利用（经营）方式为主导标志，参考中级土地单位限区（土地单元）组合的分布及类型，确定景观生态亚类的个体单位范围、类型、界线。以初级地貌形态组合类型和农业土地利用（经营）方式，作为划分景观生态类型二级分类单位的主导标志。将尚义县共分为8个景观生态类，23个景观生态亚类。尚义县景观生态系统如下：

Ⅰ　河、湖滩地牧农景观类

Ⅰ$_1$河滩旱耕地粮经饲种植业景观亚类

Ⅰ$_2$河滩草地牧业景观亚类

Ⅰ$_3$湖滩旱耕地粮经饲种植业景观亚类

Ⅰ$_4$湖滩草地牧业景观亚类

Ⅱ　低缓丘陵农牧林景观类

Ⅱ$_1$岗地旱耕地粮草种植业景观亚类

Ⅱ$_2$岗地林地草地林牧业景观亚类

Ⅱ$_3$梁地疏林草地牧业景观亚类

Ⅲ　高原平地牧农林景观类

Ⅲ$_1$高平地旱耕地粮草种植业景观亚类

Ⅲ$_2$低平地水浇地粮经饲种植业景观亚类

Ⅲ$_3$平地疏林草地牧业景观亚类

Ⅳ　坝缘山地牧林农景观类

Ⅳ$_1$低山灌草地牧业景观亚类

Ⅳ$_2$丘陵旱耕地粮经草种植业景观亚类

Ⅳ$_3$低山林地草地林牧业景观亚类

Ⅴ　河川沟谷农牧林景观类

Ⅴ$_1$沟坡草地林地牧林业景观亚类

Ⅴ$_2$谷底水浇地粮经林果种植业景观亚类

Ⅴ$_3$谷底旱耕地粮饲种植业景观亚类

Ⅵ　石质低山牧林农景观类

Ⅵ$_1$山顶疏林地灌草地林牧业景观亚类

Ⅵ$_2$坡地草地林地旱耕地牧林农业景观亚类

Ⅶ　黄土台地牧农景观类

Ⅶ$_1$梁塬顶部旱耕地粮草种植业景观亚类

Ⅶ$_2$梁坡灌草地牧业景观亚类

Ⅷ　浅切割中山林牧农景观类

Ⅷ$_1$中山顶部疏林草地林牧业景观亚类

Ⅷ$_2$坡地中部林地牧草地林牧业景观亚类

Ⅷ$_3$山前台地旱耕地粮饲种植业景观亚类

第二节 景观生态系统价值评价

一、景观系统的生产力评价

无论是自然景观生态系统还是人为景观生态系统都具有物质生产的能力。

（一）自然景观生态系统的生产功能评价

自然景观的生产能力体现为植被的净第一性生产力（用 NPP 来表示）和次级生产力。植被的净第一性生产力是绿色植物在单位时间和单位面积上所积累的有机干物质。它与自然植被的生物学特性和外界环境因素有关。对景观生态系统中相同的植物来说，其生物学特性是相同的，但外部条件因子，尤其是气候方面的因子，如光、热、水等随植物生长地的不同而差异很大。次级生产是景观生态系统第一性生产以外的生物有机体的生产，是消费者和分解者利用初级生产所制造的物质和储存的能量进行新陈代谢，经过同化作用转化成自身物质和能量的过程。

1. 净第一性生产力的计算模型

对自然景观生态系统的生产力的评价是对其生产力进行测定和估算，然后对其结果进行比较。估算第一性生产力的方法有三类：一是以植物干物质生产测量为基础的方法；二是以植物的不同部分长度限定的异速生长相关为基础的异速生长方法；三是以干物质生产和气候因素间相关关系的气候方法。利用气候相关估算生产力，在实践中具有重要意义。

许多学者在第一性生产力的建模方面做了不少工作。计算植物气候生产量的模型如下。

（1）Miami 模型　自然景观生态系统植被净第一性生产力受到环境气候的制约，其中影响最大的是温度和降水。Lieth（1971）根据全世界 5 大洲 50 个地点的净第一性生产力的实测资料及相应的年均温和年降水资料，用最小二乘法建立了估算生产力的模型。这一模型是 1971 在 Miami 城讨论会上首先提出，并以概括的形式作为 Miami 模型公布于世。其模型为：

$$NPP_t = 3000(1 + e^{1.315 - 0.1196t})$$

$$NPP_r = 3000(1 - e^{-0.000664r})$$

式中，NPP_t 是根据年均温计算的净第一性生产力，以干物质产量表示，g/(m^2·年)；NPP_r 是根据年降水量计算的净第一性生产力，以干物质产量表示，g/(m^2·年)。

根据 Liebig 最小因素定律，最小量因子控制着生产力水平，因此 最终的生产力是按温度和降水二者计算的生产力中的最小值。

（2）Thornthwaite 纪念模型　Lieth（1974）在 Thornthwaite 关于可能蒸发研究的基础上，提出了这个模型。这一模型是 1972 年在 Montreal 举行的第 22 届国际地理学大会纪念 C. W. Thornthwaite 的讨论会上提出的，故称为 Thornthwaite 纪念模型。

蒸散包括蒸发和蒸腾，蒸发量是水热状况的综合表现，蒸腾与植物的光合作用有关，一般植物蒸腾越强，光合作用越强，植物的生产力就越高。因此蒸散也是水热条件的综合表现，它不仅体现了太阳辐射、温度、降水、气压和风速等因素的影响，而且体现了不同植物的差异。因此，用蒸散来估算净第一性生产力较为合理。其模型为：

$$NPP=3000(1-e^{-0.0009695(E-20)})$$

式中，NPP 是净第一性生产力；E 是年实际蒸散量；3000 是 Lieth 根据统计得出的地球上自然植物在每年每平方米面积上最高干物质的产量，g。

(3) Chikugo 模型　Cannel (1982) 等人利用太阳净辐射和辐射干燥度来计算净第一性生产力，其模型为：

$$NPP=0.29e^{-0.216(RDI)^2}R_n$$

式中，RDI 是辐射干燥度；R_n 是陆地表面所获得的净辐射。

RDI 可按下式计算：

$$RDI=R_n/(Lr)$$

式中，L 为蒸发潜热；r 为年降水量。

该模型是一种半经验公式，综合考虑了许多因素，所以是估算自然植被净第一性生产力的一个较好的方法。

我国一些学者也曾利用上述模型对我国自然植被的净第一性生产力作了分析计算。周广胜等 (1995) 根据植物的生理学特点并结合能量平衡方程和水量平衡方程及区域蒸散模式，提出了如下的植物第一性生产力模型：

$$NPP=RDI\frac{rR_n\ (r^2+R_n{}^2+rR_n)}{(R_n+r)(R_n{}^2+r^2)}\exp(-\sqrt{9.87+6.25RDI})$$

式中，RDI 是辐射干燥度；R_n 为陆地表面所获得的净辐射；r 为年降水量。

2. 不同自然景观生态系统的净第一性生产力的评价

对陆地总第一性生产力的估计，许多人都做过有益的工作，如 Schroeder (1919)、Riley (1944)、Lieth (1964) 等。Whittaaker 等 (1975) 估算了全球第一性生产力为 333g/(m^2·年)。表 6-11 是 Whittaker 等人的估算结果。

3. 景观生态系统的次级生产功能评价

次级生产是景观生态系统初级生产以外的生物有机体的生产，是消费者和分解者利用初级生产所制造的物质和储存的能量进行新陈代谢，经过同化作用转化为自身的物质和能量的过程。由于多种原因，不是所有的净初级生产量都能被消费者所食，因此各级消费者所利用的能量仅仅是被食者生产量中的一部分。次级生产量差异较大，表 6-12 是一些消费者的次级生产量。

表 6-11 地球上各类生态系统的净第一性生产力和生物量（据 Lieth 和 Wittaker，1975）

生态系统类型	面积/×10^6km^2	单位面积净初级生产量/[g/(m^2·年)]		全球净初级生产量/(×10^9t/年)	单位面积的生物量/(kg/m^2)		全球生物量/×10^9t
		范围	平均		范围	平均	
热带雨林	17.0	1000～3500	2200	37.4	6～80	45	765
热带季雨林	7.5	1000～2500	1600	12.0	6～60	35	260
亚热带常绿林	5.0	600～2500	1300	6.5	6～200	35	175
温带落叶阔叶林	7.0	600～2500	1200	8.4	6～60	30	210
北方针叶林	12.0	400～2000	800	9.6	6～40	20	240
疏林及灌丛	8.5	250～1200	700	6.0	2～20	6	50
热带稀树草原	15.0	200～2000	900	13.5	0.2～15	4	60
温带禾草草原	9.0	200～1500	600	5.4	0.2～5	1.6	14
苔原及高山植被	8.0	10～400	140	1.1	0.1～3	0.6	5
荒漠与半荒漠	18.0	10～250	90	1.6	0.1～4	0.7	13
石块地及冰雪地	24.0	0～10	3	0.07	0.02	0.02	0.5
耕地	14.0	100～3500	650	9.1	0.4～12	1	14
沼泽与湿地	2.0	800～3500	2000	4.0	3～50	15	30
湖泊和河流	2.0	100～1500	250	0.5	0～0.1	0.02	0.05
陆地总计	149		773	115		12.3	1837
外海	332	2～40	125	41.5	0～0.005	0.003	1.0
潮汐海潮区	0.4	4000～10000	500	0.2	0.005～0.1	0.02	0.008
大陆架	26.6	200～600	360	0.6	0.001～0.04	0.01	0.27
珊瑚礁及藻类养殖场	0.6	500～4000	2500	1.6	0.04～4	2	1.2
河口	1.4	200～3500	1500	2.1	0.01～6	1	1.4
海洋总计	361		152	55.0		0.01	3.9
地球总计	510		333	170		3.6	1841

注：生物量、生产量均以干物质重量计。

表 6-12 一些消费者的次级生产量（引自蔡晓明，2000）

kcal❶/(m^2·年)

物种	摄取量(I)	同化量(A)	呼吸量(R)	生产量(P)	同化效率(A/I)	生产效率(P/I)	R/I
收获蚁(h)	35.50	31.00	30.90	0.10	0.10	0.002	0.99
叶蝉(h)	41.30	27.50	20.50	7.00	0.67	0.169	0.75
沼泽蝗虫(h)	3.71	1.37	0.86	0.51	0.37	0.137	0.63
蜘蛛(小于 1mg)(C)	12.60	11.90	10.00	1.90	0.94	0.151	0.84
蜘蛛(大于 10mg)(C)	7.40	7.00	7.30	3.00	0.95	—	1.04
热带草原麻雀(O)	4.00	3.60	3.60	0	0.90	0	1.0
弃耕地田鼠(h)	7.40	6.70	6.60	0.1	0.91	0.14	0.98
松鼠(h)	5.60	3.80	3.69	0.11	0.68	0.19	0.97
草甸鼠(h)	21.29	17.50	17.00	—	0.82	—	0.97
非洲大象(h)	71.60	32.00	32.00	8	0.44		1.0
鼬鼠(C)	5.80	5.5	—	—	0.95	—	—

注：h=植食动物；O=杂食动物；C=食肉动物。

❶ 1kcal=4.1840kJ。

(二) 农业景观生态系统的生产力评价

农业景观的本质是农业生态系统与自然生态系统在一定自然景观上的有机结合。农业景观具有自然景观和人工景观的双重特点（赵羿等，1999，2001）。一方面，它保留了自然景观要素，如林带、草地、河流等；另一方面，人工建筑景观呈斑块状遍布其间。更重要的是人类改造了自然植物物种，培育新的农作物品种，提高了土地的生产能力。

农业景观生态系统的生产力可用其生产潜力来表征（赵羿等，2000）。这是在不考虑作物品种和田间管理等条件下，只考虑由光、热、水、肥四个因素所决定的作物产量的理论值，形成生产潜力系列（邓根云，1980，杨子生，1988，1994，赵羿，2001），它们是光合生产潜力、光温生产潜力、气候生产潜力和土地生产潜力。这一研究是 20 世纪 70 年代首先由黄秉维提出的，并进行了全国光合生产潜力的研究，还对温度、水分等因子对光合生产潜力的影响进行了探讨，从而开辟了我国景观生产研究的先河。之后，龙斯玉、邓根云、孙惠南等都在这方面做过有益的工作。

对农业景观的生态评价是以上述潜力系列作为评价指标。其计算方法如下。

1. 光合生产潜力

在其他因子处于最佳状况下，完全由光合有效辐射量决定的生产潜力就是光合生产潜力。按下式计算：

$$Y_P = \frac{666.7\times10^4\times15}{C\times10^3}\times E\times F\times Q \quad (\mathrm{kg/hm^2})$$

式中，C 代表能量转换系数，不同的作物其值不同，平均为 $0.178\times10^5\,\mathrm{J/g}$；$F$ 为光能利用率，一般为 5%～6%；E 为经济系数，其值因作物的不同而异；Q 为太阳的总辐射量。

2. 光温生产潜力

由光和温度两个因子所决定的生产潜力，就是光温生产潜力。其计算式如下：

$$Y_T = Y_P\times f(T)$$

式中，$f(T)$ 是温度对光合生产潜力的订正系数。

$f(T)$ 可按下式计算（杨子生，1994；梁荣欣等，1984）：

$$f(T)=\begin{cases}0 & (T<T_1 \text{ 或 } T>T_3)\\ T/T_2 & (T_1\leqslant T\leqslant T_2)\\ 2-T/T_2 & (T_2<T\leqslant T_3)\end{cases}$$

式中，T 是月均温，℃；T_1、T_2、T_3 分别为作物在光合作用下的下限温度、最适温度和上限温度，不同的作物，T_1、T_2、T_3 的取值不同。

3. 气候生产潜力

气候生产潜力是由光、热、水共同决定的生产潜力。其计算式如下：

$$Y_C = Y_T\times f(w)$$

式中，$f(w)$ 是水分对光温生产潜力的订正系数。

$f(w)$ 可按下式计算（杨子生，1994）：

$$f(w)=1-K_y(1-E_a/E_m)$$

式中，K_y 是作物产量对水分供应的反应系数；E_a 是作物实际蒸散量；E_m 是潜在蒸散量。

E_m 值通过下式计算：

$$E_m=K_c\times E_0$$

式中，K_c 为作物系数，不同的作物有不同的取值；E_0 为参考蒸散量，以水分供应充足、完全覆盖地面、积极生长的 8～15cm 高的绿草的蒸散量为标准。

E_0 按 H. L. Penman 公式求得：

$$E_0=f\times E_w$$

式中，f 为草地系数，随季节而变化，11～12 月取 0.6，3～4 月及 9～10 月取 0.7，5～8 月取 0.8；E_w 为自由水面蒸发量。

E_w 按下式计算：

$$E_w=0.19\times(20+t)^2(1-e)$$

式中，t 为月均温；e 为相对湿度。

E_a 按下式计算：

$$E_a=(R+a+v)\Big/\sqrt{1+\left(\frac{R+a}{E_m}+\frac{v}{2E_m}\right)^2}$$

式中，R 为月降水量，mm；v 为影响蒸发的植物因子，因在计算 E_m 时已考虑了植物因子的影响，故 $v=0$；a 为可供蒸发的土壤水分，它由某旬开始时田间持水量与土壤实际含水量之差△来决定。

当 $35-\triangle>10$ 时，$a=10$；$35-\triangle<1$ 时，$a=1$；$1\leqslant 35-\triangle\leqslant 10$ 时，$a=35-\triangle$。

4. 土地生产潜力

土地生产潜力就是景观实际的生产潜力，就是说当光、温、水充分保证的前提下，不加入人工投入，仅由土壤天然肥力决定的生产潜力。

杨子生（1989）得出如下计算土地生产潜力的公式：

$$Y_L=\frac{N_c\times VW_{ch}\times T_{ch}}{NR}$$

式中，N_c 是土壤中的代表性养分，mg/kg；VW_{ch} 是耕层容重，g/cm^3；T_{ch} 是耕层厚度，cm；NR 是作物每 100kg 产量需要的养分量，kg。

（三）城市景观的生产功能

城市是高度人工化的景观，它与自然景观和农业景观根本不同，城市生产有初级生产、次级生产，又有流通服务和信息生产（王如松，1988）。

1. 初级生产

城市景观中绿色植物，包括农田、森林草地、蔬菜地、果园、苗圃等具有将太阳能转化为初级产品——碳水化合物的能力。初级生产在城市生态系统中不占主导地位。但通过初级生产过程，可净化空气，释放氧气等，具有很重要的生态功能。

2. 次级生产

城市生态系统中的次级生产包括生物的次级生产和非生物的次级生产。生物的次级生产主要是城市中的消费者（主要是城市居民）对初级生产的产品的利用和再生产过程，也就是城市居民维持生命、繁衍后代的过程（赵羿，2001）。非生物的次级生产包括制造、加工、建筑等产业。它们将初级生产品加工成半成品、成品和机器等以及为居民生活服务的衣物、用品等。

3. 流通服务

金融、保险、医疗卫生、商业、服务业、交通、通讯、旅游业及行政管理等流通服务行业构成了城市生产系统的第三产业。流通服务保证和促进了城市生态系统内物流、能流、信息流、人口流、货币流的正常运行。

4. 信息生产

科技、文化、艺术、教育、新闻、出版等部门为城市生产信息，培训人才，这是城市生产不同于农业生产的主要方面。其中科技和教育是城市发展的基础，其功能发挥的正常与否，直接影响城市的演替进程（王如松，1988）。

对于农业景观和城市景观而言，除了以上所述的正向生产外，还有负向的生产，如农业景观中的化肥、农药对土壤及环境的污染，城市景观中的工业污染等。

二、景观系统的生态服务功能及其评价

（一）景观生态系统的生态服务功能

20 世纪 70 年代以来，生态系统服务功能开始成为一个科学术语及生态学与生态经济学研究的分支。在《人类对全球环境的影响》一书中，首次使用了生态系统服务功能“Service”一词，并列出了自然生态系统对人类的“环境服务”功能，包括害虫控制、昆虫传粉、渔业、土壤形成、水土保持、气候调节、洪水控制、物质循环等方面。后来，Holdren（1974）和 Ehrlilch（1981）论述了生态系统在土壤肥力与基因库维持中的作用，并系统地讨论了生物多样性的丧失将会怎样影响生态服务功能，以及能否用先进的科学技术来替代自然生态系统的服务功能等问题。Naveh（1984，1993）也论述了生态系统的免费服务与非经济富裕问题。以 Daily（1997）主编的《生态服务：人类社会对自然生态系统的依赖性》一书为标志，一个研究生态系统服务功能的热潮在西方兴起，生态服务功能逐渐被人们所公认和普遍使用。

生态系统服务功能是指生态系统与生态过程所形成及所维持的人类赖以生存的自然环境条件与效用（Daily，1997），它不仅为人类提供了食品、医药及其他生产生活原料，还创造与维持了地球生命支持系统，形成了人类生存所必需的环境条件。生态系统服务功能多种多样，包括自然生产、维持生物多样性、调节气象过

程、调节气候和地球化学物质循环、调节水循环、减缓旱涝灾害、产生与更新土壤并保持和改善土壤、净化环境、控制病虫害的爆发、传播植物花粉、扩散种子等。

生态系统服务的概念有狭义与广义之分。狭义的生态系统服务是指生命支持功能，而不包括生态系统功能和生态系统所提供的产品。但服务、功能与产品三者是紧密联系的。生态系统功能是构建生物有机体生理功能的过程，是维持为人类提供各种产品和服务的基础。生态系统功能的多样性对于持续地提供产品的生产和服务是至关重要的。产品是在市场上用货币表现的商品，服务是不能够在市场上买卖，但它具有重要价值（蔡晓明，2000；傅伯杰，2001）。广义的生态服务还包括生态系统所提供的产品。Costanza（997）就把生态系统提供的商品和服务统称为生态系统服务，他把生态服务归纳为17类（见表6-13）。

表6-13　生态系统服务项目一览表（引自Costanza等，1997；肖笃宁等，2003）

序号	生态系统	生态系统功能	举例
1	气体调节	大气化学成分调节	CO_2/O_2平衡，O_3防紫外线，SO_2平衡
2	气候调节	全球湿度、降水及其他由生物媒介影响的全球及地区性气候调节	温室气体调节，影响云形成的DMS产物
3	干扰调节	生态系统对环境波动的容量衰减和综合反应	风暴防止、洪水控制、干旱恢复等生境对主要植被结构控制的环境变化的反应
4	水调节	水文调节	为农业、工业和运输提供用水
5	水供应	水的储存和保持	向集水区、水库和含水岩层供水
6	控制侵蚀和保肥保土	生态系统内的土壤保持	防止土壤被风、水侵蚀，把淤泥保存在湖泊和湿地中
7	土壤形成	土壤形成过程	岩石风化和有机质积累
8	养分循环	养分的储存、内循环和获取	固氧，N、P和其他元素及养分循环
9	废物处理	易流失养分的再获取，过多或外来养分、化合物的去除或降解	废物处理，污染处理，解除毒性
10	传粉	有花植物配子的运动	提供传粉者以便植物种群繁殖
11	生物防治	生态种群的营养动力学控制	关键捕食者控制被食者种群，顶位捕食者使食草动物减少
12	避难所	为常居和迁徙种群提供生境	育雏地、迁徙动物栖息地、当地收获物种栖息地或越冬场所
13	食物生产	总初级生产中可用作食物的部分	通过渔、猎、采集和农耕收获的鱼、鸟兽、作物、坚果、水果等
14	原材料	总初级生产中可用作原材料的部分	木材、燃料和饲料产品
15	基因资源	独一无二的生物材料和产品的来源	医药、材料科学产品，用于农作物抗病和抗虫的基因，家养物种（宠物和植物栽培品种）
16	休闲娱乐	提供休闲旅游活动机会	生态旅游、钓鱼运动及其他户外游乐活动
17	文化	提供非商业性用途的机会	生态系统的美学、艺术、教育、精神及科学价值

可把生态系统的服务功能分为4个层次（傅伯杰等，2001）：生态系统的生产（包括生态系统的产品及生物多样性的维持）、生态系统的基本功能（包括传粉、传播种子、生物防治、土壤形成等）、生态系统的环境效益（包括减缓干旱和洪涝灾

害、调节气候、净化空气等）和生态系统的娱乐功能（休闲娱乐、文化、美学等）。

要正确理解自然生态系统服务的内涵，必须认识到以下几点。

① 自然生态系统服务是客观存在的。也就是说它是独立存在的，不依赖于评价的主体。正如 Wilson 所说，“它们并不需要人类，而人类却需要它们”。尽管自然生态系统服务和公益可以被人和有感觉能力的动物感觉到，但并不是说不能感觉到的自然服务和公益就不存在，就没有意义。即使在人类出现以前，自然系统早就存在。人类出现后，自然生态系统服务就与人类的利益相联系。

② 生态系统服务功能与生态过程紧密地结合在一起，它们都是自然生态系统的属性。自然生态系统中植物群落和动物群落，自养生物和异养生物的协同关系，以水为核心的物质循环，地球上各种生态系统的共同进化和发展等，都充满了生态过程，也就产生了生态系统的公益。

③ 自然作为进化的整体，是生产服务性公益的源泉。自然生态系统是在不断进化和发展中产生更加完善的物种，演化出更加完善的生态系统，这个系统是有价值的，能产生许许多多公益性能。自然生态系统在进化过程中维持着它所产生出来的性能，并不断促进这些性能的进一步完善。

④ 自然生态系统是多种性能的转换器。在自然进化过程中，产生了越来越丰富的内在功能。个体、种群的功能是与它所在的生物群落共同体相联系的。这样，又使它自身的性能转变成集合性能。例如，当绿色植物被植食动物取食，植食动物又被肉食动物所食，动植物死后又被分解者分解，最后进入土壤。这些个体生命虽然不存在了，但其物质和能量转变成别的动物或在土壤中储存起来。经过自然网络转换器的这种作用就周而复始地在全球系统中运动。

⑤ 生态系统服务功能具有十分重要的意义。离开了生态系统这种生命支持系统的服务，全人类的生存就会受到严重威胁，全球经济的运行将会停止。生态系统服务是人类文明的基本条件。所以，从一定意义上来说，生态系统服务的总价值是无限大的，是不能用金钱来衡量的。全人类的生存依赖于生态系统，人类社会经济活动又会对整个自然生态系统产生影响（图 6-2）。人工生态系统与自然生态系统提供的生态服务是不同的。人工生态系统通常仅在一个较小的尺度和有限时段内更为有效地提供一种生态系统服务。

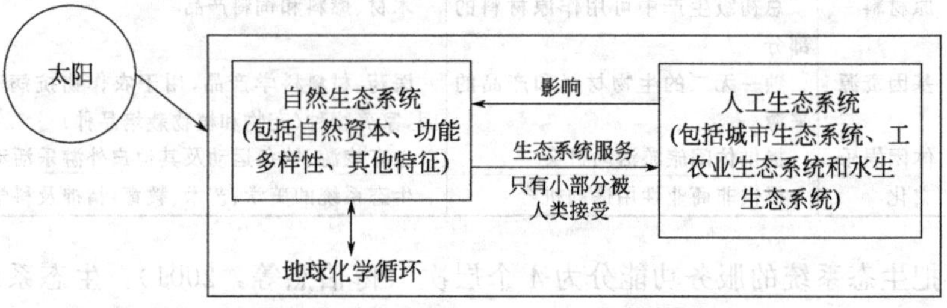

图 6-2 自然生态系统与人类为主的生态系统之间的关系

（引自 Costanza 等，1997；傅伯杰等，2001）

⑥ 生态系统服务的运作规模是如此庞大，运作方式如此复杂，以至于大部分无法用技术来替代。

⑦ 人类活动在很大程度上已损害了生态系统的服务功能（Paul Hawken 等，2000）。

（二）景观生态系统服务功能的价值评估

生态系统服务功能的价值评估具有很重要的意义。生态系统众多的服务是永远无法替代的。对生态系统价值的评估可提醒人们必须给产生这些服务的自然资本存量以足够的重视。其次，对生态系统服务功能的评价能够反映生态系统和自然资本的价值，作为国家、地区的决策者提供一个背景值，同时对建设项目的环境影响评价提供理论根据。需要指出的是生态服务的评价很难做到准确无误。生态服务的多面性、生态过程和经济过程及两者之间联系的复杂性，以及自然过程的不确定性，使对其估价难度增加。

1. 生态系统服务功能价值分类

根据生态系统服务价值特点及对生态系统服务利用情况，可把生态系统服务功能的价值分为 4 类（欧阳志云等，1999；傅伯杰等，2001）。一是直接利用价值。主要是指生态系统产品所产生的价值。包括食品、医药及其他工农业生产原料，景观娱乐等带来的直接价值，可用产品的市场价格来估计。二是间接利用价值。指无法商品化的生态系统服务功能，如维持生命物质的生物地化循环与水文循环，维持大气化学的平衡和稳定以及维持生物多样性等这些支撑与维持地球生命支持系统的功能。通常根据生态系统功能类型来确定评估的具体方法。三是选择价值。就是人们为了将来能直接利用与间接利用某种生态系统服务功能的支付意愿。例如，人们为了将来能利用生态系统的涵养水源、净化空气以及游憩娱乐等功能的支付意愿。选择价值又可分为 3 类，即自己将来利用、子孙后代将来利用（又称为遗产价值）和别人将来利用（又称为替代消费价值）。四是存在价值。又称为内在价值。是人们为确保生态系统服务功能继续存在的支付意愿，这是一种和人类利用无关的经济价值。

2. 生态系统服务功能价值的评价方法

生态系统服务功能的经济价值评价方法可分为两类（欧阳志云等，1999）：一是替代市场技术，它以“影子价格”和消费者剩余来表达生态服务功能的经济价值，评价方法有费用支出法、市场价值法、机会成本法等；二是模拟市场技术，它以支付意愿和净支付意愿来表达生态服务功能的经济价值，评价方法只有一种，即条件价值评价法。

（1）费用支出法　该方法是以人们对某种生态系统服务功能的支出费用来表示其经济价值。如对于自然景观的游憩效益，可以用游憩者支出的费用总和（包括往返交通费、餐饮费用、住宿费、门票费、入场券、摄影费、购买纪念品和土特产的费用、停车费等）作为森林游憩的经济价值。

（2）市场价值法　是以生态系统提供的商品价值为依据，它可适合于没有费用支出但有市场价格的生态服务功能的价值评估。如提供的木材、鱼类、农产品等。

市场价值法和费用支出法合称为直接市场价格法。

(3) 机会成本法　机会成本法是指人们使用或开发某一资源所必须舍弃的经济上或财务上某个有价值的机会。把从失去的机会中所能获得的收益称为机会成本。如保护某一天然区域的机会成本包括放弃采伐这一区域的木材所产生的收益和放弃其他开发所产生的收益。

(4) 条件价值评价法　又称调查法和假设评价法。这是生态系统服务功能价值评估中应用最广泛的一种方法（欧阳志云等，1999)。条件价值法适用于缺乏实际市场和替代市场交换商品的价值评估。支付意愿可以表示一切商品的价值，价值反映了人们对事物的态度、观念、信仰和偏好。对于公共商品来说，由于它没有市场交换和市场价格，所以不能求出支付意愿。也无法通过市场交换和市场价格估计，为了求出支付意愿，西方经济学发展了假设市场法，也就是直接询问人们对某种公共商品的支付意愿，来获得公共商品的价值，这就是条件价值法。

除了以上介绍的评价方法外，还有替代费用法、实际影响的市场估值法等。总之评价方法较多，具体应用时可根据研究的具体情况及各种方法的适应性来决定。

3. 生态服务功能经济价值评价实例

生态系统对人类的生存是很重要的，它为人类提供了免费生态服务，拥有健康的生态系统，人类就拥有生态富裕（Naveh，1984，1993)。生态系统对人类福利贡献的很大一部分具有单纯公益性能，根本不能通过货币而直接增加人类的公益。甚至在许多情况下，人们还没有意识到它们的存在。因此对生态系统服务功能的经济评价很难做到准确无误。生态服务的多面性，生态过程和经济过程及两者之间联系的复杂性以及自然过程的不确定性使这种评价难度增加。笔者认为，生态系统是无价之宝。

(1) Costanza 对全球生态系统服务的经济评价　Costanza 等主要采用直接或间接地对生态系统服务的意愿支付的估计，包括生态系统服务向产品提供支付一定价值外，还要提供非市场性的美学价值、存在价值和保护价值等。

图 6-3 表明的是一种市场商品上的供应（边际成本）和需求（边际利润）曲线。市场价格 p 乘以数量 q（即面积 $pbqc$）就是记入国民生产总值的价值。供应曲线下的面积 cbq 是生产成本，市场价格和供应曲线之间的面积 pbc 是某种资源的生产者盈余或纯租金。市场价格和需求曲线之间的面积 abp 则是消费者盈余或消费者得到的在市场上偿付的价格以上的福利和总量。资源的总经济价值是生产盈余和消费者盈余之和，即面积 abc。

图 6-3（a）指的是一种人造的，可以替代的商品。许多种生态系统服务却是不可替代的，它们的曲线更像图 6-3（b），当某种服务的供应量趋近于零（或某一需求的最低限度）时，需求接近无限大，消费者盈余（以及服务的总经济价值）也趋于无限大。

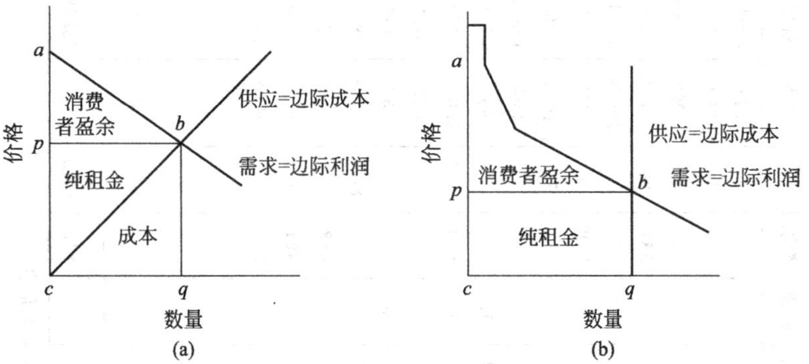

图 6-3 供应和需求曲线（引自傅伯杰等，2001）

通过依次采用如下的方法：①消费者盈余（或生产盈余）之和；②纯租金（或生产者盈余）；③价格乘以数量，即生态系统服务的单价；④然后把单价乘以每一类型生态系统的面积，求得该生态系统全球的总值；⑤最后将全球各种生态系统的总价值相加得到全球生态系统服务平均估计总价值，至少是 3.3×10^{13} 美元（按 1994 年价格计算）。表 6-14 列出了每种生态系统估计的现存面积、17 种生态系统服务的 $1hm^2$ 平均价值及每种生态系统服务的全球价值。

(2) 海南岛尖峰岭热带森林生态系统服务功能的生态经济价值评估 继 Costanza对全球生态系统服务价值评估之后，我国学者在这方面也进行了有益的探索。肖寒等（2000）对海南岛尖峰岭热带森林的生态服务价值进行了评估。他从林产品、涵养水源、土壤保持、固定 CO_2、营养物质循环和滞尘 6 个方面对其进行了价值评估。对林产品的价值是按照市场价值法来评估的。涵养水源的价值计算，首先是用水量平衡法计算出森林水源涵养量，再用影子价格法计算其价值。对土壤保持价值的计算是先计算森林的土壤保持量，然后用市场价值法、机会成本法和影子工程法计算土壤保持的价值。对固定 CO_2 价值用碳税法和造林成本两项的平均值计算。营养物质循环主要考虑的是 N、P、K、Ca、Mg 的价值，用市场价值法来计算。滞尘价值是用替代法，以削减粉尘的成本来估算。结果是海南岛尖峰岭地区热带森林生态系统服务功能价值每年在 19394.09 万～92121.66 万元之间，平均每年为 66438.49 万元，直接使用价值为 7164.11 万元，间接使用价值为 59274.38 万元。

(3) 辽河三角洲湿地景观生态服务功能评价 辛琨（2001）对辽河三角洲盘锦地区湿地生态系统提供的 8 种服务功能，综合运用环境经济学、资源经济学和生态经济学的多种方法进行了价值估算，所用的方法涉及市场价值法、替代法、造林成本法、碳税法、影子工程法、生态价值法、模糊数学法、人力资本法、旅游价值法、权重法等。计算结果表明盘锦地区湿地物质生产功能 7.26 亿元、气体调节功能 12.95 亿元、均化洪水能力 15.38 亿元、补水功能 13.08 亿元、净化功能 1.08 亿元、栖息地功能 2.2 亿元、休闲功能 0.28 亿元、文化功能 3.1 亿元，总计湿地生态服务功能 62.33 亿元。

表 6-14　全球各种生态系统服务的年平均价值一览表（Costanza 第，1997）

生物群落	面积/×10^6hm^2	气体调节	气候调节	干扰调节	水调节	水供应	防侵蚀	土壤形成	养分循环	废物处理	传粉	生物防治	避难所	食物生产	原材料	基因资源	休闲游乐	文化	每 $1hm^2$ 价值	全球总价值
1. 海洋	36302																		577	20949
远洋	33200	38			—	—	—	—	118		—	5		15	0			76	252	8381
海滨	3102			88	—	—	—	—	3677		—	38	8	93	4		82	62	4052	12568
河口	180			567	—	—	—	—	21100		—	78	131	521	25		381	29	22832	4110
海草/海藻	200				—	—	—	—	19002		—				2				19004	3801
珊瑚礁	62			2750	—	—	—	—		58	—	5	7	220	27		3008	1	6057	375
大陆架	2660				—	—	—	—	1431		—	39		68	2			70	1610	4283
2. 陆地	15323																		804	12319
森林	4855		141	2	2	3	96	10	361	87		2		43	138	16	66	2	969	4706
热带林	1900		223	5	6	8	245	10	922	87				32	315	41	112	2	2.007	3813
温带/北方林	2955		88		0			10		87		4		50	25		36	2	302	894
草原/牧场	3898	7	0		3		29	1		87	25	23		67		0	2		232	906
湿地	330	133		4539	15	3800				4177				256	106		574	881	14785	4879
潮汐带/红树林	165			1839						6696			304	466	162		658		9990	1648
沼泽/泛滥平原	165	265		7240	30	7600				1659			169	47	49		491	1761	19580	3231
湖泊/河流	200				5445	2117				665			439	41			230		8498	1700
荒漠	1925																			
苔原	743																			
冰层/岩石	1640																			
农田	1400										14	24	—	54				—	92	128
城市	322	—	—	—	—	—	—	—	—	—	—	—	—	—	—	—	—			
总计	51625	1341	684	1779	1115	1692	576	53	17075	2277	117	417	124	1386	721	79	815	3015		33268

注：单位为美元（hm^2·年），但每行及每列合计的单位为 10^9 美元。“—”表示无此项服务或可忽略不计；空格表示缺少有关信息。

三、景观生态系统健康评价

景观生态系统健康是一个新概念，也属于新领域。20 世纪 40 年代，英国学者 Leopold（1941）最早提出了土地健康（land health）的概念。他认为研究土地健康，首先应了解健康的土地是如何维持其自身的有机体，最完美的标准应是荒野性（wildness）。20 世纪 60 年代，他将此概念升华为景观健康（landscape health），并认为，土地的自我再生能力是景观健康的表现，但当时并未引起足够的重视。到 80 年代后期，加拿大学者 Schaeffer（1988）和 Rapport（1989）提出了生态系统健康的概念。之后，许多学者对生态系统健康开始关注。90 年代，生态系统健康作为全球管理的新目标，作为分析生态系统的新方法而受到青睐。目前，生态系统健康、景观健康、流域健康研究已成为景观设计、流域管理的重要领域（崔保山等，2001）

（一）景观生态系统健康的内涵

生态系统健康是一个最规范化的概念，它代表了环境管理的愿望终极。但由于不同的学者其研究的出发点不同，对生态系统健康概念的理解也有差异。到目前为止，已经存在的概念主要有：①健康是系统的自动平衡；②生态系统健康就是生态系统缺乏疾病；③生态系统健康是多样性与复杂性；④生态系统健康是稳定性和弹性；⑤生态健康是生长的活力和生活幅；⑥生态系统健康是系统组分之间的平衡；⑦生态系统健康是生态系统整合性（表 6-15）。

表 6-15　生态系统健康概念的各种表述（引自崔保山等，2001）

概念表述	含　义	评　述
自动平衡	系统中任何变化都表明了健康的改变，如果任一指标被发现超过了正常范围，那么系统的健康一定受到了危害	适用于有机体特别是热血哺乳动物，不适于生态系统、经济系统以及其他非自动平衡系统
缺乏疾病	对有机体而言，疾病预示着体内的破坏性过程，同时伴随着特殊的症状以及病态和失调；对生态系统而言，疾病是对系统的压力，带有特殊负面影响的紊乱	定义很不明确；外界对系统的压力具有不确定性；过分强调系统的内在性
多样性和复杂性	物种的丰富度，连接性，相互作用强度，分布的均一性，多样性指数和优势度	只有简单的公式表示，没有深入的分析
稳定性和弹性	是指系统对压力的恢复能力，这种能力越大，系统就越健康	没有提及系统的操作水平和组织程度（如死亡的系统很稳定，但不健康）
生长的活力和生活幅	指系统对压力的反应能力以及各级水平上的活性和组织水平	测度难度大
系统组分之间的平衡	保持系统各组分之间的适宜平衡	只能作为一般的解释，还没有用于预测和判断
生态系统整合（生态综合性）	指生态系统在其所处的地理条件下，发育最佳的一种状态，包括总能量的输入，可获得的水和营养物质的来源，以及物种迁移、定居历史等	主要依赖于历史数据作为参照点，整合性被赋予了原始系统水平下的物种组成，生物多样性和功能组织，难以操作

可见，生态系统健康是生态系统内的物质循环和能量流动未受到损害，关键生态组分和有机组织保存完整，且缺乏疾病，对长期或突发的自然或人为扰动能保持弹性和稳定性，整体功能表现出多样、复杂性、活力和相应的生产率，其发展终极是生态整合（崔保山等，2001）。

（二）生态系统的健康评价

1. 生态系统健康评价的要点

生态系统健康涉及生态系统多个方面的概念，因此对其评价也是一项极其复杂的工作。目前认为对生态系统健康评价的要点如下。

① 生态系统健康评价不应该建立在单个物种的存在、缺失或某一状态为基础的标准上。不应该仅仅停留在对物种大量的调查或统计的基础上。同时，应有实验室的工作配合。

② 系统健康评价应能反映人们对生态系统可能发生的相应变化的认识。

③ 虽然作为最佳的评价健康度量应该是简单的，可以系列化、有可分辨的变化状态。然而生态系统健康并不是必须为一个单一的数值。因为单一数值把多个维度（一维度代表一类型项目）压缩到了一个几何级数上，维度为零的程度。

④ 系统健康评价的标准应该与在数量值上的变化相对应，即使给几十年，发生的数量改变也不应该出现间断。健康的度量应该具有统计学属性。

⑤ 考虑到最小数量的观察，系统健康的度量应该与观察的次数不具相关性。

2. 生态系统的监测指标

Rapport 等（1985）、Rapport（1998）和 Vogt 等（1997）提出了生态系统和土壤健康诊断指标。表 6-16 是 Rapport 在其景观健康评价研究中，以河流为案例研究，总结了测度湿地生态系统健康的几类指标。

表 6-16 湿地生态系统健康诊断指标（引自崔保山等，2001）

指标类型	指 标 内 容
生态系统机能障碍指示物	鱼及野生动物的质变及种群的退化、动物畸形或繁殖故障、富营养化或过多藻类、饮用水怪味、美学价值退化、栖息地丧失、农业和工业生产附加费、人类健康
生态系统响应指标	底栖生物构成及生物量、鱼类病理、鱼群结构、大甲壳动物的相对丰度、氧化还原电位
暴露指标	沉积物中污染物浓度、沉积物毒性、鱼组织中毒性、水体毒性
栖息环境指标	盐度、沉积物特性、水深
干扰因子	淡水排水量、气候波动、污染物负荷量、河流状况、人口地理分布
水文指标	水深、水周期、水的流入和滞留时间
化学指标	化学迁移速率、化学负荷率、沉积率
生物指标	生物多样性、外来种的比例、优势种分布、植物组成、最高生物量
物理指标	水分循环、土壤有机质的保持度、水及能流的生物圈控制
社会经济指标	农业、林业、渔业的投资和效益

对生态系统健康的检测与诊断应该根据一定的指标来进行，正如人体健康检查一样。一般认为，生态系统敏感性指标如下。

① 生态系统中某些绿色植物防御性次生代谢物减少，处于患病、鼠害和虫害严重、光合作用受阻、生长速率下降的濒危境地。

② 物种生态对策改变和多样性的下降。生物多样性贫乏，极端的例子是转变成单一的优势物种或物种组分向具有忍受更多压力的，或向 r-对策转变。

③ 生态系统净初级生产量和生物量下降。

④ 植物根系互惠共生微生物的减少，对生物生长不利的微生物增多。

⑤ 外来种的入侵，造成系统波动及稳定性的变化。

⑥ 污染物排放：湖泊的富营养化，海洋的赤潮，大气和固体废弃物的负效应。

⑦ 生态系统中限制植物生长的营养物的流失量增加，因此，系统无法利用和保护。

⑧ 植物体或生物群落的呼吸量有明显的增加。

⑨ 系统内产品转化率低，分解速率增加，枯枝落叶层的积累明显下降。

⑩ 系统中水和营养物质的瓶颈效应及土壤的物理化学条件的变劣、生态平衡失调，以非良性循环为主。

3. 生态系统健康的度量

生态系统是多变量的，因此，对生态系统健康的度量标准也应该是多指标的。根据生态系统健康的定义，组织、活力和弹性是系统健康的具体反映，也就是说，健康可从活力、组织和弹性等方面来度量。表 6-17 列出了度量生态系统健康的三项指标和度量方法。

表 6-17　生态系统健康度量成分、有关概念及方法（引自傅伯杰等，2001）

健康的成分	有关概念	相关度量	起源领域	可能的方法
活力	功能	GPP,NPP	生态学	度量法
	生产力	GNP,GEP	经济学	
	通过量	新陈代谢	生物学	
组织	结构	多样性指数	生态学	网络分析法
	生物多样性	平均共有信息可预测性	生态学	
弹性		生长范围	生态学	模拟模型
联合性		优势	生态学	

度量生态系统健康的指数为：

$$HI=V\times O\times R$$

式中，HI 为系统健康指数，也是系统可持续性的一个度量；V 为系统活力，是衡量系统活力、新陈代谢和初级生产力的主要标准；O 为系统组织指数，是系统组织的相对程度，取值为 0～1，包括多样性和相关性；R 为系统弹性指数，是系统弹性的相对程度，取值为 0～1。

4. 生态系统健康的判定

多数学者认为生态系统的健康可以从八个方面来判定：活力、恢复力、组织、生态系统服务功能的维持、经营选择、外部输入减少、对邻近系统的破坏、对人类健康的影响。

(1) 活力（vigor） 即生态系统的能量输入和营养循环容量，具体指标为生态系统的初级生产力和物质循环。在一定范围内生态系统的能量输入越多，物质循环越快，活力就越高。常表现为丰富的生物多样性、种群结构中中老年物种的数量居少数、生产力高、景观美学价值高，但这并不意味着能量输入高和物质循环快生态系统就更健康，尤其是对于水生生态系统来说，高输入可导致富营养化效应。

(2) 恢复力（resilience） 胁迫消失时，系统克服压力及反弹恢复的容量。具体指标为自然干扰的恢复速率和生态系统对自然干扰的抵抗力。一般认为受胁迫生态系统比不受胁迫生态系统的恢复力更小。

(3) 组织（organization） 即系统的复杂性，这一特征会随生态系统的次生演替而发生变化。具体指标为生态系统中r-对策种与k-对策种的比率、短命种与长命种的比率、外来种与乡土种的比率、共生程度、乡土种的消亡等。一般认为，生态系统的组织越复杂就越健康。

(4) 生态系统服务功能的维持（maintenance of ecosystem services） 这是人类评价生态系统健康的一条重要标准。一般是对人类有益的方面，如消解有毒化学物质、净化水、减少水土流失等，不健康的生态系统的上述服务功能的质和量均会减少。

(5) 经营选择（management options） 健康生态系统可用于收获可更新资源、旅游、保护水源等各种用途和管理，退化的或不健康的生态系统不再具多种用途和经营选择，而仅能发挥某一方面能力。

(6) 外部输入减少（reduced subsides） 所有被经营的生态系统依赖于外部输入。健康的生态系统对外部输入（如肥科、农药等）会大量减少。

(7) 对邻近系统的破坏（damage to neighboring systems） 健康的生态系统在运行过程中对邻近系统的破坏为零，而不健康的系统会对相连的系统产生破坏作用，如污染的河流会对受其灌溉的农田产生巨大的破坏作用。

(8) 对人类健康的影响（human health effects） 生态系统的变化可通过多种途径影响人类健康，人类的健康本身可作为生态系统健康的反映。与人类相关又有利于人类健康的生态系统为健康的系统。

由于生态系统的复杂性及动态可变性，使得具体评价其健康非常困难。对生态系统健康及其评价的研究还有待深入研究。

（三）景观健康评价的原则和方法步骤

1. 评价原则

赵羿等（2005）提出了景观健康评价的原则，它们是相对性、综合性、可持续性、可比性和可行性原则。

（1）相对性 景观健康的概念本身具有相对性含义，即目前的景观状况相对于过去的景观发生了怎样的变化，未来的景观状况相对于现在的景观又会产生怎样的转变。评价景观的各项指标同样具有相对的意义，不存在绝对的健康，也没有绝对的不健康，所以，只有将景观的现在与未来（或过去）、或与不同地区的景观进行比较，才会有相对的健康与不健康之分。

（2）综合性 影响景观健康的因素是多方面的，且这些因素是综合作用于景观的，这就需要将驱动生态系统和景观动态变化的自然的、社会的、经济的以及人文的等各方面因素整合起来，将经济、政治、人类健康、环境保护等社会目标与自然界的生物物理过程相结合，在社会、自然及健康科学整合的研究框架内进行研究，才能对景观健康做出科学的评价。

（3）可持续性 进行景观健康评价时应当强调景观的长期的可持续性，如果一个景观系统随着时间的推移，随着人类的开发与利用，不需要外部补贴或只需最小的补贴，而其仍具有维持自身正常运转的功能，那么，这种处于良性发展的可持续的景观就是相对健康的景观。

（4）可比性 由于进行景观健康评价需要对不同时段的景观健康进行比较，因此，在选取景观健康评价指标时，要求指标、数据的选取和计算在时间序列上应当具有统一的数据格式和标准，能够做到不同历史时期、同类评价指标之间纵向上的可比性。

（5）可行性 评价指标的选择应考虑可行性，要考虑各时段社会、经济、科学的发展水平、当地已有的科研成果、现存的统计数据或通过野外实际调查可获得的数据。

2. 评价方法与步骤

国际生态系统健康学会认为评价生态系统健康首先应对生态系统功能紊乱进行分类，实现诊断、干预及因果关系的对比。其次要设计出能判别生态系统主要参数是否偏离常规的标准，即选择评价指标体系，确定评价指标标准，通过专家咨询，确定评价指标的权重，最后通过数学运算得出评价结果（赵羿等，2005）。

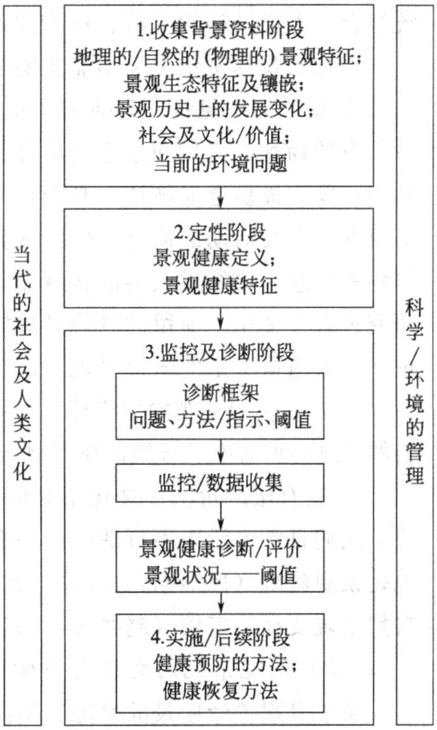

图 6-4 景观健康评价步骤

（引自赵羿等，2005）

Bertollo（2001）曾提出一个实施景观健康评价的步骤框架（图 6-4）。将其景观健康评价分为四个阶段：①收集资料；②景观定性；③对景观进行监控及诊断；④实施/后续措施。

四、景观系统的文化、美学评价

（一）景观的文化与美学功能

景观作为一个由不同土地单元镶嵌组成，具有明显的视觉特征的地理实体，兼具经济、生态和美学价值。这种多重性价值判断是景观规划和管理的基础（肖笃宁，1999）。无论是自然景观还是文化景观，都具有文化及美学功能。作为自然景观的文化美学价值主要表现为以下几方面（赵羿和李月辉，2001）。

① 自然景观是艺术创作的来源之一。自然形成的景观或巍峨壮观、博大雄伟，或典雅秀丽、风度韵致，或空旷昊远、苍茫恢宏，总能勾起人们的深思遐想，启迪思维，超越人生，进而激发人们极大的创作灵感。

② 自然景观陶冶人的情操。人类生在自然中，从自然获取生活资料、学习技术技能、吸取精神营养。人们与大自然融合，激起人们对自然的热爱，增强人们保护环境，热爱自然的信念。

③ 自然景观是人类学习的源泉。自然景观是保留在地球上最为完美的生态系统组合。人类最初的生活、耕作方式就是从自然学习而来的。

文化景观其文化美学功能主要表现（赵羿和李月辉，2001）如下。

① 提供历史见证，是研究历史的好教材。文化景观由于受人为因素影响，具有特有的物种、格局和过程的组合。景观的破碎化程度高，更为均匀等。这种景观相当脆弱，极易遭受破坏，必须在人为管理下才能得以维持，因此，它保留了各历史时期内人类活动的遗迹。作为社会精神文化系统的信息源而存在，人类可从中获得各种信息，再经过人类的智慧加工而形成丰富的社会精神文化。现代的考古学家研究古人类文化，遗留的景观是最好的见证。在拉丁美洲的热带雨林里正是通过发现玛雅人遗留下来的城市景观，最后才证实玛雅文化的存在。

② 丰富世界景观的多样性。物质世界的景观是丰富多彩的，文化景观的出现为自然界进一步增添了新的景观类型，丰富了景观的多样性，扩展了人类美学视野。

③ 具有旅游价值。文化景观同样具有旅游价值。随着经济的发展，旅游活动成为人们日常生活中不可缺少的一部分。旅游的第一个层次就是观光旅游，也可以说是景观旅游（保继刚，1996）。文化景观作为旅游资源来开发，其价值较单纯的自然景观要高许多倍（赵羿等，2001）。

（二）景观系统的文化与美学评价

关于景观美学质量的量度，不同作者从多方面进行过探索。如人类的行为过程模式研究认为，人类偏爱含有植被覆盖和水域特征，并具有视野穿透性的景观；信息处理理论把人类偏爱的景观总结为提供了探索复杂性和神秘性的景观，有秩序的、连贯的、可理解和清晰的景观。

Antrop（国际景观生态学博士班讲课报告，1997，丹麦）认为自然景观具有下列的美学特征。

① 合适的空间尺度。

② 景观结构的适量有序化。有序化是对景观要素组合关系和人类认知的一种表达。适量的有序化而不要太规整，可使得景观生动，也就是说，具有少量的无序因子反而是有益的。

③ 多样性和变化性，即景观类型的多样性和时空动态的变化性。

④ 清洁性，即景观系统的清鲜、洁净与健康。

⑤ 安静性，即景观的静谧、幽美。

⑥ 运动性，包括景观的可达性和生物在其中的自由移动性。

⑦ 持续性和自然性，景观开发应体现可持续思想，保持其自然特色。

对景观的美学评价方法有描述因子法、调查问卷法、审美评判测量法等（赵羿等，2005）。

1. 描述因子法

通过对景观组分特征的描述，获得对景观整体美学价值的评价。一般分四步进行：①选择有关景观组分的评价特征或构景成分，如景观组分的轮廓线、对比度、质地、色彩、多样性、和谐、自然度等；②记录每个景观组分评价特征的存在（或有无），并统计数量，在某些情况下，可赋予每个特征分值，以量化表示；③通过问卷或专家评价的方法确定每一景观组分的权重；④对记录的结果求和，获得美景度指数。

2. 调查问卷法

该方法认为公众对景观的喜好程度是直接的，喜好的程度越高，喜好的人越多，表示该景观的美学价值越大。该方法简单易行，经济方便。不受景观现状的限制，但不同的人，民族习惯、文化传统、生活情趣以及对公众事业的关心程度等都可能影响调查的准确性。

3. 审美评判测量法

这里介绍自然风景质量评价的 BIB-LCJ 审美评判测量法。该方法是把 BIB（平衡不完全区组）实验设计（Cochran 和 Cox，1957）和 LCJ（比较评判法）结合起来的一种方法（俞孔坚，1988，2000）。具体步骤如下。

① 对所有风景（照片）随机进行编号。

② 根据照片数及其条件选择 BIB 设计表（表 6-18）。

③ 根据 BIB 设计表把照片分为若干组。

④ 选择四种不同类型的测试者，让被测试者分别对照片进行等级排列。

⑤ 根据 BIB 设计表进行若干次重复实验。

鉴于人的辨别能力，实验取每组照片的数目为心理学上的最佳数 7（Pitt 和

Zube，1979)，这样把照片分为 7 组。实验重复 8 次。让每一测试者填写表格，要求他们按照自己的喜好程度，分别把每组内的照片排出次序。

表 6-18 BIB 设计表（引自赵羿等，2001）

Ⅰ	Ⅱ	Ⅲ
1 2 3 4 5 6 7	1 8 15 22 29 36 43	1 9 18 24 35 40 48
8 9 10 11 12 13 14	2 9 16 23 30 37 44	2 10 19 25 29 41 49
15 16 17 18 19 20 21	3 10 17 24 31 38 45	3 11 20 26 30 42 43
22 23 24 25 26 27 28	4 11 18 25 32 39 46	4 12 21 27 31 36 44
29 30 31 32 33 34 35	5 12 19 26 33 40 47	5 13 15 28 32 37 45
36 37 38 39 40 41 42	6 13 20 27 34 41 48	6 14 16 22 33 38 46
43 44 45 46 47 48 49	7 14 21 28 35 42 49	7 8 17 23 34 39 47
Ⅳ	**Ⅴ**	**Ⅵ**
1 10 21 26 34 37 46	1 11 17 28 33 41 44	1 12 20 23 32 38 49
2 11 15 27 35 38 47	2 12 18 22 34 42 45	2 13 21 24 33 39 43
3 12 16 28 29 39 48	3 13 19 23 35 36 46	3 14 15 25 34 40 44
4 13 17 22 30 40 49	4 14 20 24 29 37 47	4 8 16 26 35 41 45
5 14 18 23 31 41 43	5 8 21 25 30 38 48	5 9 17 27 29 42 46
6 8 19 24 32 42 44	6 9 15 26 31 39 49	6 10 18 28 30 36 47
7 9 20 25 33 36 45	7 10 16 27 32 40 43	7 11 19 22 31 37 48
Ⅶ	**Ⅷ**	
1 13 16 25 31 42 47	1 14 19 27 30 39 45	
2 14 17 26 32 36 48	2 8 20 28 31 40 46	
3 8 18 27 33 37 49	3 9 21 22 32 41 47	说明：Ⅰ,Ⅱ,…,Ⅷ是重复实验次序；数字 1,2,…,49 是照片编号。
4 9 19 28 34 38 43	4 10 15 23 33 42 48	
5 10 20 22 35 39 44	5 11 16 24 34 36 49	
6 11 21 23 29 40 45	6 12 17 25 35 37 43	
7 12 15 24 30 41 46	7 13 18 26 29 38 44	

数据的处理需进行以下工作。

首先是建立美景度量表。采用赫保源等人（1982）的有关等级排列数据的处理方式，得到反映不同类型人群的审美特点和反映各风景美学质量的美景度量表（表 6-19）。

表 6-19 美景度量表（部分）（引自赵羿等，2001）

照片号	1	2	3	4	5	6	7	8	9	…	49
公众	55	58	33	61	108	3	6	86	122	…	76
专家	63	91	14	30	142	17	0	122	94	…	131
非专业学生	64	77	58	0	192	31	44	182	182	…	105
专业学生	38	68	38	89	105	38	60	138	146	…	107

其次，对美景度量表进行分布检验、各类型的人群之间景观审美特点的相关分析、回归分析及差异性分析。结果表明，各群体在自然风景审美方面存在着一致

性。每一类型的人对特征相似的景观具有相似的反映。特征相似的景观间具有相近的美景度。

五、生态系统的综合评价

（一）生态系统综合评价的内容和特征

生态系统对人类的作用主要表现在它所提供的产品和服务上。生态系统能给人类社会提供一系列产品，如食物、纤维、燃料等。同时还能为人类社会提供生态服务，即生态系统的服务功能。生态系统服务功能指生态系统与生态过程所形成及所维持的人类赖以生存的自然环境和效应。生态系统服务功能包括有机质的合成与生产、生物多样性的产生与维持、调节气候、营养物质储存与循环、土壤肥力的更新与维持、环境净化与有害有毒物质的降解、植物花粉的传播与种子的扩散、有害生物的控制、减轻自然灾害等许多方面。可见，生态系统直接影响人类福利。图 6-5 表明的是生态系统产品和服务的框架。

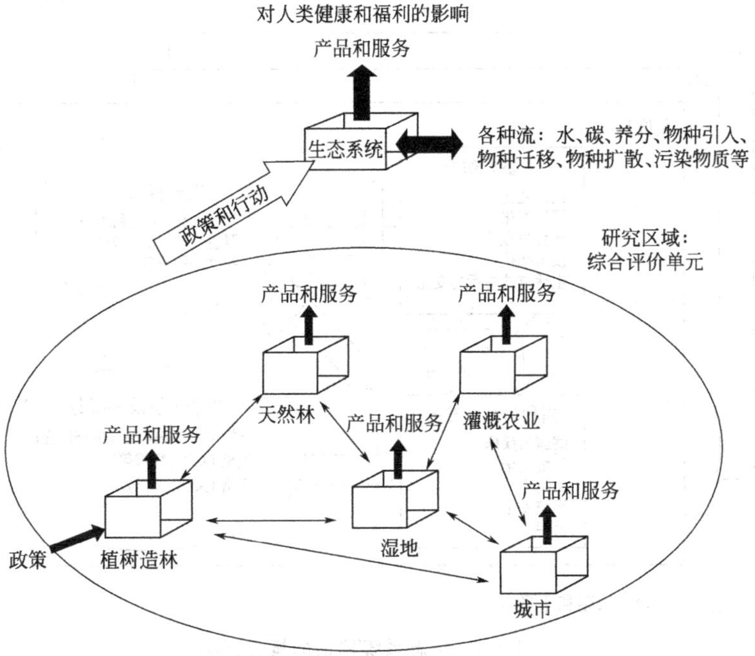

图 6-5　生态系统的产品和服务框架

生态系统综合评价（integrated ecosystem assessment）是分析生态系统提供对人类发展具有重要性的生产及服务能力，包括对生态系统的生态分析和经济分析，而且也考虑到生态系统的当前状态及日后可能的发展趋势（傅伯杰等，2001；李团胜，2003）。对生态系统的综合效益的评价研究始于 20 世纪 50 年代，而对生态系统公益的经济价值评价则是 80 年代末逐渐兴起的。在世纪之交的时刻，生态系统综合评价受到关注。

生态系统综合评价不仅仅关注如粮食产量等单个生态系统的产品和服务，而是一整个系列生态系统所能提供的产品和服务（傅伯杰等，2001）。生态系统综合评价的优点是为审视各产品与服务之间的联系与平衡提供了一个框架。其方法是先分别评价系统提供各种产品及服务的能力，再在这些产品和服务之间做出权衡。

生态系统综合评价有两个基本特征。一是评价的地域性。评价是对生态系统本身来进行的，而生态系统是在一个特定的地域下由生物及其与之相关的物理环境所构成的。也就是说，生态系统具有地域性。二是多维性。生态系统评价的设计是提供一系列的指标因子，评价其如何影响生态系统，同时评价生态系统的变化如何影响整个系列的生产和服务功能。

（二）生态系统综合评价的框架与方法

生态系统综合评价是一个涉及多尺度的工作。从空间尺度上来看，有全球尺度、大陆尺度、区域尺度、景观尺度和生态系统尺度。从时间尺度上看，涉及千年、世纪、百年、十年等（傅伯杰等，2001）。生态系统评估的概念框架见图 6-6。

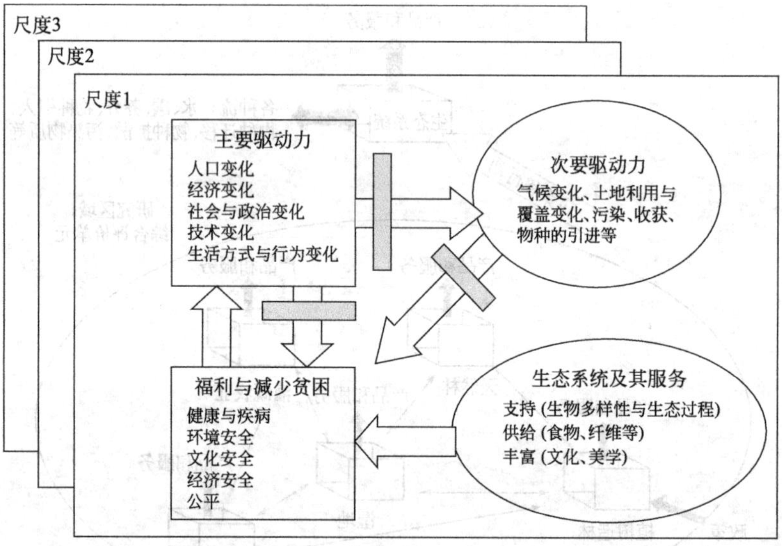

图 6-6 生态系统评估的概念框架

生态系统综合评价的方法如下。

① 确定评价的地理范围。

② 征求用户对研究的需求。

③ 确定研究单元（即整个研究范围下的地理单元，景观要素，农业生态区等）。

④ 对分析地区进行表述，分析生态系统是如何随时间而变化的。

⑤ 对人类对生态系统的产品和服务的利用情况进行表述，对能够影响生态系统提供这些产品和服务功能的各种压力及其动态变化进行表述。

⑥ 对生态系统的状态及其随时间的动态变化进行表述。

⑦ 预测未来影响生态系统的驱动力。

⑧ 评价这些未来驱动力对生态系统的产品和服务的影响，评价这些驱动力对经济及人类健康的影响。

⑨ 提出消除生态系统变化的负面影响，增加生态系统总公益的方针、技术和方法。

⑩ 提出为了改进生态系统状态评价工作及实施这些评价工作，在监测、研究方面的需求及人们的需求。

生态系统评价的工作方法见图 6-7。

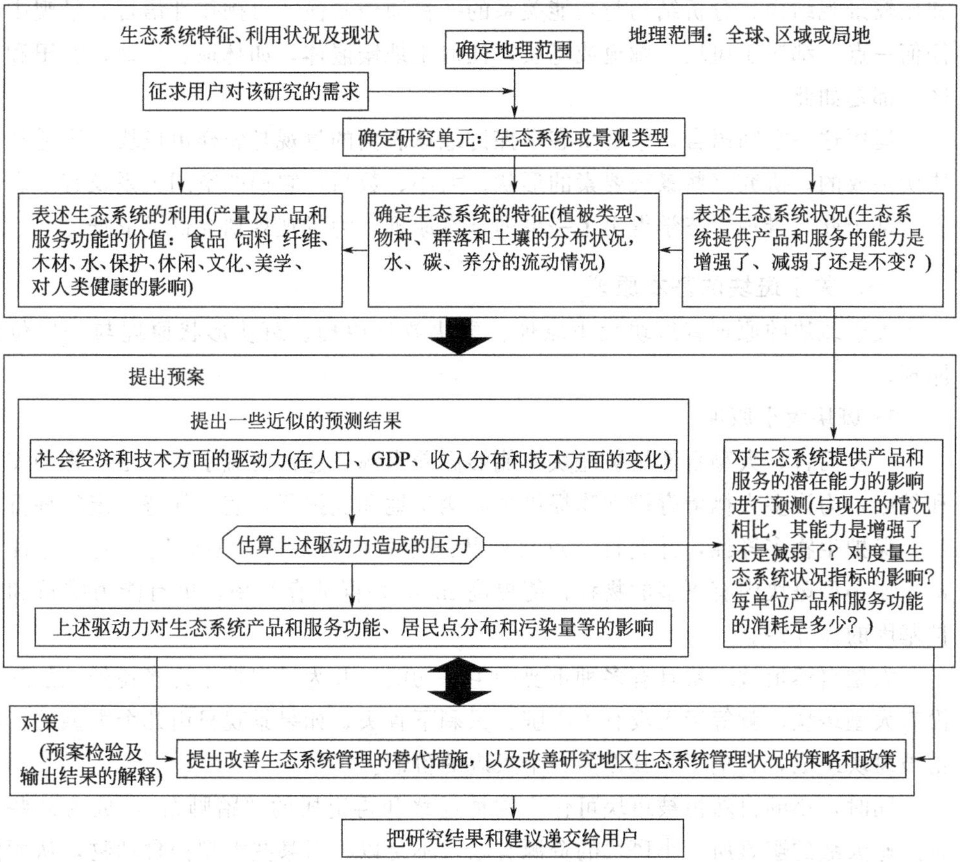

图 6-7　生态系统评价工作方法

第七章　景观生态学的一般原理与景观生态规划

第一节　景观生态学的一般原理

斑块、廊道和基质是景观生态学中用来解释景观结构的基本模式，是一种判别和比较景观结构、分析结构与功能关系的一种通俗易懂的可操作性语言。景观中的任何一点，都属于斑块、廊道或基质，任何土地镶嵌体，如林地、旱地、农田和郊区，都是如此。

运用这一空间语言，景观生态学探讨地球表面的景观是怎样由斑块、廊道和基质所构成的，研究这些景观要素的形状、大小、数目，它们的空间关系及其生态意义。基于此，景观生态学得出了一系列基本原理，为景观规划提供了依据。

一、关于斑块的基本原理

关于斑块的原理有斑块大小原理、斑块数目原理、斑块形状原理与斑块位置原理。

1．斑块大小原理

一般而言，大型自然植被斑块才能够涵养水源，连接河流水系，维持物种安全和健康，为许多大栖境脊椎动物提供核心栖息地和庇护所，使之保持一定的种群数量，保护生物多样性，并允许有近自然状态干扰的发生。大型斑块生境多样性丰富，比小型斑块内有更多的物种，能提高 meta 种群的存活率，更有能力维持和保护基因的多样性。

大型自然植被斑块具有多种重要的生态功能，并为景观带来许多益处。景观中没有大型斑块，就等于人没有了心脏，只剩下骨头。如果景观只由几个大型的自然植被斑块组成，它仍不失其作为一个景观的价值。

同时，小的自然植被斑块可作为物种迁移和再定居的“踏脚石”，成为某些物种逃避天敌的避难所，小斑块的资源有限，不足以吸引某些大型捕食动物，从而使某些小型物种幸免于难。所以小斑块可以为景观带来大斑块不具备的优点，是大斑块的相对补充，二者不能相互替代。

最优的景观是由几个大型自然植被斑块所构成，并由分散在基质中的一些小斑块所补充。

2．斑块形状原理

斑块形状不仅影响生物的扩散和动物的觅食以及物质和能量的迁移，而且对径流过程和营养物质的截留也有影响，斑块形状的主要生态作用是边缘效应。一个能满足多种生态功能的斑块的理想形状应该是一个大的核心区域加上弯曲的边界和狭窄的指状凸起，且其延伸方向与周围流的方向相一致。圆形的斑块可以最大限度地减少边缘面积，最大限度地提高核心区的面积，减少外界干扰，有利于内部物种的生存，但不利于与外界交流。弯曲的边界通过多生境物种或动物的逃避捕食等活动，加强了与相邻生态系统之间的联系。

3. 斑块数目原理

减少一个自然斑块，就减少一块生物生存的栖息地，从而会减少生物多样性；相反，增加一个自然植被斑块，意味着增加一块栖息地，对物种来说，增加一份保险。所以，自然植被斑块数目越多，景观和物种的多样性就高。一般来说，两个大型的自然斑块是保护某一物种所必需的最低斑块数目，4～5 个同类型大斑块对维持景观结构、维护物种安全较为理想。

4. 斑块位置原理

一般来说，乡邻或相连的斑块内物种存活的可能性要比一个孤立斑块大得多，孤立斑块内物种不易扩散和迁移，进而影响到种群的大小，加快物种灭绝的速度；相邻或相连的斑块之间物种交换频繁，增强了整个生物群体的抗干扰能力。景观中某些关键性的位置，对生态过程起控制作用。因此，研究斑块不仅要研究其大小、形状、数目，还要研究它们在景观中的位置。

二、关于廊道的基本原理

1. 廊道数目原理

如果廊道对物种间的运动和维持有利，那么两条廊道比一条廊道好，多一条廊道就较少一份被截流和分割的风险。因此当廊道对物质流能量流以及物种保护有利时，应考虑适当增加廊道的数目。

2. 廊道构成原理

相邻斑块类型不同，廊道构成也应不同。连接保护区斑块间的廊道应由乡土植物成分组成，并与作为保护对象的残遗斑块相近。一方面本土植物种类适应性强，是廊道的连接度增高，利于物种的扩散和迁移；另一方面有利于残遗斑块的扩展。

3. 廊道宽度原理

越宽越好是廊道建设的基本原理之一。廊道如果达不到一定的宽度，不但起不到保护对象的作用，反而为外来物种的入侵创造了条件。在进行规划时，要根据规划的目的和区域的具体情况，确定适宜的廊道宽度。如进行保护区设计时，要针对不同的保护对象，确定适宜的廊道宽度。对一般动物而言，1～2km 宽廊道较合适，而大型动物则需要几公里到几十公里宽。

4. 廊道连续性原理

生态学家普遍认为廊道有利于物种的空间运动和孤立斑块内物种的生存和延

续，所以，从这个意义上来说，廊道必须是连续的。但廊道也并不都是有利的，同时廊道本身的构成不一样，其作用也不一样，这在前面已有论述，这里不再赘述。

三、关于景观镶嵌体的基本原理

1. 景观阻力原理

空间要素，尤其是屏障、通道和高异质性区域的分布，决定着物种、能量、物质沿整个景观的流和运动，也决定着干扰在景观中的传播。

景观阻力是指景观空间格局对生态流速率（物种或物质等流动速率）的阻碍作用。阻力随着跨越各种景观边界的频数的增加而加大。不同性质的景观元素会产生不同的景观阻力，一般来说，景观异质性越大，阻力也越大。

2. 粒度大小原理

理想的景观应该是带有细粒区的粗粒景观。含有细粒区域的粗粒景观最有利于大型斑块生态效益的获得，也有利于包括人类在内的多生境物种，并提供较广的环境资源和条件。

景观镶嵌体的粒度用所有斑块的平均直径来量度。只含大斑块的粗粒景观可以为保护水源和内部特有种提供大型自然植被斑块，或集约化的大型工业、农业生产区或建成区斑块。粗粒结构比较单调，尽管景观多样性高（农田总比城市要多样），但局部地点的多样性低（从一地或一点到另一地或一点，在土地利用方式上几乎无什么变化）。相反，细粒景观局部多样性高，但在整体景观尺度上则缺乏多样性。

3. 景观变化原理

一些空间过程，如孔隙化（perforation）、分割（dissection）、破碎化（fragmentation）、收缩（shrinkage）、消失（attrition）会改变土地，从而造成生境的丧失和隔离，也会对景观空间格局和生态过程产生不同的影响，从而改变景观。

孔隙化是指在类似生境或土地类型的实体上制造空隙的过程（如分散的房屋或受火的林地）。分割是指用等宽的线状物（如道路或动力线）将一块区域进行切割或划分。破碎化是指把一个物体变成若干破碎的过程（通常是大面积、不均匀的分割）。收缩是指物体规模的减小。消失是指物体逐渐消失泯灭。

四、关于整体格局原理

1. 集中与分散相结合

通过土地的集中布局，在建成区保留一些小的自然斑块和廊道，同时在人类活动的外部环境中，沿自然廊道布局一些小的人为斑块，这就是有人类活动的最佳生态土地组合。

这一原理含有七种主要生态属性：①大型自然植被斑块；②粒度；③风险扩

散；④基因多样性；⑤交错带；⑥小型自然植被斑块；⑦廊道。

例如，原来的粗粒景观以只有大型斑块或地区的土地利用现状为主，如自然植被、农田或建成区。把自然植被的小斑块（和廊道）分散到农业区和建成区，以便在这些发达的地区加上些自然异质性要素，来保护分散的稀有物种和小生境，并为物种迁移提供踏脚石。再给大型自然植被斑块之间添上廊道来保证内部物种的运动。在自然植被和建成区之间增加些农业小斑块。

2. 必要格局原理

景观规划中作为第一优先考虑保护或建成的格局是：作为水源涵养所必需的几个大型的自然植被斑块，用以保护水系和满足物种在大斑块间运动的足够宽的绿色廊道，在建成区或开发区里保证景观异质性的小的自然植被斑块和廊道。

不同生物种对边缘宽度的反映不同，如引起植被变化的边缘效应，其宽度约为10～30m，距离大小与林缘走向有关，而引起动物种变化的边缘宽度要大得多，向林内伸展的距离可达300～600m。

第二节 景观生态规划

一、概述

1. 景观生态规划的概念

景观生态规划是指运用景观生态学原理，以区域景观生态系统整体优化为目标，在景观生态分析、综合和评价的基础上，建立区域景观生态系统优化利用的空间结构和模式（肖笃宁等，2003）。

景观生态规划是景观生态学重要的实践领域，是景观管理的重要手段，集中体现了景观生态学的应用价值。景观生态规划注重景观的多重功能价值，并将这种多重价值优化成果融合成统一的整体优化目标，使其景观功能和服务效益总体达到最大。景观生态规划涉及景观结构和景观功能两个方面，其焦点在于景观空间组织异质性的维持和发展，强调景观空间格局对过程的控制和影响。从静态格局的研究转向动态研究，注重物质流、能量流、信息流的流动，试图通过格局的改变来维持景观功能流的健康和安全，强调景观格局与水平运动和流的关系。生态规划始终将某些景观作为一个整体来加以考虑，从整体上协调人与环境、社会经济发展与资源环境、生物与非生物环境、生物与生物以及生态系统与生态系统之间的关系，最终建立一个结构合理、功能完善、可持续发展的区域生态系统。

2. 景观生态规划的原则

（1）自然优先原则 数十亿年不断演化形成的自然生态系统最稳定，比人工生态系统有更强的抵御风险的能力和优越性。保护自然景观资源和维持自然景观生态过程及功能，是保护生物多样性及合理开发利用资源的前提，是景观持续性的基础。自然景观资源包括原始自然保留地、历史文化遗迹、森林、湖泊以及大的植被斑块等。它们对保持区域基本的生态过程和生命维持系统及保存生物多样性具有重要的意义。因此在规划时应优先考虑（傅伯杰等，2001）。自然优先原则要求在景观生态规划时模拟自然，显露自然，尽量发挥自然生态系统的功能（赵羿等，2005）。

模拟自然就是在建设新的人为景观时，必须尽可能有效地保护、保持和恢复自然景观资源（森林、湖泊、草地、沼泽等），建设与自然生态系统相似的人工生态系统。具体包括五个方面：①选择乡土林木物种；②依据自然形态种植；③增加边缘的复杂性，按地面起伏进行调节；④在任何地方只要可能，均应保持林地、草地等自然斑块；⑤要注意目标种对栖息地的不同要求，如土壤、光照、隐蔽或暴露的生境。

显露自然指为使景观生态系统的美学价值得以发挥作用，审美生态设计应具有以下特征：再现复杂多样的自然生态过程，使隐蔽的生态系统和过程得以显现，并能为人们所理解，能让人充分地认识人与自然的联系以及对人类自己在景观上留下的痕迹的关注。这种自然意识的加强，无疑会使人类的认识得以升华，自然景观中的水与火不再被当作灾害来看待，而是作为一种维持景观和生物多样性所必需的生态过程。

尽量发挥自然生态系统的功能。自然生态为人类提供的服务是全方位、多层次的。但以往的人工系统往往忽视生态系统的多种功能。新的生态规划设计理念强调人与自然过程的共生与合作关系。“生态设计的最深层含义就是为生物多样性而设计”（Lyle，1994），即是要大力保护生物多样性、保护多种演替阶段的生态系统、尊重各种生态过程和自然干扰（包括火烧、洪水等）（赵羿等，2005）。

（2）因地制宜原则　任何规划都应尊重当地的传统文化，学习当地的传统知识。规划应顺天应时，新的规划设计必须以当地的自然生态过程为依据。将阳光、地形、水、风、土壤、植被等能流、物流的流通过程融合在所设计的景观生态过程内。选用的材料应当以当地的生物资源为主（赵羿等，2005）。

（3）持续性原则　景观生态规划要立足当前，兼顾长远，不仅当代人受益，而且要顾及子孙后代的利益，要做到这一点，就要保护与节约自然资源，保护濒危、稀有物种，保护生态系统，保护不可再生资源以及文化遗产和自然遗产。谋求生态、社会、经济三大效益的协调与统一。实现整个景观的整体优化，实现景观的可持续性。

（4）异质性与多样性原则　异质性是景观的最重要特性，是一个地区景观保持多样性与稳定性的基本条件。多样性导致稳定性这是生态学的一条重要原理。景观多样性是指景观单元在结构和功能方面的多样性，它反映了景观的复杂程度。多样性既是景观规划的准则又是景观管理的结果。所以异质性与多样性是一致的，都是生态规划过程中必须遵循的原则。

（5）综合性原则　景观生态规划涉及地质、地貌、水文、土壤、气候、植物、动物以及人为和自然干扰因素等各方面，是一项综合性的工作，因此对其分析不是某一单一学科能解决的，也非某一专业背景的人员能够做出合理的规划决策，而要多学科的专业队伍协同合作，不断努力，对景观进行深入的综合研究，全面和综合分析景观自然条件、景观结构、景观过程，同时考虑社会经济条件、经济发展战略和人口问题，妥善提出规划意见，才能保证规划科学实用。

3. 规划目标和内容

景观生态规划的目标是要充分利用景观的多种功能：净化环境、生产食品和纤维、为人类的生存提供良好的环境、美学价值、控制病虫害、维持生物多样性、保持水土、涵养水源、减少自然灾害等，使景观的生态价值、经济价值、社会价值、美学价值和娱乐价值五方面的功能得以充分发挥，即规划后的景观要具有整合性（地理、水文、自然及人文系统的时空连续性、完整性）、多样性（物种、建筑、文化、生态及物种多样性与异质性）、进化性（随自然、社会环境的变化以及人的需求和社会经济地位变化的适应能力、自组织、自调节能力）、自然性（水的流动、风的流通、物质的循环再生）、标识性（自然生态与人文特征的显示度）、和谐性（内与外、形与神、标与本、虚与实、近与远、人与自然的和谐）、经济性（资源利用效率、成本、市场竞争力、持续发展能力）、文化性（保留当地传统习俗、个性、历史和宗教遗迹、聚落形式、栽培技术）（赵羿等，2005）。

景观生态规划的内容就是在对景观进行调查、分析的基础上对景观进行合理规划与设计。主要内容如下。

（1）景观生态调查与研究　要做好景观生态规划，必须对规划范围内的景观生态特征弄清楚，找出问题的所在，所作的规划才能符合当地实际，也才有针对性，才能保证规划合理、可行，达到优化景观的目的。

景观生态调查与研究是景观生态规划重要的基础性工作，是景观生态规划的重要内容。

景观生态调查与研究就是收集区域资料与数据，了解规划区域的景观结构与自然过程、生态潜力及社会文化状况，获得对区域景观生态系统的整体认识。收集与调查的资料包括自然与人文两方面资料。在收集与调查资料的基础上，对能流、物质平衡、土地承载力及空间格局等与规划区发展和环境密切相关的生态过程进行分析，景观格局与过程分析对景观生态规划非常重要。成功的规划与设计取决于规划者对规划区景观的理解程度，因为景观生态规划的主要任务就是通过组合或引入新的景观要素而调整或构建景观结构，以增加景观异质性和稳定性。

（2）景观生态分类　不同的景观生态系统，其结构和功能不同。景观生态分类是从功能着眼，从结构入手，对景观进行划分。通过分类，全面反映景观的空间分异和内部关联，揭示其空间结构与生态功能特征，景观生态分类也是进行景观生态适宜性评价的基础。

（3）景观生态适宜性分析与评价　景观生态适宜性分析是景观生态规划的核

心，它是以景观生态类型为评价单元，根据区域景观资源与环境特征、发展需求与资源利用状况，选择有代表性的生态因子（如降水、土壤肥力等），分析某一景观类型内在的资源质量以及与相邻景观类型的关系，确定景观类型对某一用途的适宜性和限制性，划分景观类型适宜性等级。

（4）景观生态规划与设计　为构建合理的景观结构，满足景观生态系统的环境服务、物质生产、文化和美学支持四大基础功能的需要，需在景观生态适宜性评价基础上，提出具有普遍性的规划模型以及解决问题的预案。景观生态规划的内容包括生态属性规划和空间属性规划。

生态属性规划是以规划的总体目标和总体布局为基础，在明确景观生态优化和社会发展的具体要求以及现有景观利用存在的问题后，对景观生态属性提出具体的规划意见，如对保护何种物种，维持哪些重要物种数量的动态平衡有利于物种多样性，如何防止外类物种的扩散等。

空间属性规划包括对斑块及其边缘属性、斑块间、斑块与廊道以及廊道间的空间布局、相对大小、邻接关系、密度、异质性特征、廊道及某网络属性等的规划与设计。

二、景观生态规划设计

景观由斑块、廊道和基质（其实基质也是斑块）组成，景观生态规划设计可分为两部分：一是对斑块和廊道的分布进行科学的布局，即景观格局规划；二是对组成斑块和廊道的结构、形状、大小等进行优化设计，即景观结构的设计。二者结合起来实现景观整体结构的优化。

（一）景观格局规划

格局决定功能，因此，景观格局的调整和规划在景观生态规划中非常重要。

1. 集中与分散相结合格局

Forman 提出的集中与分散相结合格局是基于生态空间理论提出的景观生态规划格局，被认为是生态学上最优的景观格局。该格局强调集中使用土地，保持巨型植物斑块的完整性。在城镇保留一些小块的自然植被和廊道，同时沿自然植被和廊道周围地带设计一些小的人为斑块。这种景观格局有 7 个景观生态意义：①保留巨型自然植被斑块，用以涵养水源，为生物提供栖息地，保护稀有生物物种；②景观粒度大小不等，既有大斑块，又有小斑块，有利于景观整体多样性和局部多样性；③注重干扰时的风险扩散、风险分担；④基因多样性的维持；⑤形成边界过渡带，减少边界阻力；⑥小型自然植被斑块可作为临时栖息地或避难所；⑦自然植被廊道用以保证物质和能量的流动，保证物种的扩散以及基因交流。

2. 景观安全格局

安全格局可分为生态安全格局、视觉安全格局和文化安全格局。生态安全格局指景观规划时应该考虑生态过程的安全和稳定性，尽量减少工程对生态过程的干扰。视觉安全格局指应对景观中最敏感地段进行重点的改善和维护，避免降低景观的美景度。文化安全格局指不应降低为人们熟悉并被广泛认同的文化氛围，同时保护场地的“风水”格局（俞孔坚，2001；赵羿等，2005）。

景观中有某种潜在的空间格局，被称为生态安全格局，它们由景观中的某些关键性的局部、位置和空间联系所构成。在均质和异质景观中，各点对某种生态过程的重要性都是不一样的，其中有一些局部、点和空间关系对控制景观水平的生态过程起着关键性的作用（俞孔坚，1999）。在景观安全格局的研究过程需要规划设计一些关键性的点、线、局部（面）或其他空间组合，恢复一个景观中某种潜在的适宜空间格局（陈利顶等，2006）。

建立景观安全格局首先从确定“源”（如自然保护区的物种源）出发，然后根据各种阻力因子（如决定物种迁移速度的地形坡度等）建立最小阻力面类型。最后规划出相对物种扩散的缓冲区（低阻力），有利于动物迁徙的源间低阻力廊道、由源向四周扩散的辐射道以及对能流和物流有关键作用的战略点。

区域生态安全格局是对景观安全格局研究的发展，主要是针对区域生态环境问题，在干扰排除的基础上，保护和恢复生物多样性，维持生态系统结构和过程的完整性，实现对区域生态环境问题的有效控制和持续改善的区域性空间格局（马克明等，2004；俞孔坚，1999）。

生态安全格局规划与设计过程中，通过对生态过程潜在表面的空间分析，横向比较潜在影响区和基本工作区内生境和生态功能区的数量、结构特征和空间分异特征，在综合考虑相关目标具体需求的基础上，确定潜在影响区域内需要重点关注的敏感生态单元和重要类型功能区的数量和空间分布情况，同时分析确定那些对于维护重要生态系统功能具有关键作用的植被类型及其空间分布状况，由此设计出对当地生态环境实现可持续发展最为有利的生态安全格局，从而实现对生态过程的有效控制（陈利顶等，2006）。

陈利顶等（2006）对西气东输管道沿线进行了生态安全格局的规划与设计。如西气东输管道通过的山西大宁县、隰县和蒲县地区的黄土残塬区，地貌上属于典型的黄土破碎塬区，塬面一般比较平坦，坡度多在5°以内，塬的边缘沟蚀强烈，沟坡泻溜和崩塌严重，该地区土壤侵蚀模数一般在2000～5000t/km^2。黄土塬是目前农耕条件较好的地方，但沟蚀破坏严重，固沟保塬成为本区水土保持、发展农业生产、实现区域生态安全的关键。

该区位于黄河以东，吕梁山的南段，属暖温带半干旱地区，冬季寒冷干燥，夏季温凉无酷暑，降水偏少，气温年较差和日较差都大。管道所经地区植被多为耐旱的植物种属，且多分布在沿河谷地带。该地区在中低山区自然植被主要是温性、暖温性落叶阔叶灌丛，主要植物有栓皮栎、辽东栎、油松、华山松、白皮松、沙棘、虎榛子、黄刺玫。草本植物为中性或旱生喜暖型，优势成分为白羊草、黄背草和达乌里胡枝子等，沿线主要农作物有小麦、玉米、大豆、高粱、谷子等。土壤为褐土性土和石灰性褐土。褐土性土主要分布在广大的低缓的丘陵地区，石灰石褐土主要分布在河流的高级阶地和丘间洼地。土地利用状况主要为农耕地（占 32.76%）、未利用地（占 26.21%）、林地（占 18.59%）和牧草地（占 16.85%）。

对该区的生态安全格局规划与设计见图 7-1 和图 7-2。具体表述如下（陈利顶等，2006）。

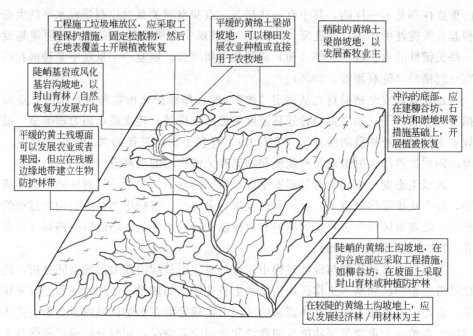

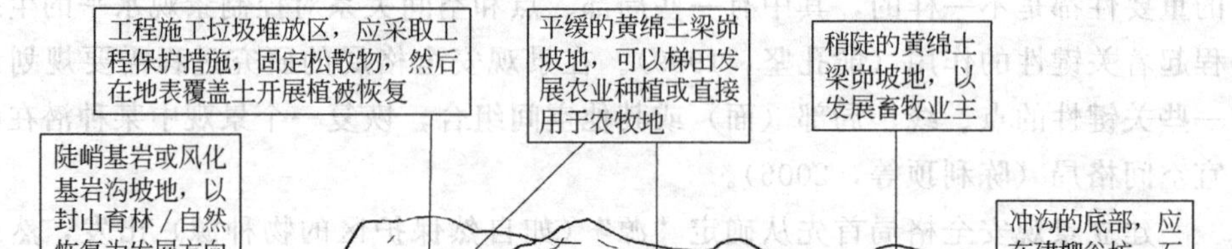

工程施工垃圾堆放区，应采取工程保护措施，固定松散物，然后在地表覆盖土开展植被恢复
平缓的黄绵土梁峁坡地，可以梯田发展农业种植或直接用于农牧地
稍陡的黄绵土梁峁坡地，以发展畜牧业主
陡峭基岩或风化基岩沟坡地，以封山育林/自然恢复为发展方向
冲沟的底部，应在建柳谷坊、石谷坊和淤地坝等措施基础上，开展植被恢复
平缓的黄土残塬面可以发展农业或者果园，但应在残塬边缘地带建立生物防护林带
陡峭的黄绵土沟坡地，在沟谷底部应采取工程措施，如柳谷坊，在坡面上采取封山育林或种植防护林
在较陡的黄绵土沟坡地上，应以发展经济林/用材林为主

图 7-1 黄土残塬梁峁区生态安全格局立体示意图（引自陈利顶等，2006）

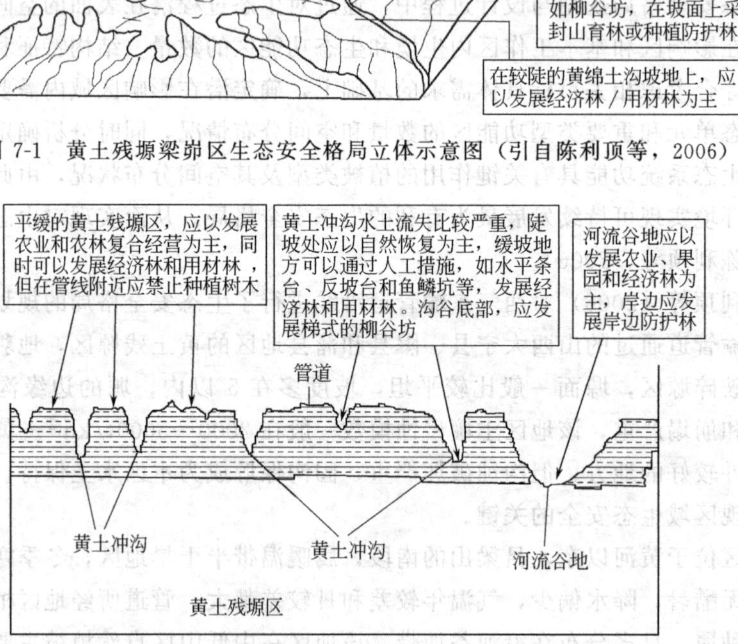

平缓的黄土残塬区，应以发展农业和农林复合经营为主，同时可以发展经济林和用材林，但在管线附近应禁止种植树木
黄土冲沟水土流失比较严重，陡坡处应以自然恢复为主，缓坡地方可以通过人工措施，如水平条台、反坡台和鱼鳞坑等，发展经济林和用材林。沟谷底部，应发展梯式的柳谷坊
河流谷地应以发展农业、果园和经济林为主，岸边应发展岸边防护林

图 7-2 黄土残塬区生态安全格局剖面示意图（引自陈利顶等，2006）

黄土冲沟
黄土冲沟
河流谷地

（1）管道两侧平缓黄土塬面区 较平缓，黄土层深厚，水土流失相对较弱，应以发展农业或农林复合经营为主。在农作物选择上可以种植谷子、冬小麦、大豆和

荞麦，在果树树种选择上，可种植苹果、梨树、大枣和核桃等。

(2) 管道两侧黄土塬面边缘地带　敏感性强，尤其是当管道靠近黄土残塬边缘地带时，黄土冲沟的溯源侵蚀会直接导致管道的暴露和破坏。对于距离管道稍远的黄土残塬边缘地带应以发展经济林和农林复合经营为主，同时在塬面边缘地带种植根系发达的水土保持效果较好的树种，如刺槐、沙棘和柠条、锦鸡儿等。对于距离管道较近的黄土残塬边缘地带，应尽量避免发展农业，应以水土保持林和防护林为主。

(3) 管道两侧的塬沟谷陡坡区　在黄土残塬的边缘，一般发育为陡峭的黄土塬陡坡，由于坡度较大，极易发生崩塌、滑坡等重力侵蚀，环境地质灾害频繁，对区域生态安全和管道的运行形成了直接的威胁。加之黄土垂直节理发育，坡度大，对人类干扰较敏感。所以，应避免过度的人为干扰。自然条件较好的地区应采取人工萌发、自然恢复模式，对于自然生态环境比较恶劣的陡坡区，采取必要的护坡措施，如在黄土冲沟底部修建水保工程，如柳谷坊、石谷坊、坝地等，抬高土壤侵蚀基准面，减少水土流失。

(4) 管道两侧陡峭的黄土冲沟及其沟坡地区　水土流失最为严重，重力侵蚀和溯源侵蚀强烈，对管道的安全运行形成威胁。所以，必须综合治理。在冲沟的谷地地区，应逐级修建柳谷坊和石谷坊，抬高侵蚀基准面；在冲沟的出口地方，修建坝地，一方面可抬高侵蚀基准面，另一方面可以形成平整的土地，发展农业以及农林复合经营。对于冲沟沟坡，一般坡度较大，应在封山育林、自然恢复的基础上，积极采取工程保护措施；在人工干预方面，可以在雨季、土壤水分比较充足的季节，采取插播和籽播的方式，同时利用径流造林、容器育苗等方式提高造林的成活率。

(5) 管道两侧平缓的黄土冲沟谷底地带　黄土冲沟的谷底，坡度相对较缓，但暴雨季节洪水冲刷强，导致地表土壤瘠薄，土壤水分缺乏，不利于植被恢复。应在发展柳谷坊、石谷坊和坝地的基础上，开展植被建造，营造植被盖度较高的生态黄土冲沟。在植物群落结构方面，乔灌草结合，提高植被在拦截泥沙、拦蓄径流方面的作用。在工程措施方面，根据黄土冲沟规模的大小，采用不同的工程模式。对于较小的冲沟，采用多级组合的工程（如柳谷坊、石谷坊等）模式，而对于规模较大的冲沟，可以采用一级为主（在主沟谷的出口处修建坝地）、多级分散（在各级小冲沟的出口和沟底逐级修建各种规模的柳谷坊、石谷坊等）的模式。

(二) 景观要素的规划设计

景观要素的设计主要是斑块和廊道的规划设计。

1. 斑块的规划与设计

斑块是景观组成的基本要素，景观的各种性质主要由斑块本身及其组合特征来反映，所以也可以说景观规划的主要内容就是对斑块的设计（赵羿等，2005）。斑块的规划与设计主要取决于规划设计的对象与目标，不可能有一种统一的模式适用于所有的规划。

对斑块的规划设计包括斑块大小、斑块数目、斑块形状、斑块位置等的规划与设计。

斑块大小不仅影响物种的分布和生产力水平，而且影响能量和养分的分布，决定斑块甚至整个景观的生态功能。那么多大算作大斑块，多小又属小斑块，二者在景观中的合适的比例是多少，这些问题应随着研究对象的不同而不同。在规划中应根据前人研究成果，结合规划目标和对象来确定。如据周志翔等（2004）在宜昌市景观格局对环境的影响的研究，优化格局景观（主要指绿化覆盖率高达43.59%，并以大面积绿地斑块占优势，绿地斑块平均面积达2.9hm^2，且绿地优势度指数最大，破碎度指数最小，绿化道路廊道总面积及平均面积均较高，斑块绿地与廊道绿地共存）有较强的环境效益。与对照格局景观相比，空气相对湿度提高5.93%，大气平均噪声减弱28.12%，TSP含量平均降低86.42%，而SO_2和NO_x的差异不明显。据此，可以认为城市规划中的绿地大型斑块平均面积应在3hm^{2}以上，其数量应超过60%～70%，绿化覆盖率大于40%，这时的环境效益最明显（赵羿，2005）。

斑块数目越多，相当于景观基质中的孔隙度越高，规划对象不同，对斑块数目应有不同的考虑。如城镇中绿地斑块多，市民的可达性高，有利于居民的休闲娱乐，同时可有效地改善环境。而在某些情况下，斑块太多，会产生不利影响。

斑块形状同样是有重要的生态意义。耕地或人工建筑斑块的边缘总是保持直线形为多，这种斑块的直线边缘给人一种呆板、僵化、生硬、毫无生气的感觉，缺少自然形成的美度，大大地降低了景观的美学价值，在规划中应尽量减少直线边缘在景观中的出现，或采用植被加以隐蔽，或取直线边缘与自然边缘的方向一致，或取弯曲边缘，均可减小人工景观对自然景观美学价值的损害（赵羿，2005）。在规划中应根据规划目标和对象来规划和设计合理的斑块形状。

斑块在景观中的位置同样对斑块功能的发挥，对景观整体功能的优化很重要。如在自然保护区，由林地、草地、芦苇地、浅水带等营造的鸟类栖息地斑块，要尽量远离车行道和人行道。

2. 廊道的规划设计

对廊道的规划设计主要是对廊道的构成和类型、数目、宽度、形状等的规划与设计。与斑块一样，没有一个统一的模式适应于所有的规划。对廊道的规划设计要因规划的对象与目的而定。

相邻景观斑块类型不同，廊道构成也不同，如连接居民区和商业区的廊道多由道路构成，方便人们的生活和工作，而连接保护区的廊道最好由本地植物种组成，并与作为保护对象的残遗斑块相近似，并要有连续性。一方面本地植物适应强，使廊道的连接度增高，利于物种的扩散和迁移；另一方面有利于残遗斑块的扩展，这对本来孤立的斑块内物种的生存和延续有积极作用（赵羿等，2005）。

廊道的出现一方面增加了景观斑块间的连接，另一方面又分割基质使其破碎化，这时需要规划相应的空间廊道来再次连接被分割的斑块。河流、高速公路对人类生产和生活来说是重要的必不可少的运输通道，但对动物行进的线路来说，则是危险的断开和屏障，如非洲牛羚在迁移过程中遇到河流，该断开极大地影响牛羚群的行进速度，牛群拥挤、碰撞、争斗，在通过河流时往往会造成伤亡，也给在此等候的捕食者提供了有利的捕食机会。在美国，公路是野生动物最大的杀手（俞孔坚，李迪华，1997）。所以，跨越河流的桥梁、穿越高速公路的涵洞是景观规划中所必需的（赵羿等，2005）。

廊道宽度的确定也应根据具体的规划目标来定。对防风林、水土保持林、水源涵养林、城市绿道等的林带规划，从生物多样性保护出发，宽度最好大于12m（赵羿等，2005）。道路绿化带宽度在60m宽时，可满足动植物迁移和传播以及生物多样性保护的功能，廊道宽度在1～2km左右可保护一般动物，而大型动物的保护则需要10km宽。在保护区规划中廊道达不到一定宽度，不但起不到维护保护对象的作用，反而为外来物种的入侵提供了条件（Frankel等，1981）。针对不同的保护对象，仔细分析保护对象的生物习性、生境结构、目标种群的觅食特征等影响廊道生境功能的诸因素，并考虑动物栖息领域的大小，在此基础上，最后确定廊道的宽度。一般来说，河岸植被带的宽度在30m以上时，就能有效地降低温度、提高生境多样性、控制水土流失、保护生物多样性。道路绿化带宽度在60m宽时，可满足动植物迁移和传播以及生物多样性保护的功能；环城防风带在60～1200m宽时，能创造自然化的物种丰富的景观结构（曹君，2004；赵羿等，2005）。

生态廊道（ecological corridor）是指具有保护生物多样性、过滤污染物、防止水土流失、防风固沙、调控洪水等生态服务功能的廊道类型。生态廊道主要由植被、水体等生态性结构要素构成，它和“绿色廊道”（green corridor）表示的是同一个概念。美国保护管理协会从生物保护的角度出发，将生态廊道定义为“供野生动物使用的狭带状植被，通常能促进两地间生物因素的运动”（朱强和俞孔坚等，2005）。

生态廊道包括3种基本类型：线状生态廊道（linear corridor）、带状生态廊道（strip corridor）和河流廊道（stream corridor）。线状生态廊道是指全部由边缘种占优势的狭长条带；带状生态廊道是指有较丰富内部种的较宽条带；河流廊道是指河流两侧与环境基质相区别的带状植被，又称滨水植被带或缓冲带（buffer strip）。不同类型的生态廊道在规划设计中都会涉及一些关键性问题，如数目、本底、宽度、连接度、构成、关键点（区）等（朱强和俞孔坚等，2005）。

① 数目　生态廊道是从各种生态流及过程的考虑出发的，通常认为增加廊道数目可以减少生态流被截留和分割的概率。数目的多少没有明确规定，往往根据现有景观结构及规划的景观功能来确定。在满足基本功能要求的基础上，生态廊道的数目通常被认为越多越好。

② 本底　生态廊道是与周围土地发生联系的，因此考虑景观中生态廊道所处的本底（context）也极其重要。对本底的研究应从 3 个方面入手：第一，弄清动物利用廊道的方式；第二，调查周围的土地利用方式，或是判断出从相邻地区流向生态廊道的污染物的类型与强度；第三，判别由生态廊道连接的大型生态斑块，这些斑块的位置将会影响生态廊道的位置、内部特征及长度，进而影响迁移物种的类型。

③ 宽度　宽度对廊道生态功能的发挥有着重要的影响。太窄的廊道会对敏感物种不利，同时降低廊道过滤污染物等功能。此外，廊道宽度还会在很大程度上影响产生边缘效应（edge effect）的地区，进而影响廊道中物种的分布和迁移。边缘针对于不同的生态过程有不同的响应宽度，从数十米到数百米不等。边缘效应虽然不能被消除，但是却可以通过增加廊道的宽度来减小。

④ 连接度　连接度（connectivity）是指生态廊道上各点的连接程度，它对于物种迁移及河流保护都十分重要。对于野生动物来说，功能连接度（functional connectivity）会根据不同物种的需要发生变化。道路通常是影响生态廊道连接度的重要因素，同时，廊道上退化或受到破坏的片段也是降低连接度的因素。规划与设计中的一项重要工作就是通过各种手段增加连接度。

⑤ 构成　构成是指生态廊道的各组成要素及其配置。廊道的功能的发挥与其构成要素有着重要关系。构成可以分为物种、生境两个层次。生态廊道不仅应该由乡土物种组成，而且通常应该具有层次丰富的群落结构。除此之外，廊道边界范围内应该包括尽可能多的环境梯度类型，并与其相邻的生物栖息相连。

⑥ 关键点（区）　关键点（key point）包括廊道中过去受到人类干扰以及将来的人类活动可能会对自然系统产生重大破坏的地点。当点的面积在所研究尺度上变得足够大时，就成了关键区（key area）。从某种意义上讲，关键点（区）也是生态廊道构成的一部分，只不过这些点（区）在廊道中占有更加重要的地位。

对于生物廊道宽度的确定有以下原则（朱强和俞孔坚等，2005）。

① 应使生态廊道足够宽以减少边缘效应的影响，同时应该使内部生境尽可能宽。

② 根据可能使用生态廊道的最敏感物种的需求来设置廊道宽度。

③ 尽量将最高质量的生境包括在生态廊道的边界内。

④ 对于较窄且缺少内部生境的廊道来说，应该促进和维持植被的复杂性以增加覆盖度及廊道的质量。

⑤ 除非廊道足够宽（比如超过 1km），否则廊道应该每隔一段距离都有一个节点性的生境斑块出现。

⑥ 廊道应该联系和覆盖尽可能多的环境梯度类型，也即生境的多样性。

生物廊道宽度的建议值见表 7-1。

表 7-1　根据相关研究成果归纳的生物保护廊道适宜宽度（引自朱强和俞孔坚等，2005）

宽度值/m	功能及特点
3～12	廊道宽度与草本植物和鸟类的物种多样性之间相关性接近于零；基本满足保护无脊椎动物种群的功能
12～30	对于草本植物和鸟类而言，12m 是区别线状和带状廊道的标准。12m 以上的廊道中，草本植物多样性平均为狭窄地带的 2 倍以上；12～30m 能够包含草本植物和鸟类多数的边缘种，但多样性较低；满足鸟类迁移；保护无脊椎动物种群；保护鱼类、小型哺乳动物
30～60	含有较多草本植物和鸟类边缘种，但多样性仍然很低；基本满足动植物迁移和传播以及生物多样性保护的功能；保护鱼类、小型哺乳、爬行和两栖类动物；30m 以上的湿地同样可以满足野生动物对生境的需求；截获从周围土地流向河流的 50%以上沉积物；控制氮、磷和养分的流失；为鱼类提供有机碎屑，为鱼类繁殖创造多样化的生境
60/80～100	对于草本植物和鸟类来说，具有较大的多样性和内部种；满足动植物迁移和传播以及生物多样性保护的功能；满足鸟类及小型生物迁移和生物保护功能的道路缓冲带宽度；许多乔木种群存活的最小廊道宽度
100～200	保护鸟类，保护生物多样性比较合适的宽度
≥600～1200	能创造自然的、物种丰富的景观结构；含有较多植物及鸟类内部种；通常森林边缘效应有 200～600m 宽，森林鸟类被捕食的边缘效应大约范围为 600m，窄于 1200m 的廊道不会有真正的内部生境；满足中等及大型哺乳动物迁移的宽度从数百米至数十公里不等

当河岸植被宽度大于 30m 时，能够有效降低温度、增加河流生物食物供应、有效过滤污染物。当宽度大于 80～100m 时，能较好地控制沉积物及土壤元素流失。美国各级政府和组织规定的河岸缓冲带宽度值变化较大，从 20～200m 不等。

实际中，确定一个河流廊道宽度应遵循 3 个步骤：①弄清所研究河流廊道的关键生态过程及功能；②基于廊道的空间结构，将河流从源头到出口划分为不同的类型；③将最敏感的生态过程与空间结构相联系，确定每种河流类型所需的廊道宽度（朱强和俞孔坚等，2005）。

确定河流廊道宽度时应该注意以下几个问题（朱强和俞孔坚等，2005）。

① 应确定和理解周围土地利用方式对河流生物群落和河流廊道完整性的影响。

② 廊道至少应该包括河漫滩、滨河林地、湿地以及河流的地下水系统。

③ 应该包括其他一些关键性的地区如间歇性的支流、沟谷和沼泽、地下水补给和排放区，以及潜在的或实际的侵蚀区（如陡坡、不稳定土壤区）。

④ 根据周围土地利用方式来确定廊道的宽度。如森林砍伐区、高强度农业活动区和高密度的房地产开发都应该对应更宽的廊道。

⑤ 滨水缓冲区宽度应该与以下几个因素成正比：a. 对径流、沉积物和营养物的产生有贡献的地区的面积；b. 河流两岸相邻的坡地以及滨河地带的坡度；c. 河边高地上人类活动如农业、林业、郊区或城市建设的强度。当廊道的植被和微地形越复杂，密度越大时，所需要的廊道宽度就越小。

斑块间的人工廊道一般为直线，这种形状有利于节约土地资源，有利于物质的快速流通。自然形成的廊道如河流多为曲线，这不但可减少对地表土壤的冲刷，在河流弯曲处还形成多样的生境，有利于不同物种的栖息，这对河流生态系统形成丰富的物种多样性有重要作用（赵羿等，2005）。

Linehan 等人（1995）基于野生动物保护的基础上，从传统的分区规划的反向思维进行绿道的规划，包括了七个步骤：①土地覆被（landcover）评估，包括植被、水文等资料；②野生动物评估，包括物种清单、种群、指示物种等；③生境评估和适宜性分析，主要评估物种所在的栖息地的斑块大小、形状、植被覆盖、质量等特性；④节点分析，运用图形理论分析系统中的所有节点；⑤连接度分析，运用引力模型等分析节点之间的连接程度；⑥网络分析；⑦评估，多种选择的比较（周年兴和俞孔坚等，2006）。

Conine（2004）等人则从需求的角度出发，包括 7 个步骤：①确定目标，主要是通过调查分析确定当地社区的绿道需求；②对需求地区进行评估，包括该地区的主要居住地、游憩设施、工作场所、商业设施；③确定潜在的连接通道，例如河流、交通廊道、市政管线设施等；④适应性分析，通过确定影响因子并确定权重值分析最适宜建设的绿道；⑤评估可达性，有些绿道尽管有很好的适宜性但缺乏可达性不适合于建设绿道；⑥划定廊道，在需求和连接度分析的基础上确定若干条可能建设的绿道；⑦评估，对几种可能的绿道在充分征求相关利益主体意见的基础上进行可辩护的规划决策（周年兴和俞孔坚等，2006）。

参 考 文 献

[1] 班勇．自然干扰与森林林冠空隙动态．生态学杂志，1996，15（3）：43-49.

[2] 布仁仓，王宪礼，肖笃宁．黄河三角洲景观组分判定与景观破碎化分析．应用生态学报，1999，10（3）：321-324.

[3] 布仁仓，胡远满，常禹等．景观指数之间的相关分析．生态学报，2005，25（10）：2764-2775.

[4] 蔡晓明．生态系统生态学．北京：科学出版社，2000.

[5] 陈彩虹，姚士谋，陈爽．城市化过程中的景观生态环境效应．干旱区资源与环境，2005，19（3）：1-5.

[6] 陈利顶，郭书海，姜昌亮等．西气东输工程沿线生态系统评价与生态安全．北京：科学出版社，2006.

[7] 陈利顶，傅伯杰．干扰的类型及其生态意义．生态学报，2000，20（4）：561-586.

[8] 陈利顶，傅伯杰，赵文武．"源""汇"景观理论及其生态学意义．生态学报，2006，26（5）：1444-1449.

[9] 陈文波，肖笃宁，李秀珍．景观指数分类、应用及构建研究．应用生态学报，2002，13（1）：121-125.

[10] 陈玉福，董鸣．毛乌素沙化景观内斑块间的多种边界．应用生态学报，2003，14（3）：467-469.

[11] 楚新正，张素红．景观边缘带性质、功能及动态变化的初步研究——以绿洲边缘带为例．新疆师范大学学报：自然科学版，2002，21（3）：50-54.

[12] 崔保山，杨志峰．湿地生态系统健康研究进展．生态学杂志，2001，20（3）：31-36.

[13] 董全．生态公益：自然生态过程对人类的贡献．应用生态学报，1999，10（2）：233-240.

[14] 傅伯杰．景观生态学的对象和任务//肖笃宁主编．景观生态学——理论、方法及应用．北京：中国林业出版社，1991：26-29.

[15] 傅伯杰，陈利顶，马克明，王仰麟等．景观生态学原理及应用．北京：科学出版社，2001.

[16] 傅伯杰，吕一河，陈利顶等．国际景观生态学研究新进展．生态学报，2008，28（2）：799-804.

[17] 福尔曼和戈登伦著．景观生态学．肖笃宁等译．北京：科学出版社，1990.

[18] 郭晋平．森林景观生态研究．北京：北京大学出版社，2001.

[19] 胡远满，布仁仓，李团胜，肖笃宁．辽河三角洲水禽生境的景观分类//肖笃宁主编．景观生态学研究进展．长沙：湖南科学技术出版社，1999：182-186.

[20] J. A. 霍华德．景观的植被-地貌分类．林晨译．地理译报，1983，4：17-21.

[21] 李丽光，何兴元，李秀珍．景观边界影响域研究进展．应用生态学报，2006，17（5）：935-938.

[22] 李团胜．景观生态学中的文化研究．生态学杂志，1997，16（2）：78-80.

[23] 李团胜．基于遥感数据的晋陕蒙交汇区景观格局定量分析——以榆林幅 1/25 万 TM 影像分析为例．应用生态学报，2004，15（3）：540-542.

[24] 李团胜．陕西省土地利用动态变化分析．地理研究，2004，23（2）：157-164.

[25] 李团胜，肖笃宁．沈阳城市景观结构研究．地理科学，2002，22（6）：717-723.

[26] 李团胜等．沈阳市城市景观分区研究．地理科学，1999，19（3）：232-236.

[27] 李团胜，王萍．绿道及其生态意义．生态学杂志，2001，20（6）：59-61.

[28] 李团胜，程水英．千年生态系统评估及我国对策．水土保持通报，2003，22（1）：7-11.

[29] 李团胜．城市景观异质性及其维持．生态学杂志，1998，17（1）：70-72.

[30] 李秀珍．从第十五届美国景观生态学年会看当前景观生态学发展的热点和前沿．生态学报，2000，20（6）：1113-1115.

[31] 李秀珍，布仁仓，常禹等．景观格局指标对不同景观格局的反应，生态学报，2004，24（1）：123-134.

[32] 刘增文，李素雅．生态系统稳定性研究的历史与现状．生态学杂志，1997，16（92）：58-61.

[33] 马礼，唐冲．尚义县景观生态分类和生态建设方略．地理研究，2008，27（2）：266-274.

[34] 欧阳志云，王如松，赵景柱．生态系统服务功能及其生态经济价值评价．应用生态学报，1999，10 (5)：635-640.
[35] 任海，邬建国，彭少麟．生态系统健康的评估．热带地理，2000，20 (4)：310-316.
[36] 邵国凡，张佩昌等．试论生态分类系统在我国天然林保护与经营中的应用．生态学报，2001，21 (9)：1564-1568.
[37] 宋开山，刘殿伟，王宗明等．1954 年以来三江平原土地利用变化及驱动力．地理学报，2008，63 (1)：93-104.
[38] 孙刚，盛连喜，周道玮．生态系统服务及其保护策略．应用生态学报，1999，10 (3)：365-368.
[39] 王军，傅伯杰，陈利顶．景观生态规划的原理与方法．资源科学，1999，21 (2)：71-76.
[40] 王会昌．中国文化地理．武汉：华中师范大学出版社，1992.
[41] 王松霈主编．自然资源利用与生态经济系统．北京：中国环境科学出版社，1992.
[42] 王庆锁．生态交错带与生态流．生态学杂志，1997，16 (6)：52-58.
[43] 王仰麟．景观生态分类的理论与方法．应用生态学报，1996 (sup)：121-126.
[44] 王永军，李团胜．基于 GIS 的榆林地区景观格局动态变化．生态学杂志，2006，25 (8)：895-899.
[45] 王永军，李团胜．榆林地区景观格局分析及其破碎化评价．资源科学，2005，27 (2)：161-166.
[46] 王宪礼，布仁仓，胡远满，肖笃宁．辽河三角洲湿地的景观破碎化分析．应用生态学报，1996，7 (3)：299-304.
[47] 王宪礼，胡远满，布仁仓．辽河三角洲湿地的景观变化分析．地理科学，1996，16 (3)：260-265.
[48] 魏斌，张霞，吴热风．生态学中的干扰理论与应用实例．生态学杂志，1996，15 (6)：50-54.
[49] 汪自书，曾辉，魏建兵．道路生态学中的景观生态问题．生态学杂志，2007，26 (10)：1665-1670.
[50] 问青春，李秀珍，贺红士等．岷江上游森林景观边界效应．应用生态学报，2007，18 (10)：2202-2208.
[51] 邬建国．景观生态学——格局、过程、尺度与等级．北京：高等教育出版社，2000.
[52] 谢应齐，杨子生．土地资源学．昆明：云南大学出版社，1994.
[53] 肖笃宁主编．景观生态学进展．长沙：湖南科学技术出版社，1999.
[54] 肖笃宁，胡远满，李秀珍等．环渤海三角洲湿地的景观生态学研究．北京：科学出版社，2001.
[55] 肖风劲，欧阳华．生态系统健康及其评价指标和方法．自然资源学报，2002，17 (2)：203-209.
[56] 肖笃宁，钟林生．景观分类与评价的生态原则．应用生态学报，1998，9 (2)：217-221.
[57] 肖笃宁，李团胜．试论景观与文化．大自然探索，1997，16 (2)：68-71.
[58] 肖笃宁，李秀珍等．景观生态学．北京：科学出版社，2003.
[59] 肖笃宁主编．景观生态学——理论与应用．北京：中国林业出版社，1992.
[60] 肖寒，欧阳志云，赵景柱，王效科．森林生态系统服务功能及其生态经济价值评估初探．应用生态学报，2000，11 (4)：481-484.
[61] 许慧，王家骥．景观生态学的理论与应用．北京：中国环境科学出版社，1993.
[62] 杨兆平，常禹，杨孟，胡远满等．岷江上游干旱河谷景观边界动态及其影响域．应用生态学报，2007，18 (9)：1972-1976.
[63] 俞孔坚．景观：文化、生态与感知．北京：科学出版社，2000.
[64] 俞孔坚，李迪华．城乡与区域规划的景观生态模式．国外城市规划，1997，(3)：27-31.
[65] 于振良，赵士洞．林隙 (Gap) 模型研究进展．生态学杂志，1997，16 (2)：42-46.
[66] 曾德慧，姜凤岐，范志平，杜晓军．生态系统健康与人类可持续发展．应用生态学报，1999，10 (6)：751-756.
[67] 曾辉，孔宁宁．基于边界特征的景观格局分析．应用生态学报，2002，13 (1)：81-86.
[68] 张庆忠，陈庆义，吴文良．景观生态学：海洋生态系统研究的一个新视角．生态学报，2004，24 (4)：

819-824.

[69] 赵景柱，肖寒，吴刚．生态系统服务的物质量与价值量评价方法的比较分析．应用生态学报，2000，11（2）：290-292.

[70] 赵士洞．新千年生态系统评估计划第一次技术设计会议在荷兰召开．生态学报，2001，21（5）：862-864.

[71] 赵羿，胡远满，曹宇，胡志斌．土地与景观——理论基础·评价·规划．北京：科学出版社，2005.

[72] 赵羿，李月辉．论景观的稳定性//肖笃宁主编．景观生态学研究进展．长沙：湖南科学技术出版社，1999.

[73] 赵羿，李月辉．实用景观生态学．北京：科学出版社，2001.

[74] 赵羿，张国枢，李月辉．编制景观生态图方法初探//肖笃宁主编．景观生态学研究进展．长沙：湖南科学技术出版社，1999：120-124.

[75] 赵羿，吴彦明，邓百祥．沈阳市景观生态潜力研究．生态学杂志，1993，12（5）：1-8.

[76] 赵玉涛，余新晓，关文彬．景观异质性研究评述．应用生态学报，2002，13（4）：495-500.

[77] 周广胜，张新时．自然植被净第一性生产力模型初探．植物生态学报，1995，19（3）：193-200.

[78] 周华荣．干旱区河流廊道景观生态学研究．北京：科学出版社，2007.

[79] 周婷，彭少麟．边缘效应的空间尺度与测度．生态学报，2008，28（7）3322-3333.

[80] 周年兴，俞孔坚，黄震方．绿道及其研究进展．生态学报，2006，26（9）：3108-3116.

[81] 中国科学院可持续发展研究组．2000中国可持续发展战略报告．北京：科学出版社，2000.

[82] 朱芬萌，安树青，关保华等．生态交错带及其研究进展．生态学报，2007，27（7）：3032-3042.

[83] 朱强，俞孔坚，李迪华．景观规划中的生态廊道宽度．生态学报，2005，25（9）：2406-2412.

[84] Nassauer. 文化与变化着的景观结构．李团胜译．地理译报，1996，15（4）：46-52.

[85] Richard T T Forman. 景观与区域生态学的一般原理．李秀珍译．生态学杂志，1996，15（3）：72-79.

[86] Zev Naveh，Arthur S Lieberman 著．景观生态学——理论与应用．李团胜等译．第2版．西安：西安地图出版社，2001.

[87] Zev Naveh，Arthur S Lieberman. 景观及景观生态学的定义．李团胜译．地理译报，1988，(2)：28-31.

[88] Bazzaz F A. Characteristics of Population in Relation to Disturbance，and Landscape Ecology，Landscape Heterogeneity and Disturbance//Turner M G. New York：Springer-Verlag，1987：213-229.

[89] Cairns J Jr. Protecting the delivery of ecosystem Services. Ecosystem Health，1997，3：185-194.

[90] Commoner B. The closing circle：confronting the environment crisis. London：Jonathan Cape，1972.

[91] Costanza R，et al. The Value of the world's ecosystem services and natural calital. Nature，1997，387：253-260.

[92] Costanza R，Norton B G，Haskell B D. Ecosystem Health：New Goals for Environment Management. Washinton：Island Press，1992.

[93] Costanza R，Folke C. Valuing ecosystem services with efficiency，fairness，and sustainability as goals//Daily G，ed. Nature's Services：Societal Dependence on Natural Ecosystems. Washington：Island Press，1997：49-70.

[94] Daily G. What are ecosystem services//Daily G，ed. Nature's Services：Societal Dependence on Natural Ecosystems. Washington：Island Press，1997.

[95] Farina A. Principles and Method in Landscape Ecology. London：Chapman and Hall，1998.

[96] Forman P T T. Land Mosaics：The Ecology of Landscape and Regions. Cambridge：Cambridge Univ Press 1995.

[97] Gallopin G C. The potential of agroecosystem health as a guiding concept for agricultural research. Ecosystem Health，1995，1：129-141.

[98] Goulder L H，Keannedy D. Valuing ecosystem service：philosophical bases and empirical methods//Daily G，ed. Nature's Services:Societal Dependence on Natural Ecosystems. Washington：Island Press，1997：23-47.

[99] Isaak S. Zonneveld，Land Ecology. Amsterdam：SPB Academic Publishing，1995.

[100] Joan Iverson Nassauer. Culture and changing landscape structure. Landscape Ecology，1995，vol 10 (4) 229-237.

[101] Kolb T E，et al. Concepts of forest health：utilitarian and ecosystem perspectives. Journal of Forestry，1994，92：10-15.

[102] Lepold J C. Getting a handle on ecosystem health. Science，1997，276：887.

[103] Michel Godron，Li Xiuzhen. Some questions about landscape modeling. Journal of Environmental Sciences，2001，13 (4)：459-465.

[104] Naveh Z. Interactions of landscape and cultures. Landscape and Urban Planning，1995，32：43-54.

[105] Pickett S T A，White P S. The ecology disturbance and patch dynamics. Orland：Academic press INC，1985.

[106] Rapport D J. What constitures ecosystem health. Perspectives in Biology and Medicine，1989，33：120-132.

[107] Reppetto R. Accounting for environmental assets. Scientific American，1992，266 (6)：94-101.

[108] Schaeffer D J，Henricks E E，Kerster H W. Ecosystem Health：1. Measuring ecosystem health. Environ Man，1996，12：445-455.

[109] Shear H. The development and use of indicators to assess the state of ecosystem health in the Great Lakes. Ecosystem Health，1996，2：241-258.

[110] Turner M G，et al. Predicting the spread of disturbance in heterogeneous landscape . Oikos，1989，55：1221-1229.

[111] Turner M G. Landscape ecology：effect of pattern on process. Annu Ruv Syst，1998，20：171-197.

[112] Turner M G，et al. Changes in landscape patterns in Georgia USA. Landscape Ecology，1988，1：241-251.

[113] White Pickett. The ecology of natural disturbance and patch dynamics. Orlando：Academic Press，1985.

[114] Wu J，Levin S A. A patch-based spatial modeling approach：Conceptual framework and simulation scheme. Ecological Modeling，1997，101：325-346.

[115] Wu J，Levin S A. A spatial patch dynamic modeling approach to pattern and process in an annual grassland. Ecological Mogographs，1994，64 (4)：447-464.

[116] Zev Naveh，Arthur S Lieberman. Landscape Ecology，Theory and application. 2nd edtion. New York：Spring-Verlag，1993.